水资源保护与经济协调发展

——淮河沿海支流通榆河

许崇正　张显球　刘雪梅　焦未然　王　静　著

国家水利部水利公益性行业科研专项项目
淮河沿海支流水资源保护和水质管理控制(201201018)
资　助

科　学　出　版　社

北　京

内 容 简 介

本书主要从淮河沿海支流通榆河现有水资源、水环境状况特征分析入手，分别研究了工业污水处理技术，提出了臭氧、生物炭水质处理技术、污水尾水深度处理技术、纳滤处理重污染废水技术以及示范工程技术，对沿河村镇生活污水、养殖污染物综合控制技术开展研究与示范建设生态农庄，选取评价指标体系，构建通榆河水质-水量调度模型，在此基础上提出通榆河流域水资源环境与经济协调发展模型，针对应用结果进行了分析，并提出了相应的综合对策。

本书可供环境科学与工程科研人员，环保行业管理技术人员以及政府相关部门管理人员参考。

图书在版编目(CIP)数据

水资源保护与经济协调发展：淮河沿海支流通榆河/许崇正等著.
—北京：科学出版社，2016.3
ISBN 978-7-03-047408-7

Ⅰ. ①水… Ⅱ. ①许… Ⅲ. ①淮河–流域–水资源–资源保护–研究 ②淮河–流域–区域经济发展–协调发展–研究 Ⅳ. ①TV213.4②F127

中国版本图书馆 CIP 数据核字(2016)第 036353 号

责任编辑：黄 海/责任校对：何艳萍
责任印制：张 倩/封面设计：许 瑞

斜 学 虫 版 社 出版
北京东黄城根北街 16 号
邮政编码：100717
http://www.sciencep.com
文林印务有限公司 印刷
科学出版社发行 各地新华书店经销

*

2016 年 3 月第 一 版 开本：720×1000 1/16
2016 年 3 月第一次印刷 印张：17 1/4
字数：400 000

定价：88.00 元
(如有印装质量问题，我社负责调换)

目　录

第一篇　项目背景及研究概况

第四篇　淮河沿海支流通榆河流域经济与水环境协调发展研究

第一篇　项目背景及研究概况

第一章 概　　述

1.1　研　究　背　景

淮河是中国第三大河，发源于河南省桐柏山，地处江苏、山东、河南、安徽四省交界，流域面积约 27 万平方公里，大小支流近 500 条。流域内国土面积和水资源均占全国的 3.5%，耕地面积和人口则分别占全国的 15.2% 和 16.2%。20 世纪50 年代，淮河成为新中国第一条被全面治理的大河。中央和地方先后投资上千亿兴建淮河水利工程。经过几十年的治理，淮河"五年一大灾，三年一小灾"的历史已经发生了根本的改变。然而，20 世纪 70 年代以后，社会工农业发展，人口快速增长，城市化进程加快，水资源开发利用过度，工业污水、生活污水超标排放，水污染和水资源短缺的矛盾日益加剧。水资源总量逐年降低，已远不能满足工农业生产和城乡居民的生活用水。淮河遭受了严重的污染，水质不断恶化，出现"50 年代淘米洗菜、60 年代洗衣灌溉、70 年代水质变坏、80 年代鱼虾绝代"的局面。淮河流域 1.68 亿人民面临的最大危险不再是洪水，而是严重的污染。没有受到污染的 Ⅰ~Ⅲ 类水从 2003 年到 2012 年的比重始终没有超过 40%，也就是说超过 60% 以上的水是被污染的。人类的经济活动给淮河带来了严重的水环境问题，淮河功能日趋退化、生态日益脆弱，人口与用水矛盾越来越突出，水多为患、水少为愁、水脏为忧等诸多问题集中反映在河道上。

作为淮河在江苏省的重要支流，通榆河的污染也很严重。通榆河是江苏省苏北沿海地区主要饮用水源。它南起南通九圩港，北达连云港赣榆，全长 415 公里。从 1984 年提上议事日程，到 2002 年竣工通水，建成这条河整整历时 18 年。作为江苏江水东引北调的水利、水运骨干河道，通榆河对改造中低产田、开发沿海滩涂、调度排涝、改善水质具有重大战略意义。目前，通榆河流域县级以上集中式饮用水源地有 24 个，涉及人口 1000 多万。考虑到通榆河对经济社会发展和民生的巨大战略意义，江苏省人民代表大会在 2002 年就通过了《关于加强通榆河水污染防治的决定》，以未雨绸缪保护这条"母亲河"，目前正准备将这条民生之河、经济社会生命线建成"清水走廊"。但这条清水走廊途经 17 个县级以上行政区域，与上百条河流、沟渠相通，抵御环境风险的能力非常薄弱。随着近年来苏北工业化进程加快，通榆河正遭受污水的严重威胁。造纸、纺织、酿造、金属加工等重污染行业目前是两岸的主导产业，工业企业每年排放的废水高达 1.2 亿吨，给通榆河及其支流带来了巨大的环境压力。而且，通榆河上危化品运输船每年通行量在千艘左右，突发性污染事件难以掌控。农业面源和生活污染也占了较大比重。通榆河流域每年 3 亿吨左右的生活污水集中处理率仅为 30%。由此，"清水走廊"在污水包围下，几乎难保"清白"。河流治理最主要的目的是恢复水生态、保护水环境，其基础就是保障河流生态系统的水资源供应，如果将可利用的水资源几乎全部用于工业、农业和生活中，会导致河道断流、草场退化、湿地萎缩、湖泊干涸等生态环境问题，甚至威胁人类的生存环境(王西琴，2007)。因此，如何有效治理通榆河的水质污染，恢复其清秀面目是当前面临的极其重要而迫切的环境问题。

1.2　国内外研究进展

淮河沿海支流水资源保护和水质管理是一项综合复杂的环境系统工程，不仅需要环境立法制度的保障，还需科学的水资源保护和水质管理理论研究方法为指导，采取先进的污染控制技术，系统地治理管理。此外，还需借鉴国外先进的水资源保护和水质管理理论方法技术，使流域治理走向多元化、综合化。

水资源保护和水质管理控制的研究，目前主要集中在以下几个方面：水环境管理体制的研究、水资源的合理配置研究、水资源可持续利用研究及水环境管理中新技术的开发研究等。

1.2.1　水环境管理体制方面

国外水环境管理体制分国家级、流域级及区域级三种管理体制，其中国家一级又分为环保部门集中管理、有关部门分散管理、水利部门集中管理、低级别的集成分散管理和高级别的集成分散管理几种模式。这里重点分析美、英、法的水环境管理模式。

20 世纪 90 年代以后，美国所采用的水环境管理模型与"集成管理模型"有很多共同点。从某种意义上讲，美国流域水环境管理是一种"集成-分散"式的管理模式。"集成"体现在由统一的流域水环境管理部门进行政策、法规与标准的指定，以及流域水资源开发利用与水环境保护部门所涉及的各部门与地区间的协调。"分散"则表现为各部门、地区按分工职责与区域水资源、水环境分别进行管理。如此，既发挥部门与地区的自主性，又不失全流域的统筹与综合管理。美国的流域委员会是由流域内各州州长、内务部成员及其代理人组成。尽管人数不多，但权力很大，包括计划的制定与实施，水利项目的管理与经营，水环境监督管理等。所有这些职能是委员会成员无法单独完成的，它以一种合作的方式行使签约各方(水环境管理各个部门)的职能，例如环保部门(委员会的组成成员)以合作的方式行使其水环境管理职能：水环境监督管理。

英国在流域层面实施的是以流域为单元的综合性集中管理，在较大的河流上都设有流域委员会、水务局或水公司，统一流域水资源的规划和水利工程的建设与管理，直至供水到用户，然后进行污水回收与处理，形成一条龙的水管理服务体系。

法国的流域水环境管理实行的是"综合-分权"管理，如各流域都有一个流域委员会和水理事会，前者代表地方政府而不是中央政府，旨在促进流域内各机构履行其作用和职责，而后者在执行流域委员会决定的同时，还对中央政府负责，从事各项具体技术工作；让公营和私营公司通过投标参与供水和污水处理工作；进行费用回收并采取鼓励政策，要求供水公司向流域机构上交部分水费收入，流域机构征收污染罚款。"综合-分权"也是一种集成思路。

在我国，水环境管理涉及水利水电部、国土资源部、林业部、农业部、环境保护部、交通部等，各省、市、自治区也都设有相应的机构，基本上属于分散型管理体制。1984年国务院指定由水利水电部归口管理全国水资源的统一规划、立法、调配和科研，并负责协调各用水部门的矛盾，开始向集中管理的方向发展。但所谓集中也只局限于水资源开发利用方面，在其他诸如水资源保护等还是分部门管理。在我国，水资源管理与水污染控制分属不同部门管理，水量与水能由水利水电部门管理，城市供水与排水则由市政部门管理。国家环保部虽然全面负责水环境保护与管理，但是它与其他很多机构分享权力，交叉多，很多职能被其他部门瓜分，如水功能区划、生态用水与湿地保护等。另外，由于缺乏统一的、更高一级的协调部门，各部门各自为政，难以实现"统一规划、合理布局"。

1.2.2 水资源配置方面

水资源合理配置研究的发展，是与水资源的持续利用和人类社会协调发展密不可分的。随着科技的进步，水资源合理配置基础设施建设和管理手段的进一步完善，真正意义上的水资源合理配置已成为可能。以水资源系统分析为手段、水资源合理配置为目的的各类研究工作，源于20世纪40年代Masse提出的水库优化调度问题。50年代以后，随着系统分析理论和优化技术的引入以及60年代计算机技术的发展，水资源系统模拟模型技术得以迅速研究和应用。美国陆军工程师兵团(USACE)1953年提出了最早的水资源模拟模型，解决了美国密苏里河流域6座水库的运行调度问题。美国麻省理工学院于1979年完成的根廷河Rio Colorado流域的水资源开发规划，是最具成功和有影响的例子。其中，以模拟模型技术对域水量的利用进行了研究，并提出了多目标规划论、水资源规划的数学模型方法，并加以应用。

伯拉斯(1983)所著的《水资源科学分配》可以说是较早地系统研究水资源分配理论和方法的专著。该书简要阐述了20世纪60、70年代发展起来的水资源系统工程学内容，较为全面地论述了水资源开发利用的合理方法，围绕水资源系统的设计和应用这个核心问题，着重介绍了运筹学数学方法和计算机技术在水资源工程中的应用。研究这些方法的目的在于：初步筛选系统的有关方案，作为进一步分析的方案；然后，详细分析这些方案，得出一个或几个最优设计。该书是"数学分析应用在水资源工程中的研究成果及其推广的结果"。

我国水资源科学分配方面的研究起步较迟，但发展很快。20 世纪 60 年代，开始了以水库优化调度为先导的水资源分配研究。80 年代初，由华士乾教授为首的研究小组对北京地区的水资源利用系统工程方法进行了研究，并在国家"七五"攻关项目中加以提高和应用(华士乾，1988)。该项研究考虑了水量的区域分配、水资源利用效率、水利工程建设次序以及水资源开发利用对国民经济发展的作用，成为水资源系统中水量合理分配的雏形。随后，水资源模拟模型在北京及海河北部地区得到了应用。

20 世纪 80 年代后期，学术界开始提出水资源合理配置及承载能力的研究课题，并取得初步成果。80 年代中，新疆水利厅在自治区科委的支持下，会同有关单位进行了"新疆水资源及其承载能力和开发战略对策"的课题研究(1988)。该课题深入研究了首次涉及水资源承载力的分析计算方法，并提出初步成果。中国水利水电科学研究院、航天工业总公司研究所和清华大学相互协作，在国家"八五"攻关和其他重大国际合作项目中，系统地总结了以往工作的做法和经验，将宏观经济、系统方法与区域水资源规划实践相结合，形成了基于宏观经济的水资源优化配置理论，并在这一理论指导下提出了多层次、多目标、群决策方法。具体体现所提理论和方法的区域水资源优化配置决策支持系统，应用到了华北水资源专题研究成果上(中国水利水电科学研究院，1994)。

1.2.3　水资源可持续利用方面

水资源可持续利用旨在保证水资源的可持续性下，既要为社会经济的可持续发展提供安全可靠的淡水供应，又要保证生态环境良性发育所需的淡水资源，以达到区域内人口、资源、社会、经济、环境的协调发展，其目的是为保障人类社会健康持续的发展。

20 世纪 60 年代以前，世界各国在研究水资源的利用方面，很少考虑到对社会生态环境的影响，直至 60 年代末，由于生态环境的恶化，环境保护才逐渐被提上议程(Biswas,1982; Biswas, 1988)。可持续发展思想形成以后，水资源保护和可持续利用得到国外众多专家学者的重视，许多学者对此进行了有益的探索与研究，取得了一定的进展。1992 年在柏林召开的国际水和环境大会——21 世纪发展与展望会议上，提出了水资源系统及其可持续性研究问题。Plate(1993)指出传统的系统和可持续的系统间的主要区别，就在于预期变化的引入，这种变化包括系统本身、社会需水状况和供水情况的变化等。他认为在对一个可持续开发的水资源系统进行规划时，应当从以下几个方面来考虑：①社会条件动态变化的水资源规划；②在变迁环境中的水资源规划问题；③关于持续开发中的环境问题；④持续的水资源系统应当能够永远适应经济和社会的持续增长和发展。进入 21 世纪以后，水资源可持续发展研究由理论性研究转入应用性研究。同时，水资源综合管理成为研究的主流。Daniel 等(2000)建立了水资源可持续发展的评价标准和指标体系，包括公共卫生、社会文化、经济技术和环境。Bernhardi 等(2000)指出水资源管理问题非常复杂，涉及自然、技术和环境以及政策等多方面的内容，并针对水资源建立了专案管理模型。Loukas(2007)建立了水资源可持续发展评价模型系统，模型中包括水文模型、水库管理模型和用水需求预测模型三部分，此模型能够揭示水资源管理措施对于需求平衡的影响，并通过不同方案寻求可持续发展的水资源管理模式。

20 世纪 90 年代开始，我国相关研究机构和学者从水资源保护、评价和规划及建立优化配置模型等各个方面，对水资源的持续开发利用进行了研究，主要集中在三个方面：概念提出、指标体系、评价方法。梅亚东等(1992)论述了水与自然生态和社会经济发展的关系，提出以水事活动为主体、由自然生态系统和社会经济系统复合而成的一类专业复合系统就是水资源复合系统，并概括了水资源复合系统的总体特征。以此为基础，系统论证了水资源生态经济复合系统的客观存在，探讨了水资源持续利用的原则、理论、方法与措施。陈家琦(1995)提出水资源可持续开发利用是生命支持系统和经济发展的重要支撑，必须从总体上进行综合开发和管理，才能实现水资源的可持续利用；同时还阐述了水资源可持续开发的技术思路：天然水源不因其被开发利用而逐渐衰减甚至枯竭，水工程系统的运行能力能较持久地保持其设计状态，一定范围内的水供需问题能随工程供水能力的增加及合理用水和节水措施的配合而长期保持相互协调状态等。薛惠锋等(1995)则通过剖析水资源的系统性、可恢复性，探讨水资源持续利用的概念内涵，并提出地上水、地面水、地下水"三水"统观、统管、统用是实现水资源持续利用的途径。刘恒等(2003)借鉴国际可持续发展标准和国内其他资源可持续发展的认知水平，构建水资源可持续发展评价指标体系，提出了水资源可持续发展能力的五级划分标准。王华等(2003)通过系统分析水资源可持续利用与经济社会可持续发展的辩证关系，建立了由 1 个目标层、6 个准则层、32 个指标组成的水资源可持续利用评价指标体系及其评价标准和综合评价方法，将主观指标和客观指标融入水资源可持续利用评价指标体系中。徐良方(2002)在分析国内外相关研究成果的基础上，建立了新的区域水资源可持续利用评价指标体系，提出运用离差法、主成分分析和层次分析方法计算指标，利用动态和静态相结合的方法对指标进行评价。宋松柏(2005)应用 Bossel 可持续发展基本定向指标框架建立了水资源可持续利用指标评价体系，并应用系统综合评价法，权重采用基于 Bossel 评分标准，以参考状态的离差平方和最大法计算，建立了水资源可持续利用系统发展综合指数和发展态势度量模型。何士华等(2005)根据多目标决策理论，将经济、环境、社会效益同时作为主要目标，在考虑区域水资源的支撑能力限制和经济、环境、社会发展对水资源的依存关系等规定性约束的基础上，建立了区域水资源可持续利用的动态多目标决策数学模型。孙才志等(2007)为避免单一模型评价结果主、客观性太强而与实际产生偏差，分别应用主观性强的层次分析法与客观性强的投影寻踪模型对大连市水资源可持续利用水平进行评价。

1.2.4 水环境管理中新技术应用方面

水环境问题是伴随着工业化、城市化的发展而产生，最早出现在西方发达国家，水污染控制的历史可以追溯到 19 世纪初，人类对水环境污染的治理由最初的点源控制到今天的面源控制，GIS、RS、GPS、计算机仿真模拟、人工智能等先进技术被充分运用于水环境管理中，通过快速、高效、准确、客观地分析处理大量监测数据信息，科学地实现水环境综合管理和远程自动控制。美国政府自 20 世纪 70 年代始逐步建立起一系列流域水环境管理的数据库，如美国环保局 (USEPA) 建立的 STORET(storage 和 retrieval 合称) 系统和美国地调局的 WATSTORE。20 世纪 90 年代初，USEPA 又开始开发新一代的数据管理系统，用于直观、实时的存储海洋、淡水和生物检测数据。新的 STORET 系统具有良好的人机界面，提供多种标准的输出格式，支持 GIS 应用。美国政府为用户提供水环境管理所需的各种基础数据和专业数据，并对数据进行维护、更新和管理，还致力于提供统一的模型方法、数据管理软件和统计分析软件，以提高水环境管理的效率。

在水环境管理信息系统方面，USEPA 维护着全美两套水体、水质管理信息系统(LDC 和 STORET)，其中 LDC 是基于 Web 的 Oracle 数据库。这两套水质系统包涵了地表水体和地下水体生物学、化学和物理学方面的原始数据和历史水质数据，LDC 采集了 20 世纪初到 1998 年末的历史水质数据，STORET 自 1999 年初开始采集数据，并可调用 LDC 中的历史数据。美国在 GIS 技术、数据库建设、数学模拟等技术的集成应用方面，使用统一标准的数据库和统一的模型，模拟结果可用于不同区域之间的比较。信息技术的应用，能够使全美各种水环境数据库资源实现全社会的共享，不同流域水环境管理决策可以通过 Internet 获取及时详细的信息，并为全社会公众参与水环境管理创造了便利条件(郭劲松等，2002)。

同国外发达国家相比，我国水环境信息化管理滞后，对水环境污染控制程度低下。水环境管理方法、技术相对落后，水环境管理还不能适应目前严峻的水污染形式和水污染控制发展的内在要求。20 世纪 60~70 年代，由于计算机技术(软、硬件)尚未成熟，对复杂模型的求解存在着困难，这一时期，水环境管理研究进展缓慢。进入 20 世纪 80 年代，随着系统工程和计算机技术等基础学科的深入研究和不断发展，以现代数学和计算机技术为基础的规划方法不断涌现并渐趋成熟。到了 20 世纪 90 年代，人工智能技术、信息技术、计算机技术等新技术不断创新和演进，地理信息系统(GIS)、人工神经网络(或称类神经网络，artificial neural network，ANN)理论与技术等取得重要科技成果，并在水环境管理、水污染控制领域发挥了巨大的潜能(彭胜华等，2001)。

我国自 20 世纪 70 年代末开始进行地理信息系统(GIS)的技术研究。GIS 以空间数据库为核心，采用空间分析和建模的方法，实时提供多种空间的和动态的资源与环境信息，涉及人工智能、环境工程、规划理论、数学、地理学等多种学科和专业，目前在城市规划、城市防灾、资源管理等领域得到迅速发展和应用。GIS 可以直观地对水体污染的不同程度进行分析，为水污染控制规划提供方便、准确、直观、实时的信息和资料，对水环境的管理极为有利。目前，GIS 在国内水污染控制中的应用正处于研究和发展之中。我国水利部门已有包括 170 多个主要测站的全国水环境信息管理系统，有广东那样的省级系统，有三峡库区那样的区域性系统，也有九州江那样的江河级系统，均以 GIS 为基础提取和显示数据。

我国对于人工神经网络(ANN)在水环境科学、环境工程中的应用也正处于探索阶段。人工神经网络(ANN)法是 20 世纪中期迅速发展起来的一种模仿生物神经网络的计算系统，ANN 以数据为驱动，通过对大量统计数据的学习，自适应地掌握数据的分类特征，从而建立输入输出之间的函数映射关系。它可以对水环境系统的不确定性、随机性的运行机理分析描述，依据此特性，可以在流域的水污染控制规划的指导下，对各个子系统：环境监测系统、水质监测系统、水文地质系统、气象和地理环境系统以及污染源监测系统等进行协调。杨志英在"BP 神经网络在水质评价中的应用"一文中，阐述了相关的原理并对湖泊富营养化进行了分析评价；郭劲松(2002)介绍了运用隶属度 BP 神经网络模型来做水质评价的相关问题，针对 BP 网络的一些固有缺陷进行了改进。总的来讲，神经网络模型属于综合评价模型，推导严谨，需综合考虑水环境的各种因素。

1.3　项目总体目标及主要内容

1.3.1　研究目标

调研构建沿海支流通榆河的水资源、水环境状况、水污染特征及工业污染负荷结构与特征研究报告；在流域内选择典型工业园区或企业，建设工业废水深度治理和回用示范工程，工程规模大于 100t/d，深度处理后 COD 低于 50 mg/L，氨氮低于 5 mg/L，运行费用低于 1.0 元/吨，水质满足回用的相关要求。形成流域村镇生活区水污染控制适用技术体系；完成典型村镇的示范工程，处理后的出水达到《粪便无害化卫生标准》和《污水综合排放标准》(GB8978——1996)一级排放标准。发展重点河流水资源回用等高强度人类活动对河流水文、水环境影响的评价指标体系与系统评价技术。建立沿海支流通榆河流域水资源环境与经济协调发展模型，以及淮河沿海支流通榆河水资源保护和水质管理综合对策措施。以水资源回用对水环境影响的分析评估技术为重点，构建沿海支流通榆河水资源回用对水环境影响的分析评估指标体系。

1.3.2 研究内容

1.3.2.1 淮河流域沿海支流通榆河水资源和水环境特征调研

(1) 自然环境、社会经济状况调查与评价：系统调研流域自然条件、社会经济发展和环境保护实践，建立淮河流域沿海支流通榆河社会经济发展和环境保护基础资料库，为深入研究淮河流域沿海支流通榆河水资源回用和水环境保护方案提供基础数据与资料。

(2) 水文水资源基础现状调查与评价：开展流域水文资源基础现状调查与评价，建立淮河流域沿海支流通榆河水资源回用和水环境保护信息。主要任务包括：调查流域诸河，特别主要是通榆河流向、水位、流量、流速、河宽、河深等河流水文特征，受潮汐影响情况；调查沿海支流通榆河水资源量及时空分布规律。在此基础上分析沿海支流主要是通榆河水文特征与河流水质演变之间的关系。

(3) 水质现状评估与污染源结构及特征识别：系统调查评估淮河流域沿海支流通榆河的水质现状及其演变趋势。全面评估通榆河流域水质现状与河流水环境目标之间的差距。

1.3.2.2 水资源保护与水质控制技术研究

(1) 典型行业生化尾水水质特征分析：从流域多家典型企业或园区采集生化尾水，对其进行详细的水质分析，最终得出该类尾水的水质特征规律。

(2) 废水的深度处理与回用技术研发：针对典型污染源尾水和回用去向的特点，研发具有针对性的深度处理技术，开发适用于通榆河流域的生化尾水深度处理与回用工艺。

(3) 废水的深度处理与回用工程示范：在流域内选择典型工业园区或企业，

建设工业废水深度治理和回用示范工程，工程规模大于 100t/d，深度处理后 COD 低于 50mg/L，氨氮低于 5mg/L，运行费用低于 1.0 元/吨，水质满足回用的相关要求。

1.3.2.3　流域村镇生活区污染控制与示范研究

(1) 流域村镇生活区污染控制技术研究与示范：通过开发村镇生活污水处理工艺及设备，开展污染防控关键技术研究与示范，做到减量化、资源化处理，统筹考虑区域内污染物处理、排放和利用。形成河流域村镇生活区水污染主要是典型面源污染控制研究和示范。

(2) 流域内畜禽养殖污染物综合控制技术与示范：通过改进厌氧处理技术、快速好氧堆肥化处理工艺、调控堆肥发酵工艺等提高微生物活性，缩短发酵周期，提高腐熟速度，减少臭气等污染物排放。研究不同时间尺度下畜禽养殖施肥和灌溉对农田土壤物理性质、化学性质的影响效应，建立土壤-作物系统中污染物循环的理论模型。完成典型村镇的示范工程，处理后的出水达到《粪便无害化卫生标准》和《污水综合排放标准》(GB8978——1996)一级排放标准。

(3) 立体、共生、循环性生态农庄建设：改变传统的"一麦一稻"的平面种植模式，形成埂、沟、面相结合的立体种植模式；利用农作物秸秆开展畜禽养殖，粪便进入沼气池，发酵后产生的沼气供农庄生活使用，沼渣液作为有机肥返施农田。

1.3.2.4　水资源回用对水环境影响的分析评估

(1) 水资源回用对水环境影响的分析评价技术：针对淮河沿海支流通榆河重点河段以及相关的区域，基于历史资料和实地调研观测并结合"3S"等先进技术，开展水资源回用对区域水循环和小流域水质的影响与模拟研究。发展河流水资源回用等人类活动对河流水文水环境影响的评价指标体系与系统评价技术。通过水资源回用等对水文、水环境变化的系统分析，以研究区域水环境综合承载能力为切入点，发展重点河流水资源回用等高强度人类活动对河流水文、水环境影响的评价指标体系与系统评价技术。

(2) 淮河沿海支流通榆河水资源环境与经济协调发展模型。

(3) 淮河沿海支流通榆河水资源保护和水质管理的综合对策措施。

1.3.3　技术路线

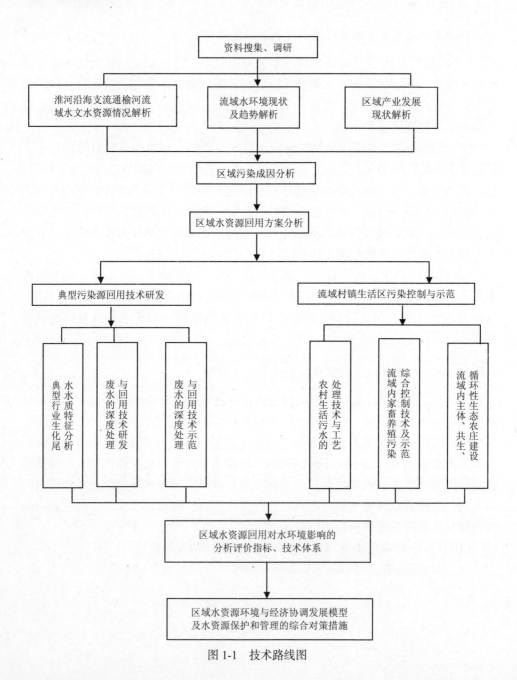

图 1-1　技术路线图

第二章 淮河沿海支流水资源和水环境分析

2.1 淮河流域情况

淮河流域地跨豫、皖、苏、鲁四省，面积 27 万 km^2,人口约 1.5 亿。淮河是一条多灾多难的河流。历史上黄河曾多次夺淮入海达 700 年之久，导致淮河流域地理环境发生了巨大变化，淮河原有的水系统及历代的农田水利建设普遍致严重破坏，域内大部地区遇雨拥滞难下，下游尾闾出海无路。至此，整个流域自然生态失衡，灾害频繁。尽管淮河是新中国成立后进行综合治理的第一条大河，国家花大力气对淮河进行了整治，水利部淮河水利委员会做了大量艰苦工作，但并没有遏制环境恶化的发展。特别是近 20 多年来，随着工农业生产的发展，水资源供需矛盾更加尖锐。不同行业，不同地区为了满足自己急剧增长的供水要求，不顾水资源条件，争相开发利用，因此造成流域一系列环境问题：黄运关系、行蓄洪区演变及作物保险；地下水位大幅度下降，水体污染，部分地区人畜用水困难；植被减少，沙漠化、盐碱化不断扩大，水土流失问题等。

淮河是中国最早开始水污染防治的流域之一，已经经历了三个"五年计划"。综观淮河流域水污染防治规划，不仅有流域(国家)级规划，沿淮四省以及主要城市也都编制了规划。各级规划都遵循统一的"水质目标"，确定了"总量控制目标"，筛选出一批"治理项目"，制定配套"监督管理措施"。20 年过去了，尽管做出了巨大的努力，要实现淮河水质变清，还要走很长的路。

2.1.1 淮河流域地理、人口概况

(1) 地理位置

淮河流域地处长江流域和黄河流域之间，位于东经 112°~121°、北纬 31°~36°，流域面积 27 万 km^2。根据《淮河流域水污染防治"十五"计划》，包括河南、安徽、江苏、山东 4 省的 35 个地市。[①]

淮河流域西起桐柏山、伏牛山，东临黄海，南以大别山、江淮丘陵、通扬运河及如泰运河南堤与长江分界，北以黄河南堤和沂蒙山与黄河流域毗邻。流域地跨河南、安徽、江苏、山东及湖北 5 省，由于历史上黄河曾夺淮入海，现状淮河

---

① 国家环境保护总局. 淮河流域水污染防治'十五'计划// "三河三湖" 水污染防治 "十五" 计划汇编. 北京: 化学工业出版社, 2004: 4

分为淮河水系及沂沭泗水系，废黄河以南为淮河水系，以北为沂沭泗水系。整个淮河流域多年平均径流量为 621 亿 m³，其中淮河水系 453 亿 m³，沂沭泗水系 168 亿 m³。淮河干流发源于河南省桐柏山，全长 1000km，总落差 196m，平均比降 0.2‰。流域西部、西南部及东北部为山区、丘陵区，其余为广阔的平原。山丘区面积约占总面积的 1/3，平原面积约占总面积的 2/3。流域西部的伏牛山、桐柏山区，一般高程 200~500m，沙颍河上游石人山高达 2153m，为全流域的最高峰；南部大别山区高程在 300~1774m；东北部沂蒙山区高程在 200~1155m。丘陵区主要分布在山区的延伸部分，西部高程一般为 100~200m，南部高程为 50~100m，东北部高程一般在 100m 左右。淮河干流以北为广大冲、洪积平原，地面自西北向东南倾斜，高程一般 15~50m；淮河下游苏北平原高程为 2~10m；南四湖湖西为黄泛平原，高程为 30~50m。流域内除山区、丘陵和平原外，还有为数众多、星罗棋布的湖泊、洼地。流域西以河南省西部的伏牛山脉与黄河的支流伊洛河流域及长江的支流汉水流域分界；北以从河南省郑州至兰考的黄河南堤和从兰考到废黄河口的废黄河南堤与沂沭泗流域分界；南以桐柏山脉、大别山脉及通扬运河、东串场河与长江中下游北岸的汉水、皖河、巢湖、滁河等水系分界；东濒黄海。

　　洪泽湖出口中渡以上为上中游，流域面积 15.8 万 km²，洪泽湖以下为淮河下游。洪泽湖的排水出路，除入江水道以外，还有淮河入海水道、苏北灌溉总渠和向新沂河相机分洪的淮沭新河。淮河下游里运河以东为里下河地区，面积 2.1 万 km²。沂沭泗河水系位于淮河流域东北部，由沂河、沭河、泗河组成，多发源于沂蒙山区。泗河经南四湖汇集蒙山西部及湖西平原各支流洪水，沂河、沭河汇集沂蒙山区洪水平行南下，分别由新沂河于灌河口燕尾港、新沭河经石梁河水库于临洪口入海。江苏省内淮河流域分为淮河水系和沂沭泗水系。淮河水系面积 6.29 万 km²，其中淮河水系面积 3.71 万 km²、沂沭泗水系面积 2.58 万 km²。江苏北部属沂沭泗水系，境内面积 2.58 万 km²、占全省总面积的 25.4%。其中废黄河面积 1881km²，形成独立排水区，也是沂沭泗水系南与淮河水系相邻的分界河。沂河、沭河与泗河均发源于山东沂蒙山区。泗水原来是这个水系的主要河道，汇沂河、沭河流经徐州、泗阳、淮阴注入古淮河。新中国成立后，导沂整沭，开辟了沂沭泗洪水直接入海的新沂河、新沭河，使洪水归槽；泗河、沂河进入江苏后，汇集骆马湖出嶂山闸，经新沂河入海；沭河则一路循旧道南入新沂河。江苏中部属淮河下游水系，南以江淮分水岭、老通扬运河、如泰运河为界与长江流域相邻，北以废黄河与沂沭泗水系分开，境内面积 3.71 万 km²，占全省总面积的 36.6%。淮河原是一条单独入海的河流，黄河夺淮后，下游河床淤高，在淮阴以西潴积成洪泽湖，并改道入江。淮河干流、淮河入江水道、苏北灌溉总渠等流域行洪河道也把境内分割成六个被洪水包围的区域。区内河道主要有徐洪河、濉河、射阳河、新洋港、黄沙港、斗龙港等排涝干河。受苏北灌溉总渠以及里运河、老通扬运河几条高水河道包围的里下河地区，现已成为独立的自排水系。

由于里运河以东、废黄河以南、通扬运河及东串场河以北的苏北平原，共计有 22 440km² 面积，水流向东直接入海，淮河干流实际汇水面积为 164 560km²。淮河安徽段，处于淮河中游，上自豫、皖交界的洪河口起，下至皖、苏交界的洪山头止，河道长度 430km。淮河以北是黄淮冲积平原，平坦辽阔，土层深厚，地面高程 45~13.5m，自西北向东南倾斜，呈 1/5000~1/10000 比降。北部萧、濉、宿、灵、泗诸县境，分布有低山残丘，高程一般在 50~100m。沿淮两岸，分布着湾地、洼地和湖泊，是淮河滞洪、行洪地带。淮南主要是山丘区，西部大别山以白马尖和天堂寨最高，高程分别为 1774m 和 1729m；大别山以东，地势显著降低，岗丘连绵，向东北延伸直抵洪泽湖以南，成为长江、淮河两大水系的分水岭，高程一般在 50~100m 左右，也有 300m 以上的丘陵，如张八岭的北将军山为 399m，沿淮寿县以下有浅山分布。淮河干流比降平缓，平均为 0.02‰，沿途流经峡山、荆山、浮山三处峡口，形势险要。正阳关汇纳上游干支河全部山区来水，总控制面积 91 620km²，素有"七十二道归正阳"之称，大别山区、桐柏山区、伏牛山区、嵩山山区等，都是淮河的主要洪水源地。干流平槽泄量：洪河口至正阳关不足 1000m³/s，正阳关至涡河口为 2500m³/s，涡河口以下至洪山头为 3000m³/s。

两岸支流众多。左岸有洪河、谷河、润河、颍河、西淝河、芡河、涡河、漴潼河、濉河等，还有大型人工河道新汴河和芡淮新河，一般都源远流长，具平原河道特征；右岸有史灌河、沣河、汲河、浉河、东淝河、窑河、小溪河、池河、白塔河等，均源于江淮分水岭北侧，流程较短，具山区河道特征。沿淮多湖泊，分布在支流汇入口附近，湖面大但水不深，左岸有八里湖、焦岗湖、四方湖、香涧湖、沱湖、天井湖等；右岸有城西湖、城东湖、瓦埠湖、高塘湖、花园湖、女山湖、七里湖、高邮湖、沂湖、洋湖等。

水系组成。淮河干流自西向东，经河南省南部、安徽省中部，在江苏省中部注入洪泽湖，经洪泽湖调蓄后，主流经入江水道至扬州三江营注入长江。河源至洪河口为上游，长 360km，落差 174m，流域面积 3 万多 km²；洪河口至洪泽湖出口中渡为中游，长 490km，落差 16m，流域面积 13 万多 km²；中渡至三江营为下游，长 150km，落差 6m，流域面积 3 万 km²。淮河支流众多，流域面积大于 1 万 km² 的一级支流有 4 条，大于 2000km² 的一级支流有 16 条，大于 1000km² 的一级支流有 21 条。右岸较大支流有史灌河、浉河、东淝河、池河等；左岸较大支流有洪汝河、沙颍河、西淝河、涡河、浍河、漴潼河、新汴河等。

在淮河流域水系中有许多湖泊，其水面总面积约 7000km²，总蓄水能力 280 亿 m³，其中兴利蓄水量 60 亿 m³，较大的湖泊有城西湖、城东湖、瓦埠湖、洪泽湖、高邮湖、宝应湖等。洪泽湖是淮河流域中最大的湖泊，它承转淮河上中游约 16 万 km² 的来水，在 12.5m 水位时，水面面积 2069km²、蓄水量 31 亿 m³，是我国四大淡水湖之一。现在是一个集调节淮河洪水，供给农田灌溉、航运、工业和生活用水于一体，并结合发电、水产养殖等综合利用的湖泊。设计洪水位 16.0m，校核洪水位 17.0m，校核洪水位时相应容量为 135 亿 m^3。

入江入海水道：①入江水道，该水道自三河闸起经金沟改道至高邮湖、邵伯湖，再由运盐河、金湾、太平、凤凰、新河汇入芒稻河、廖家沟达夹江，至三江营入长江，全长 158km，设计行洪流量 12000m^3/s。②里运河，该河是由历史上的邗沟演变而来，经近 40 多年的多次整治，已成为一条综合利用的河道。它既可分泄淮河洪水，又是京杭大运河的一部分和南水北调东线的干渠。从杨庄起至江都止，里运河全长 159km。两岸均筑有大堤，其西堤即入江水道的东堤，有防御淮河洪水、保障里下河地区安全的任务。③苏北灌溉总渠是利用洪泽湖水源，发展废黄河以南苏北地区灌溉的输水干渠，也是淮河洪水入海的一条人工开挖河道，西从洪泽湖口高良涧闸起，东至扁担港入海止，全长 168km。设计行洪能力 800m^3/s，实际动用时，超过了这一标准。1954 年大水时总渠分泄了淮河洪水 1020m^3/s 入海。淮河流域地处我国南北气候过渡带，多年平均降水量约为 883mm，降水时空分布极不均匀，年内 6~9 月雨量约占全年降水量 70%；年际之间降雨变化剧烈，最大年雨量为最小年雨量的 3~5 倍。

淮河流域多年平均水资源总量为 854 亿 m^3，其中地表水 621 亿 m^3，地下水 374 亿 m^3。水资源人均拥有量为 565m^3，亩均拥有量为 476m^3，约占中国人均、亩均拥有量的 1/5，属于中国缺水地区之一。

淮河流域已建成水库 5700 多座，总库容 270 亿 m^3；已建成蓄水、引水、提水等各类水利供水工程,总供水能力约 607 亿 m^3 左右,其中地表水供水量占 83%，地下水占 17%。1999 年淮河流域水利工程总供水量为 544 亿 m^3，其中农业供水 444 亿 m^3，工业供水 32 亿 m^3，城镇居民生活供水 19 亿 m^3，其他供水 48 亿 m^3。

淮河流域水系图见图 2-1。

(2) 人口现状

在过去的 50 多年里，淮河的总人口持续增长,但增长率近年开始减缓。1949~1980 年间，淮河流域人口的年平均增长率为 17.2‰；2000~2003 年的平均增长率已经降为 5.21‰。2003 年淮河流域总人口达到 16801.16 万人，占全国的 13%。

淮河流域属于人口高密度地区，人口密度已经由 1994 年的 580.67 人/km^2，上升到 2003 年的 623.59 人/km^2，为同期全国人口密度 134 人/km^2 的 4.65 倍。[①]

---

① 淮河流域总人口统计了河南、安徽、山东和江苏四省处于淮河流域的行政区域内人口，详细程度到县一级。数据来源为淮河流域各省、市、县统计年鉴。

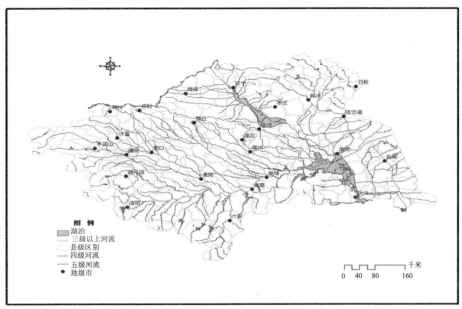

图 2-1　淮河流域图

2.1.2　淮河流域水资源量

(1) 降水量

2012 年淮河片年降水量变幅为 300~1700mm，其中，淮河流域大部分地区年降水量在 600~1000mm；瓦埠湖以西的淮河南部地区，淮滨以上的淮河上游地区，沙颖河、涡河下游地区，瓦埠湖、高塘湖和池河的上游地区，奎濉河流域，江苏除徐州以外的淮河流域大部分地区，沂沭河流域，基本大于 800mm；大于 1600mm 的高值区在磨子潭水库上游地区；小于 400mm 的低值区在汝河上游地区和南四湖洙赵新河中上游地区。山东半岛年降水量在 500mm 以上；母猪河以东地区，胶南周边地区，冶源水库、高崖水库的上游地区大于 800mm。

2012 年淮河片平均降水深 732.1mm，折合降水总量 2416.0 亿 m³，比常年偏少 12.7%，比上年减少 9.6%。其中淮河流域平均降水深 748.6mm，折合降水总量 2013.3 亿 m³，比常年偏少 14.4%，比上年减少 8.3%。淮河流域中，湖北省平均降水深 650.0mm，比常年偏少 40.4%；河南省平均降水深 654.2mm，比常年偏少 22.3%；安徽省平均降水深 831.1mm，比常年偏少 11.9%；江苏省平均降水深 877.6mm，比常年偏少 7.1%；山东省平均降水深 642.8mm，比常年偏少 13.9%。山东半岛平均降水深 659.7mm，折合降水总量 402.7 亿 m³，与常年偏少 2.8%，比上年减少 15.8%。

淮河片各分区 2012 年降水量与 2011 年和多年平均比较见图 2-2；2012 年降水量等值线图见图 2-3。

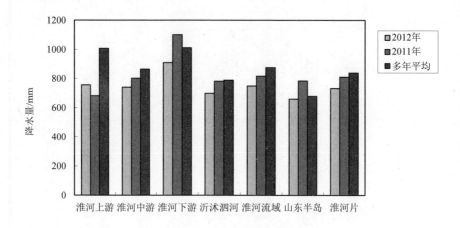

图 2-2　降水量年际变化

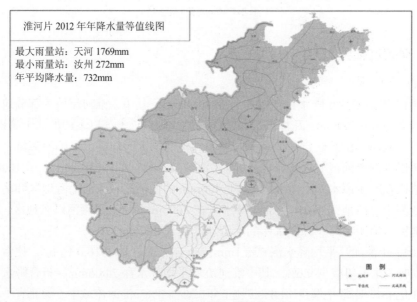

图 2-3　2012 年降水量等值线图

(2) 地表水资源量

地表水资源量是指河流、湖泊等地表水体中由当地降水形成的、可以逐年更新的动态水量，即天然河川径流量。2012 年淮河片天然年径流深 158.5mm，年径流量 522.9 亿 m³，较常年偏少 22.8%，比上年减少 18.7%。其中淮河流域天然年径流深 168.3mm，年径流量 452.7 亿 m³，较常年偏少 23.9%，较上年减少 15.1%。
山东半岛天然年径流深 115.1mm，年径流量 70.2 亿 m³，较常年偏少 14.4%，较上
年减少 36.2%。从各分区年径流深分布看，淮河上游年径流深 106.2mm 为最小，
淮河下游区 257.5mm 为最大。淮河片各分区 2012 年地表水资源量与 2011 年和多
年平均比较见图 2-4。

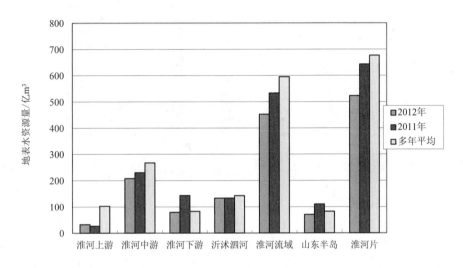

图 2-4　地表水资源量年际变化

(3) 地下水资源量

地下水资源量是指由降水和地表水体入渗补给地下含水层的动态水量。山
丘区地下水资源量一般采用排泄量法计算，包括河川基流量、山前侧向流出量、
山前泉水溢涌水量、河谷地带潜水蒸发量和地下水开采净消耗量；平原区地下
水资源量采用补给量法计算，包括降水入渗补给、地表水体入渗补给和山前侧
向流入量。在确定某区域地下水资源量时，需扣除山丘区和平原区之间的重复
计算量。

2012 年淮河片地下水资源量为 352.9 亿 m³，较上年减少 11.5%，较常年偏少
11.1%，其中平原区浅层地下水资源量 252.3 亿 m³。淮河流域地下水资源量为 294.9
亿 m³，较上年减少 10.1%，较常年偏少 12.7%，其中平原区浅层地下水资源量
231.2m³。山东半岛地下水资源量为 58.0 亿 m³，较上年减少 18.0%，较常年偏少
1.6%，其中平原区浅层地下水资源量 21.0 亿 m³。

淮河片各分区 2012 年地下水资源量与 2011 年和多年平均比较见图 2-5。

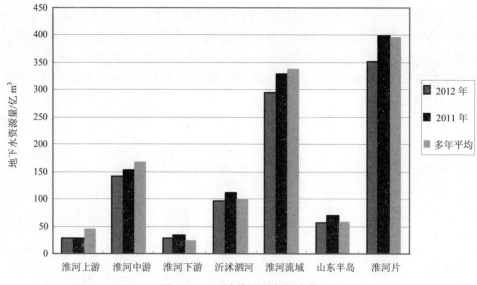

图 2-5　地下水资源量年际变化

(4) 水资源总量

水资源总量是指当地由降水形成的地表、地下产水总量(不包括区外来水量),即地表径流量与降水入渗补给量之和。2012 年淮河片水资源总量为 746.0 亿 m³,较常年偏少 18.6%,较上年减少 16.4%,产水系数 0.31,产水模数 22.6 万 m³/km²。淮河流域水资源总量为 649.4 亿 m³,较常年偏少 18.2%,较上年减少 16.4%,产水系数 0.32,产水模数 24.1 万 m³/km²。山东半岛水资源总量为 96.6 亿 m³,较常年偏少 17.4%,较上年减少 32.2%,产水系数 0.23,产水模数 15.8 万 m³/km²。2012 年淮河片水资源量情况见表 2-1。

表 2-1　2012 年淮河片水资源量　　　　　　　(单位:亿 m³)

分　区	降水量	地表水资源量	地下水资源量	地下与地表水资源不重复量	水资源总量
淮河流域	2013.29	452.67	294.94	196.73	649.4
其中: 湖北省	9.10	1.38	0.50	0	1.38
河南省	565.45	83.11	87.57	57.12	140.23
安徽省	553.71	133.77	74.00	47.63	181.4
江苏省	556.88	168.07	74.47	62.87	230.94
山东省	328.15	66.34	58.4	29.11	95.45
山东半岛	402.74	70.27	57.97	26.33	96.6
淮　河　片	2416.03	522.94	352.91	223.06	746.00

(5) 入海、入江及引江、引黄水量

2012 年淮河片入海、入江总水量 332.49 亿 m³,比上年减少 5.2%,其中入海水量 303.7 亿 m³,比上年减少 1.5%;入江水量 28.8 亿 m³,比上年减少 32.0%。

淮河流域入海、入江水量 263.3 亿 m³，比上年减少 4.7%，其中入海水量 234.5 亿 m³，比上年增加 0.3%。山东半岛入海水量 69.2 亿 m³，比上年减少 7.0%。

2012 年淮河片跨流域调入(引江、引黄)水量 135.5 亿 m³，比上年增加 3.3 亿 m³，其中引江 91.4 亿 m³，引黄 44.1 亿 m³。淮河流域从长江引水 91.4 亿 m³，较上年增加 1.8 亿 m³；从黄河引水 28.4 亿 m³，比上年增加 1.4 亿 m³。淮河流域引黄水量中，河南省引黄 15.1 亿 m³，比上年增加 0.3 亿 m³，山东省引黄 12.2 亿 m³，较上年增加 1.5 亿 m³。山东半岛从黄河引水量 15.7 亿 m³，与上年持平。

(6) 蓄水动态

大中型水库(湖泊)蓄水动态。对淮河流域 38 座大型水库(不含洪泽湖、骆马湖、南四湖)和 174 座中型水库蓄水统计分析，2012 年末蓄水总量为 75.3 亿 m³，比上年末减少 12.8 亿 m³。其中大型水库当年末蓄水总量 58.7 亿 m³，比上年末减少 9.8 亿 m³；中型水库年末蓄水总量 16.7 亿 m³，比上年末减少 3.0 亿 m³。洪泽湖年末蓄水量 43.0 亿 m³，比上年末减少 5.5 亿 m³；骆马湖年末蓄水量 9.1 亿 m³，比上年末减少 0.6 亿 m³；南四湖上级湖年末蓄水量 9.7 亿 m³，比上年末减少 0.8 亿 m³，南四湖下级湖年末蓄水量 5.1 亿 m³，比上年末减少 3.3 亿 m³。对山东半岛 15 座大型水库和 90 座中型水库蓄水统计分析，2012 年末蓄水总量为 26.1 亿 m³，比上年末减少 2.4 亿 m³。其中大型水库当年末蓄水总量 17.4 亿 m³，比上年末减少 1.4 亿 m³；中型水库当年末蓄水总量 10.1 亿 m³，比上年末减少 1.0 亿 m³。淮河片大中型水库(含湖泊)2012 年末与 2011 年末蓄水量对比见图 2-6。

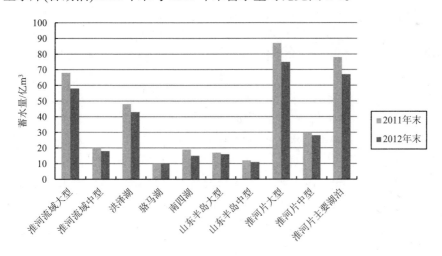

图 2-6　淮河片大中型水库及主要湖泊蓄水变化图

平原区地下水动态及地下水降落漏斗。2012 年降水量较多年平均偏少 12.7%，大部分地区浅层地下水位总体有所下降，下降区主要位于淮河中游区和沂沭泗河区。淮河片下降区总面积 57 597km², 平均降幅 1.4m, 其中, 淮河流域下降区面积 53 731km², 平均降幅 1.4m; 山东半岛下降区面积 3866km², 平均降幅 1.4m。淮河片上升区总面积 5969km², 平均升幅 1.6m, 其中, 淮河流域上升区面积 4333km², 平均升幅 1.4m; 山东半岛上升区面积 1636km², 平均升幅 2.3m。全片相对稳定区总面积 105 953km², 其中淮河流域相对稳定区面积 97 831km², 山东半岛相对稳定区面积 8122km²。淮河片地下水蓄水变量合计减少 29.4 亿 m³, 其中淮河流域减少 28.2 亿 m³。2012 年淮河片地下水位降落漏斗共有 10 处, 年末总面积 14 582 km², 比上年增加 1203 km²; 其中浅层地下水漏斗 4 处, 漏斗面积 7117km², 比上年增加 115km²。淮河流域有地下水漏斗 9 处, 年末总面积 9114km², 较上年增加 1157km²; 其中浅层地下水漏斗 3 处, 面积 1649km², 较上年增加 69km²。山东半岛有浅层地下水漏斗 1 处, 漏斗面积 5468km², 较上年增加 46km²。

2.1.3 淮河流域水资源的利用状况分析

(1) 供水量

供水量指各种水源工程为用户提供的包括输水损失在内的水量, 也称取水量。按照取水水源不同分为地表水源、地下水源和其他水源(指污水处理回用、集雨工程供水、海水淡化等)三大类, 按受水区进行统计。

2012 年淮河片各类供水工程总供水量 647.6 亿 m³, 比上年减少 1.5%。其中地表水源供水 461.6 亿 m³, 占总供水量的 71.3%; 地下水源供水 181.5 亿 m³, 占 28.0%; 其他水源供水 4.4 亿 m³, 占 0.7%。在地表水源供水量中, 跨流域调水 135.5 亿 m³, 占地表水源供水量的 29.3%。另有海水直接利用量 60.2 亿 m³ 未计入总供水量中。2012 年淮河流域各类供水工程总供水量 577.0 亿 m³, 比上年减少 1.5%。其中地表水源供水 422.9 亿 m³, 占总供水量的 73.3%; 地下水源供水 151.8 亿 m³, 占 26.3%; 其他水源供水 2.3 亿 m³, 占 0.4%。跨流域调水 119.8 亿 m³, 占地表水源供水量的 28.3%。另有海水直接利用量 15.3 亿 m³ 未计入总供水量中。

2012 年山东半岛各类供水工程总供水量 70.6 亿 m³, 比上年减少 1.3%。其中地表水源供水 38.7 亿 m³, 占总供水量的 54.8%; 地下水源供水 29.8 亿 m³, 占 42.2%; 其他水源供水 2.1 亿 m³, 占 3.0%。跨流域调水 15.7 亿 m³, 占地表水源供水量的 40.5%。另有海水直接利用量 44.9 亿 m³ 未计入总供水量中。

2012 年淮河片、淮河流域和山东半岛供水组成见图 2-7~图 2-9, 2012 年淮河片供水情况见表 2-2。

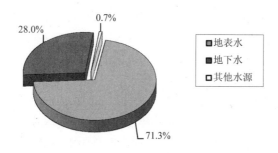

图2-7　2012年淮河片供水组成

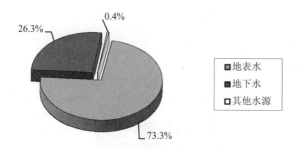

图2-8　2012年淮河流域供水组成

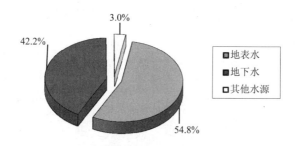

图2-9　2012年山东半岛供水组成

(2) 用水量

用水量是指配置给各类用水户包括输水损失在内的毛用水量。根据用户特性可分为生产用水、生活用水和生态环境用水三大类，其中生产类分为第一、第二、第三产业，第一产业用水包括农田灌溉和林牧渔畜用水。用水量统计时按农田灌溉、林牧渔畜、工业、城镇公共、居民生活、生态环境六类用户进行统计。2012

年淮河片总用水量为 647.6 亿 m³，比上年减少 1.5%。在用水构成中，农田灌溉用水 401.0 亿 m³，占总用水量的 61.9%；林牧渔畜用水 48.4 亿 m³，占 7.5%；工业用水 104.3 亿 m³，占 16.1%；城镇公共用水 15.8 亿 m³，占 2.4%；居民生活用水 63.4 亿 m³，占 9.8%；生态环境用水 14.9 亿 m³，占 2.3%。2012 年淮河流域总用水量为 577.0 亿 m³，比上年减少 1.5%。其中农田灌溉用水 368.5 亿 m³，占总用水量的 66.1%；林牧渔畜用水 41.3 亿 m³，占 7.2%；工业用水 91.5 亿 m³，占 15.9%；城镇公共用水 11.8 亿 m³，占 2.0%；居民生活用水 52.3 亿 m³，占 9.1%；生态环境用水 11.7 亿 m³，占 2.0%。2012 年山东半岛总用水量 70.6 亿 m³，比上年减少 1.3%。其中农田灌溉用水量 32.5 亿 m³，占总用水量的 46.0%；林牧渔畜用水 7.1 亿 m³，占 10.0%；工业用水 12.9 亿 m³，占 18.2%；城镇公共用水 4.0 亿 m³，占 5.6%；居民生活用水 11.1 亿 m³，占 15.7%；生态环境用水 3.2 亿 m³，占 4.5%。2012 年淮河片、淮河流域和山东半岛用水组成见图 2-10~图 2-12，2012 年淮河片用水情况见表 2-2。

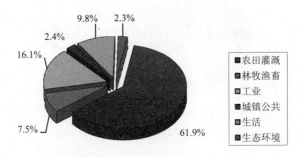

图2-10 2012年淮河片用水组成

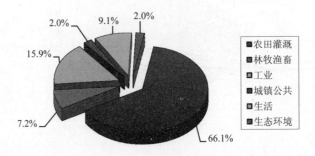

图2-11 2012年淮河流域用水组成

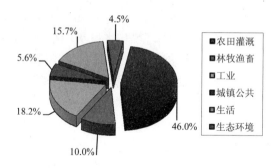

图2-12　2012年山东半岛用水组成

表 2-2　2012 年淮河片供用水量　　　　　　　（单位：亿 m³）

分区	供 水 量				用 水 量						
	地表水	地下水	其他	总供水量	农田灌溉	工业用水	林牧渔畜	城镇公共	生活	生态环境	总用水量
淮河流域	422.91	151.77	2.33	577.01	368.48	91.47	41.27	11.79	52.29	11.72	577.01
其中: 湖北省	0.99	0.02	0.00	1.01	0.62	0.19	0.09	0.01	0.10	0.00	1.01
河南省	49.03	77.08	0.39	126.50	60.91	29.47	9.40	2.53	16.59	7.60	126.50
安徽省	90.64	31.96	0.26	122.86	74.06	28.93	4.06	2.33	12.39	1.09	122.86
江苏省	238.37	8.79	0.00	247.16	181.10	24.75	20.96	5.06	14.30	0.99	247.16
山东省	43.89	33.92	1.68	79.48	51.80	8.12	6.76	1.86	8.91	2.04	79.48
山东半岛	38.74	29.78	2.11	70.62	32.48	12.85	7.09	3.97	11.07	3.16	70.62
淮河片	461.64	181.55	4.43	647.62	400.96	104.31	48.36	15.76	63.35	14.88	647.62

(3) 用水消耗量

用水消耗量(简称耗水量)是指在输水、用水过程中，通过蒸腾蒸发、土壤吸收、产品带走、人和牲畜饮用等多种途径消耗掉，而不能回归至地表水体和地下含水层的水量。耗水量按农田灌溉耗水量、林牧渔畜耗水量、城镇公共耗水量、工业耗水量、居民生活耗水量和生态环境耗水量等类别进行统计。农田、林果、草场灌溉的耗水量为毛用水量与回归水量(含地表退水和下渗补给地下水)之差，工业、城镇公共、城镇居民的耗水量为取水量扣除废污水排放量和输水损失中的回归量。

2012 年淮河片总耗水量 417.9 亿 m³，耗水率 64.5%。其中，农田灌溉耗水量296.1 亿 m³，耗水率 73.9%；林牧渔畜耗水量 39.8 亿 m³，耗水率 82.4%；工业耗水量 31.3 亿 m³，耗水率 30.0%；城镇公共耗水量 6.2 亿 m³，耗水率 39.2%；居民生活耗水量 32.5 亿 m³，耗水率 51.3%；生态环境耗水量 12.0 亿 m³，耗水率 80.4%。2012 年淮河流域总耗水量 375.1 亿 m³，耗水率 65.0%。其中，农田灌溉耗水量 272.3亿 m³，耗水率 73.9%；林牧渔畜耗水量 34.7 亿 m³，耗水率 84.0%；工业耗水量

26.5 亿 m³，耗水率 28.9%；城镇公共耗水量 4.4 亿 m³，耗水率 37.7%；居民生活耗水量 27.5 亿 m³，耗水率 52.7%；生态环境耗水量 9.7 亿 m³，耗水率 83.2%。2012 年山东半岛总耗水量 42.8 亿 m³，耗水率 60.6%。其中，农田灌溉耗水量 23.8 亿 m³，耗水率 73.4%；林牧渔畜耗水量 5.2 亿 m³，耗水率 73.0%；工业耗水量 4.9 亿 m³，耗水率 37.9%；城镇公共耗水量 1.7 亿 m³，耗水率 43.8%；居民生活耗水量 4.9 亿 m³，耗水率 44.7%；生态环境耗水量 2.2 亿 m³，耗水率 70.0%。

(4) 城市建成区供用水情况

城市建成区指城市建筑基本连片、公共设施达到的地区，包括已建成的工业园区、经济开发区和机场等。本次统计的淮河片地级以上城市共 34 个，其中河南省 9 个，安徽省 7 个，山东省 12 个，江苏省 6 个。2012 年这 34 个城市建成区总供水量 102.4 亿 m³，其中地表水供水量 77.1 亿 m³，地下水供水量 19.3 亿 m³，污水处理回用量 2.1 亿 m³，其他用水量 4.0 亿 m³，另有海水直接利用量 37.1 亿 m³ 未计入总供水量；34 个城市建成区总用水量 102.4 亿 m³，其中工业用水量 57.1 亿 m³，居民生活用水量 16.9 亿 m³，城市公共用水量 9.2 亿 m³，农业用水量 5.9 亿 m³，城市环境用水量 13.3 亿 m³。

(5) 水资源利用程度分析

地表水资源开发利用率是指地表水供水量占地表水资源量的百分比，平原区浅层地下水开采率是指平原区浅层地下水实际开采量占平原区浅层地下水资源可开采量的百分比。根据水资源量计算和供用水统计成果分析，2012 年淮河流域地表水资源开发利用率为 67.1%，平原区浅层地下水开采率为 43.3%。2012 山东半岛地表水资源开发利用率 32.8%，平原区浅层地下水开采率为 79.8%。2012 年淮河片地表水资源开发利用率为 62.5%，平原区浅层地下水开采率为 46.3%。

(6) 用水指标

根据淮河片社会经济资料对各项用水指标进行分析，2012 年淮河片人均用水量为 326.4m³，万元 GDP(当年价)用水量为 82.5m³，农田灌溉亩均用水量 246.1m³，城镇生活人均日用水量 115.7L，农村生活人均日用水量 66.4L，万元工业增加值(当年价)取用水量为 27.4 m³。2012 年淮河流域人均用水量为 358.2m³，万元 GDP(当年价)用水量为 115.9m³，农田灌溉亩均用水量为 262.2m³，城镇生活人均日用水量 117.9L，农村生活人均日用水量 68.9L，万元工业增加值(当年价)取用水量 37.9m³。2012 年山东半岛人均用水量为 189.1m³，万元 GDP(当年价)用水量为 24.5m³，农田灌溉亩均用水量为 144.9m³，城镇生活人均日用水量 108.0L，农村生活人均日用水量 53.4L，万元工业增加值(当年价)取用水量 9.2 m³。2012 年淮河片主要用水指标见表 2-3。

表 2-3　2012 年淮河片主要用水指标

分区	万元 GDP 用水量 /(m³/万元)	人均用水量 /(m³/人)	农田灌溉亩均用水量 /(m³/亩)	万元工业增加值用水量 /(m³/万元)	人均生活日用水量 /[L/(人·日)]	
					城镇	农村
淮河流域	115.93	358.16	262.23	37.90	117.88	68.87
湖北省	217.95	389.17	407.28	105.64	169.84	66.98
河南省	79.90	234.60	131.67	38.97	121.26	58.00
安徽省	190.41	365.42	260.68	103.74	130.33	81.64
江苏省	152.92	673.74	415.65	30.84	115.51	96.35
山东省	70.47	217.06	234.06	14.16	98.02	54.73
山东半岛	24.54	189.12	144.94	9.20	108.04	53.40
淮河片	82.45	326.35	246.10	27.38	115.68	66.37

2.1.4　淮河水质概况

本次调研主要针对淮河片水功能区水质类别、水功能区水质达标状况和湖库富营养化状态评价。水质评价项目包括：水温、pH、溶解氧、高锰酸盐指数、化学需氧量、五日生化需氧量、氨氮、总磷、铜、锌、氟化物、硒、砷、汞、镉、六价铬、铅、氰化物、挥发酚和阴离子洗涤剂、硫化物、石油类等共 22 个，饮用水源地增加硫酸盐、氯化物、硝酸盐、铁和锰 5 个评价项目。湖泊、水库富营养化监测评价项目为总磷、总氮、叶绿素 a、高锰酸盐指数和透明度等共 5 个。

(1) 淮河废污水排放量

根据流域各省提供的资料统计，2012 年淮河片用户污废水排放总量为 90.6 亿 t(不包括火电厂直流式冷却水及矿坑排水)。其中淮河流域废污水年排放量 76.4 亿 t，山东半岛 14.2 亿 t。淮河流域各省废污水年排放量情况为：湖北省 0.1 亿 t，河南省 29.1 亿 t，安徽省 17.7 亿 t，江苏省 21.9 亿 t，山东省 7.7 亿 t。

(2) 主要城镇实测废污水入河排放量

2012 年淮委组织流域水利部门对全流域城镇入河排放量进行了监测，根据各省监测资料统计，2012 年淮河片 211 个城镇 1517 个入河排污口废污水入河排放量为 65.3 亿 t，主要污染物质化学需氧量和氨氮入河排放量分别为 57.9 万 t 和 5.0 万 t。其中淮河流域 174 个城镇 1365 个入河排污口废污水入河排放量为 51.4 亿 t，主要污染物质化学需氧量和氨氮入河排放量分别为 48.5 万 t 和 4.5 万 t。各省情况分别为：河南省辖淮河流域：67 个城镇 473 个入河排污口，废污水入河排放量为 17.6 亿 t，化学需氧量入河排放量为 17.2 万 t，氨氮入河排放量为 1.9 万 t。安徽省辖淮河流域：33 个城镇 352 个入河排污口，废污水入河排放量为 9.9 亿 t，化学需氧量入河排放量为 12.4 万 t，氨氮入河排放量为 0.9 万 t。江苏省辖淮河流域：36 个城镇 316 个入河排污口，废污水入河排放量为 13.6 亿 t，化学需氧量入河排放

量为 14.1 万 t, 氨氮入河排放量为 1.4 万 t。山东省辖淮河流域: 38 个城镇 224 个
入河排污口, 废污水入河排放量为 10.2 亿 t, 化学需氧量入河排放量为 4.8 万 t,
氨氮入河排放量为 0.4 万 t。山东半岛: 37 个城镇 152 个入河排污口, 废污水入河
排放量为 14.0 亿 t, 化学需氧量入河排放量为 9.4 万 t, 氨氮入河排放量为 0.5 万 t。
2012 年淮河片主要城镇废污水入河排放量见表 2-4。

表 2-4　2012 年淮河片主要城镇废污水入河排放量

区　域	城镇 /个	入河排污口 /个	废水排放量 /(亿 t/a)	COD /(万 t/a)	氨　氮 /(万 t/a)
河南省	67	473	17.58	17.21	1.87
安徽省	33	352	9.94	12.35	0.92
江苏省	36	316	13.64	14.12	1.37
山东省	38	224	10.20	4.83	0.35
淮河流域	174	1365	51.36	48.51	4.51
山东半岛	37	152	13.97	9.36	0.53
淮河片	211	1517	65.33	57.87	5.03

(3) 淮河水污染状况汇总

淮河流域水污染起源于 20 世纪 70 年代后期, 进入 80 年代, 随着国民经济快
速发展和城市化进程加快, 尤其是乡镇企业的异军突起, 水污染逐步加剧, 淮河
流域出现 "50 年代淘米洗菜、60 年代洗衣灌溉、70 年代水质变坏、80 年代鱼虾
绝代" 的局面, 一些流域性水污染事故经常发生。淮河干流在 1989、1992、1994
年发生过特大水污染事故, 沙颍河等支流污水进入淮河干流, 形成近百公里长的
污水团, 所经之处, 水质突变, 鱼虾全部死亡, 水环境遭受严重破坏, 对沿淮供
水造成严重破坏。此外, 一些省际间水污染纠纷不断。水污染已成为制约淮河流
域经济发展的重要因素之一, 严重影响了水资源的开发利用, 进一步加剧了水资
源短缺的矛盾。

按照《地表水环境质量标准》(GB3838——2002)评价(河流断面总氮不参评),
2009 年, 淮河流域 86 个国控断面中 Ⅱ~Ⅲ 类水质断面占 24.4%, Ⅳ 类占 37.2%,
Ⅴ 类占 15.1%, 劣 Ⅴ 类占 23.3%; 全流域化学需氧量和氨氮平均浓度逐年下降,
水质较 "十一五" 初期明显改善。

淮河流域 "十一五" 规划的 21 个跨省界规划断面评价结果显示, 与 2005 年
相比, 达 Ⅲ 类水质断面比例上升了 14%, Ⅴ 类水质断面比例下降了 24%, 跨省界
断面的超标率从 2005 年的 52% 下降至 2009 年的 38%。

淮河流域 "十一五" 规划在南水北调东线调水区设置了 35 个断面(其中 11 个
断面有各年连续数据), 2005~2009 年, 南水北调东线沿线水质有所改善, 劣 Ⅴ 类
水质断面比例自 54% 下降到 23%; Ⅰ~Ⅲ 类、Ⅳ 类水质断面逐年增加。按照《南

水北调东线工程治污规划》的水质目标进行评价，2005~2009 年各年度水质超标率分别为 85%、77%、77%、82%、85%，尚不能满足调水要求。

水环境和水污染的基本特征如下。

1) 氮成为首要污染因子

2009 年丰、平、枯水期氨氮超标的国控断面比例分别为 14.0%、26.7%和32.6%，超标倍数多在 1~3 倍，最大超标倍数达到 10 倍以上。氨氮已成为淮河流域的首要污染因子，主要分布在南水北调东线以及沙颍河、涡河、沱河、奎河等区域。

2) 资源总量匮乏，时空分布不均

淮河流域多年平均水资源总量约为 794 亿 m^3。但人均水资源总量仅为 441m^3，亩均水资源量仅 417m^3，均为全国平均水平的 1/5 左右，属于严重缺水地区。另一方面，淮河流域水资源时空分布不均，年际降水变化大，年内降水分布也极不均匀，污染水体随洪水下泄易引发污染事故。水资源区域分布与流域人口和耕地分布、矿产和能源开发等生产力布局不匹配，经济社会发展与水环境承载能力不协调。水资源供需矛盾突出，部分淮北河流生态用水严重缺乏。

3) 产业结构不尽合理，污染治理水平有待提高

淮河流域化工、造纸、饮料、食品、农副产品加工等主要污染行业产值约占流域工业总产值的 1/3，但化学需氧量和氨氮排放量分别占全流域工业源排放量的80%和 90%，结构性污染依然突出。流域内行业排放标准不统一，区域间工业企业污染治理水平、环境监管能力有明显差距，再生水回用率总体偏低，部分地区存在直排、超标排放现象。

4) 城镇生活污染排放量不断增加，污水处理效率低

淮河流域城镇生活污染物排放量所占比例不断提高，已成为主要污染来源，其中城镇生活氨氮排放量占工业与生活排放总量的 75%以上。尽管近年来流域内城镇污水处理厂建设规模有所提高，但城镇污水配套管网建设滞后，生活污水收集率不高，污泥无害化处理水平低，成为制约城镇水环境改善的主要因素。

5) 部分水源地水质超标，饮水安全亟待加强

截至 2007 年底，淮河流域共有集中式饮用水水源地 274 个，服务人口约 3600万人。饮用水水源地环境管理不到位，153 个饮用水水源地保护区未获批复。22个地表水饮用水水源地上游来水水质劣于Ⅲ类，72 个饮用水水源地水质存在超标现象，约 950 万城镇人口存在饮水水质安全隐患。

6) 部分水系污染严重，跨界污染纠纷有待解决

2009 年，沙颍河、涡河部分支流，南四湖湖区及周边河流，萧濉新河-沱河、包浍河、奎河以及沭河等部分水体水质污染严重，水质类别均为劣Ⅴ类，主要超标因子为氨氮、总磷、高锰酸盐指数等，其中南四湖入湖支流的氨氮污染最为突

出，超标倍数达 36.7。奎河(苏-皖)、包浍河(豫-皖)、萧濉新河-沱河(豫-皖)、邳苍分洪道(鲁-苏)等河流的跨界纠纷问题尚未得到解决。

(4) 河流水质

2011 年 12 月 28 日，国务院批复了《全国重要江河湖泊水功能区划(2011—2030年)》(国函〔2011〕167 号)，其中淮河片列入全国重要江河湖泊水功能区划共有394 个。另外，综合流域内湖北、河南、安徽、江苏、山东五省人民政府批复的水功能区划，淮河片国家及省级水功能区划共有 1020 个，其中河流水功能区有938 个。为了更准确、全面反映淮河片河流水质状况，从 2012 年开始，淮河片河流水质评价范围为 938 个国家及省级河流水功能区，河流总长度为 26 277km。2012年淮委组织流域各省水利部门开展了全流域 1020 个水功能区水质监测，其中 42个省界缓冲区由淮河流域水环境监测中心负责监测(监测频次为每月 2 次)，其余978 个水功能区由流域各省水利部门负责监测(国家级水功能区监测频次为每月一次，其他水功能区监测频次为两个月监测一次)。根据全年水质监测资料，采用均值分全年期、汛期、非汛期对淮河片河流水质进行类别评价，结果如下：

淮河流域河流水功能区 825 个，河流长度为 22 543km。全年期评价河长22 502km，水质良好的Ⅱ类水质河长 2069km，占 9.2%；水质尚可的Ⅲ类水质河长 6380km，占 28.4%；水质已受到污染的Ⅳ类水质河长 6436km，占 28.6%；水质受到较重污染的Ⅴ类水质河长 2634km，占 11.7%；水质受到严重污染的劣Ⅴ类水质河长 4984km，占 22.1%。汛期评价河长 22434km。Ⅱ类水质河长 1544km，占 6.9%；Ⅲ类水质河长 4925km，占 22.0%；Ⅳ类水质河长 6591km，占 29.4%；Ⅴ类河长 4537km，占 20.1%；劣Ⅴ类水质河长 4837km，占 21.6%。非汛期评价河长 22 485km，Ⅰ类水质河长 25km，占 0.1%；Ⅱ类水质河长 1660km，占 7.3%；Ⅲ类水质河长 6725km，占 29.9%；Ⅳ类水质河长 5841km，占 26.0%；Ⅴ类水质河长 2913km，占 13.0%；劣Ⅴ类水质河长 5321km，占 23.7%。

山东半岛河流类水功能区 113 个，河流长度为 3734km。全年期评价河长3688km，Ⅱ类水质河长 351km，占 9.5%；Ⅲ类水质河长 1085km，占 29.4%；Ⅳ类水质河长 821km，占 22.3%；Ⅴ类水质河长 189km，占 5.1%；劣Ⅴ类水质河长1243km，占 33.7%。汛期评价河长 3688km，Ⅰ类水质河长 43km，占 1.2%；Ⅱ类水质河长 211km，占 5.7%；Ⅲ类水质河长 925km，占 25.1%；Ⅳ类水质河长 1147km，占 31.1%；Ⅴ类水质河长 171km，占 4.6%；劣Ⅴ类水质河长 1191km，占 32.3%。非汛期评价河长 3688km，Ⅰ类水质河长 69km，占 1.9%；Ⅱ类水质河长 316km，占 8.6%；Ⅲ类水质河长 1052km，占 28.5%；Ⅳ类水质河长 682km，占 18.5%；Ⅴ类水质河长 255km，占 6.9%；劣Ⅴ类水质河长 1314km，占 35.6%。

2012 年淮河片全年期水质类别评价结果见图 2-13、图 2-14。

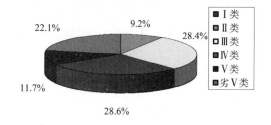 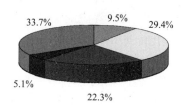

图 2-13 2012 年淮河流域全年期水质类别比例   图 2-14 2012 年山东半岛全年期水质
                                                           类别比例

(5) 水库水质

根据流域各省提供的资料，对 39 座大中型水库(淮河流域 34 座，山东半岛 5 座)分全年期、汛期和非汛期进行水质评价，结果如下。

全年期水质：淮河流域 34 座水库中，达到Ⅱ类水质标准的水库有 21 座，Ⅲ类水质 5 座，Ⅳ类水质 5 座，Ⅴ类水质 1 座，劣Ⅴ类水质 2 座。总体上淮河流域大别山区、伏牛山区和沂蒙山区水库水质较好，基本为Ⅱ类水质。山东半岛 5 座水库中，达到Ⅱ类水质标准的水库有 1 座，Ⅲ类水质 4 座。

汛期水质：淮河流域达到Ⅱ类水质的水库有 13 座，Ⅲ类水质 12 座，Ⅳ类水质 5 座，Ⅴ类水质 2 座，劣Ⅴ类水质 2 座。山东半岛达到Ⅱ类水质的水库有 1 座，Ⅲ类水质 4 座。

非汛期水质：淮河流域达到Ⅱ类水质的水库有 21 座，Ⅲ类水质 7 座，Ⅳ类水质 3 座，Ⅴ类水质 1 座，劣Ⅴ类水质 2 座。山东半岛达到Ⅱ类水质的水库有 2 座，Ⅲ类水质 3 座。

对 4~9 月水库营养化状况进行评价，淮河流域 34 座水库有 20 座为中营养，11 座为轻度富营养，3 座为中度富营养；山东半岛 5 座水库有 1 座为中营养，4 座为轻度富营养。

(6) 湖泊水质

根据流域各省提供的资料进行评价。

安徽省评价的湖泊有八里湖、焦岗湖、城西湖、城东湖、瓦埠湖、高塘湖、天河湖、四方湖、沱湖、天井湖、龙子湖、女山湖和七里湖共 13 个湖泊，全部超Ⅲ类水标准，主要超标项目为总磷和化学需氧量。

江苏省评价的湖泊有洪泽湖、白马湖、高邮湖、邵伯湖、大纵湖、宝应湖和骆马湖共 7 个湖泊，其中高邮湖、邵伯湖和宝应湖全年期水质为Ⅱ~Ⅲ类，洪泽湖、骆马湖、白马湖和大纵湖个别水域有超标现象。

山东省评价的湖泊有南四湖上级湖、南四湖下级湖和大明湖，其中南四湖上级湖及下级湖全年期水质为Ⅲ类，大明湖水质为Ⅳ类。对 4~9 月湖泊营养化状况进行评价，结果是：除南四湖上级湖和下级湖为中营养外，其余湖泊介于轻度富营养及中度富营养之间。

(7) 省界水体水质

2012 年淮河流域水环境监测中心对全流域 47 条跨省河流 51 个省界断面开展了监测，监测频次为每月 2 次。

水质类别评价。采用均值分全年期、汛期、非汛期对淮河流域省界断面水质进行类别评价，结果如下：全年期水质达到 Ⅱ 类水的省界断面有 2 个，分别为东洳河邳州邹庄汤家桥和沂河鲁苏省界等断面。水质达到 Ⅲ 类水的省界断面 15 个，Ⅳ 类水的省界断面 15 个，Ⅴ 类水的省界断面 6 个，劣 Ⅴ 类水的省界断面有 13 个。汛期水质达到 Ⅱ 类水的省界断面有 2 个，分别为东洳河邳州邹庄汤家桥和沂河鲁苏省界等断面。水质达到 Ⅲ 类水的省界断面 14 个，Ⅳ 类水的省界断面 15 个，Ⅴ 类水的省界断面 8 个，劣 Ⅴ 类水的省界断面 12 个。非汛期省界断面无 Ⅱ 类水，水质达到 Ⅲ 类水的省界断面 18 个，Ⅳ 类水的省界断面 13 个，Ⅴ 类水的省界断面 2 个，劣 Ⅴ 类水的省界断面 18 个。

省界断面水质达标评价。对照国务院批复的《全国重要江河湖泊水功能区划(2011—2030 年)》和《南水北调东线工程治污规划》确定的水质目标，对淮河流域省界断面水质进行达标评价。2012 年淮河流域 51 个省界断面水质达标测次比例为 39.5%。各省出境断面水质达标情况如下：湖北省 1 个出境省界断面(竹竿河出境省界断面)，水质达标测次比例为 100%；河南省 15 个出境省界断面，水质达标测次比例为 21.9%；安徽省 10 个出境省界断面，水质达标测次比例为 41.2%；江苏省 7 个出境省界断面，水质达标测次比例为 23.2%；山东省 18 个出境省界断面，水质达标测次比例为 58.5%。

国家重点流域水污染防治规划省界断面水质达标评价。列入国家《重点流域水污染防治规划(2011—2015 年)》的淮河流域省界断面共有 27 个，按照 2015 年水质目标和 2012 年的考核目标(全年水质达标测次达到 50%,下同)进行达标评价，结果如下：河南省 10 个出境省界断面，有 4 个断面达到 2012 年水质考核目标；安徽省 5 个出境省界断面，全部达到 2012 年水质考核目标；江苏省 3 个出境省界断面，有 1 个断面达到 2012 年水质考核目标；山东省 9 个出境省界断面，有 8 个断面达到 2012 年水质考核目标。

(8) 水功能区水质状况

根据 2012 年淮委组织流域各省水利部门对淮河片水功能区水质监测结果(其中 39 个省界缓冲区由淮河流域水环境监测中心负责监测，其余水功能区由各省水利部门负责监测)，对淮河片 394 个国家重要江河湖泊水功能区水质达标状况进行评价(46 个排污控制区无水质目标不参与水质达标评价)，结果如下：

348 个水功能区中，采用高锰酸盐指数和氨氮两项指标标评价，有 184 个水功能区水质达标，占 52.9%；水功能区评价河长 11 361.4km，达标河长 5700.7km，占 50.2%；评价湖泊面积 6031.8km²，达标面积 5373.6km²，占 89.1%；评价水库蓄水量 43.3 亿 m³，达标蓄水量 39.0 亿 m³，占 90.2%。

各省水功能区水质达标情况如下(缓冲区分配到上游省份)：湖北省 2 个水功能区，水质全部达标；河南省 99 个水功能区中，有 39 个水质达标，达标率为 39.4%，距 2015 年水质达标率控制指标 60.0%相差 21.2 个百分点；安徽省 80 个水功能区中，有 44 个水质达标，达标率为 55.0%，距 2015 年水质达标率控制指标 65.0%相差 10 个百分点；江苏省 97 个水功能区中，有 61 个水质达标，达标率为 62.9%，距 2015 年水质达标率控制指标 69.1%相差 6.2 个百分点；山东省 70 个水功能区中，有 38 个水质达标，达标率为 54.3%，距 2015 年水质达标率控制指标 64.3%相差 10 个百分点。

2.2 淮河沿海支流及通榆河流域水资源和水环境污染状况

2.2.1 淮河沿海支流范围界定

淮河流域地处长江流域和黄河流域之间，位于东经 112°~121°、北纬 31°~36°，流域面积 27 万 km²。淮河在沿海地区的支流主要是通榆河和沂沭泗水系以及江苏地区的里下河水网。淮河在这里汇入长江和黄海。

限于本书关注的重点，我们将分二个层次来描述淮河沿海支流的水资源和水环境污染状况。

2.2.2 里下河水网的水资源和水环境污染状况

近些年来，里下河流域的生态环境受到严重影响。历史上湖荡地区芦苇茂密，生态环境优良，是各种候鸟的最佳栖息地，也是各类水生动植物的家园和乐园。但大面积圈圩养殖导致湖区水体富营养化速度加快，农药、渔药及多种有毒物质使湖荡水体严重污染，原本作为水源净化保护的荡滩成了污染源，湿地"地球之肾"功能部分或完全丧失，现在里下河的水质普遍为 I~V 类，不少河道水质已降至劣 V 类。截至 2013 年年初，淮河流域江苏段，尤其是里下河水网的水质可参考表 2-5 的数据。

表 2-5 淮河流域(沿海区域)跨省河流省界断面水质评价结果

| 省份 | 河流 | 断面 | 上下游省 | 省界水质目标 | 水质类别 | | | 月均流量 | 主要超标项目 | 备注 |
					上旬	下旬	月均			
江苏省	奎河	苏皖省界(奎河)	苏-皖	IV	劣V	劣V	劣V		总磷、氨氮	
	琅溪河	铜山赵庄桥	苏-皖	IV	IV	III	IV			参照奎河缓冲区水质目标
	闫河	铜山官庄闸	苏-皖	IV	劣V	劣V	劣V		氨氮、总磷、COD	

续表

省份	河流	断面	上下游省	省界水质目标	水质类别 上旬	水质类别 下旬	水质类别 月均	月均流量	主要超标项目	备注
江苏省	灌沟河	苏皖省界(灌沟河)	苏-皖	Ⅳ	劣Ⅴ	劣Ⅴ	劣Ⅴ		总磷、氨氮、COD	
	大沙河	沛县后程子庙	苏-鲁	Ⅲ	Ⅳ	Ⅳ	Ⅳ		COD	
	复新河	复新河闸上	苏-鲁	Ⅲ	Ⅴ	Ⅳ	Ⅳ		COD、氨氮	
	沿河	沛县李集	苏-鲁	Ⅲ	Ⅲ	Ⅲ	Ⅲ			
山东省	京杭运河	福运码头	鲁-苏	Ⅲ	Ⅲ	Ⅲ	Ⅲ	0		依据韩庄运河调水水源保护区水质目标
	沂河	鲁苏省界(沂河)	鲁-苏	Ⅲ	Ⅲ	Ⅲ	Ⅱ	3.83		
	白马河	新沂郯楼桥	鲁-苏	Ⅳ	Ⅳ	Ⅳ	Ⅳ	1.29		正在清淤施工
	沭河	新沂李庄桥	鲁-苏	Ⅱ	Ⅲ	Ⅲ	Ⅲ	0		
	新沭河	临沭大兴桥	鲁-苏	Ⅲ	Ⅲ	Ⅴ	Ⅳ	0	氨氮	
	西泇河	邳州半步丫闸	鲁-苏	Ⅲ	Ⅱ	Ⅲ	Ⅲ	0		
	汶河	邳州道口桥	鲁-苏	Ⅲ	-	-	-			汶河断流未测
	白家沟	邳州北王庄桥	鲁-苏	Ⅳ	劣Ⅴ	Ⅱ	Ⅳ			
	东泇河(柴沟河)	邳州邹庄汤家桥	鲁-苏	Ⅲ	Ⅳ	Ⅳ	Ⅳ		总磷	
	邳苍分洪道西偏泓	邳州邹庄呦山北桥	鲁-苏	Ⅲ	Ⅲ	Ⅲ	Ⅱ			
	邳苍分洪道东偏泓	邳州古宅北桥	鲁-苏	Ⅲ	Ⅲ	Ⅲ	Ⅲ			依据淮河流域跨省河流省界缓冲区水质目标
	武河	邳州小红圈土楼桥	鲁-苏	Ⅳ	Ⅲ	Ⅲ	Ⅲ			
	沙沟河	邳州小红圈	鲁-苏	Ⅳ	劣Ⅴ	Ⅴ	Ⅴ		氨氮	
	黄泥沟河	邳州后吕家北桥	鲁-苏	Ⅳ	Ⅳ	劣Ⅴ	劣Ⅴ		总磷	
	石门头河	临沭烈疃村	鲁-苏	Ⅳ	劣Ⅴ	劣Ⅴ	劣Ⅴ		氨氮	
	龙王河	莒南富民桥	鲁-苏	Ⅳ	劣Ⅴ	劣Ⅴ	劣Ⅴ		氨氮	
	青口河	赣榆黑林水文站	鲁-苏	Ⅲ	劣Ⅴ	劣Ⅴ	劣Ⅴ	0	氨氮、总磷、COD	
	绣针河	绣针河204公路桥	鲁-苏	Ⅲ	Ⅳ	Ⅳ	Ⅳ		COD	

2.2.3　淮河沿海支流通榆河水资源与水污染状况

2.2.3.1　通榆河概况和重要战略地位

(1) 通榆河的地理概貌

通榆河位于江苏沿海地区，是苏北里下河腹部圩区和沿海垦区的分界线，是南北运输的"黄金水道"。通榆河涉及泰州、南通、盐城三个地(市)级行政区域，流域总面积约 3 万 km²，全长 415km，从南到北主要连接了南通、如皋、海安、东台、大丰、盐城、建湖、阜宁、滨海、响水、灌南、灌云、连云港和赣榆等城市。它南起南通长江北岸九圩港，北至连云港市赣榆县，全长 415km。开挖通榆河是 1958 年 8 月全省水利会议制定的江苏省水利综合治理规划的一部分，1959 年 2 月初开始施工。海安至阜宁长 157.7 km，河线位于串场河以东 2~3 km，走向大致与串场河平行。1991 年里下河地区大洪水之后，经国家有关部门批准按三级航道标准进行整治，东台至响水段 202.7 km 河道工程全线开工建设，2002 年 10 月全线贯通，该段河道河底宽 30~50 m，河底高程–1.0~–4.0 m，堤顶高程 4.0~7.5 m，堤顶距 150 m，设计流量 100m³/s。

通榆河在盐城市境内南起东台市富安镇，北至响水县灌河，从南到北穿过东台市、大丰市、盐都区、亭湖区、建湖县、阜宁县、滨海县和响水县，在盐城市境内全长约 212km，是一条纵贯盐城市南北的主要供水河流(图 2-15)。在盐城市境内通榆河除与苏北灌溉总渠、淮河入海水道以及废黄河立交以外，还与斗龙港、新洋港、黄沙港、射阳河等主要东西向的河流及 160 多条生产沟河平交，使通榆河与全市境内的水环境连成一片。

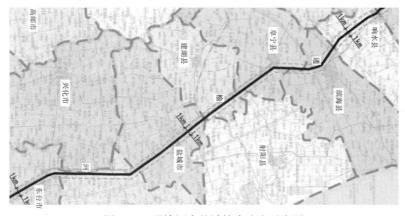

图 2-15　通榆河在盐城境内流向示意图

由于江苏地区气候特殊，一年四季降雨量变化较大，所以通榆河的水位、流量、流速等河流水文特征随季节的变化而变化(详见表 2-6)；此外，通榆河口内河床质组成主要为粉沙和淤泥，与口外海床泥沙基本相近。通榆河内泥沙主要来源于口外海域，悬沙输移是其主要的运动方式。一般而言，含沙量自主干流上游向河口逐渐递增。通榆河的含沙特点以大丰、盐都两段为主要对象进行研究。根据大丰、盐都区 2 个断面 3 条垂线水文测验资料分析，大丰段大潮涨潮平均含沙量 1.10kg/m³，落潮平均含沙量 0.96 kg/m³，小潮涨潮平均含沙量 0.78kg/m³，落潮平均含沙量 0.64 kg/m³；盐都站大潮涨潮平均含沙量 1.86 kg/m³，落潮平均含沙量 1.08 kg/m³，小潮涨潮平均含沙量 1.37 kg/m³，落潮平均含沙量 0.43 kg/m³。大丰段悬移质泥沙最大粒径在 0.10~0.40 mm，平均粒径在 0.0073~0.0119 mm；盐都段悬移质泥沙最大粒径在 0.13~0.27 mm，平均粒径在 0.0076~0.0147 mm。另外，潮汐是沿海地区常见的一种自然现象，通榆河也可能存在这种现象。

表 2-6　通榆河不同季节的水位、流速、流量

月份	1月	2月	3月	4月	5月	6月	7月	8月	9月	10月	11月	12月
平均水位/m	2.0	2.1	2.3	2.2	2.4	2.5	2.8	3.0	2.6	2.3	2.2	2.1
平均流速/(m/s)	1.1	1.2	1.4	1.5	1.7	2.1	2.3	2.6	2.5	2.1	1.9	1.0
平均流量/(m³/s)	40	41	55	57	60	63	62	61	60	44	43	42

通榆河是沿河地区居民饮用水的主要供水水源，同时兼有灌溉、航运、行洪等功能。根据《江苏省通榆河水污染防治条例》规定，通榆河以及主要供水河道的水质应当符合国家地表水环境质量Ⅲ类以上标准。

通榆河实行分级保护，划分为三级保护区。通榆河及其两侧各一公里、主要供水河道及其两侧各一公里区域为通榆河一级保护区；新沂河南偏泓、盐河和斗龙港、新洋港、黄沙港、射阳河、车路河、沂南小河、沭新河等与通榆河平交的主要河道上溯五公里以及沿岸两侧各一公里区域为通榆河二级保护区；其他与通榆河平交的河道上溯五公里以及沿岸两侧各一公里区域为通榆河三级保护区。

(2) 通榆河的主要工程

通榆河工程是苏中、苏北东部沿海地区的一项以水利为主、立足农业、综合开发的基础设施工程，是增强农业后劲、加快发展苏中、苏北、振兴区域经济的战略性措施项目，也是江水东引北调既定项目的一部分。

通榆河工程规划设计分为北、中、南三段，盐城境内通榆河属于中段工程，南起东台泰东河接口，北至响水灌河口，全长 183.6 公里，投资 15.1 亿元。河面宽 100m，河底宽 50m，水深约 5m，堤顶高程 4.0~7.5 m，堤顶距 150 m，向北引长江水 100m³/s，可供 1000km² 范围灌溉。通榆河从规划到完工历时 18 年，是新中国建立后盐城水利史上跨时最长的重点工程。此中段工程自 1992 年冬季开始试验性开挖，1993 年 9 月正式开工，2002 年建成通水。河道设计标准为：废黄河船闸以北段河底宽 50m，河底高程▽-1.0m(废黄河零点，下同)；废黄河船闸至东台泰东河口段底宽 50m，河底高程▽-4.0m。共挖土方 8796 万方，征地 7.03 万亩，拆迁房屋 2.87 万间，沿线新建灌溉总渠地涵、废黄河地涵及废黄河船闸、响水船闸，新建抽水站 1 座、跨河公路桥 24 座、跨河机耕桥 5 座以及 300 座中小型配套建筑物。由于泰东河拓浚工程未全部实施，通榆河中段工程原设计引调江水 100 m³/s 的效益未得到充分发挥。

通榆河北延工程送水工程起点为滨海,终点为赣榆最北边的柘汪开发区,全长190公里,蜿蜒穿越滨海、响水、灌南、灌云、海州、赣榆。从泰州引江河引入100 m^3/s流量的江水,送往江苏沿海南通、盐城、连云港3市,经过4级泵站,到达连云港水量为30 m^3/s。该项工程可以为1000万沿线人民提供长江水作为水源。该工程的建设还为苏北沿海再辟一条航运战略通道。江水跨流域抵达沿海,为沿海地区提供淡水资源。同时,航道有了水,可以实现江海互运。

(3) 通榆河重要的战略意义

通榆河是苏北、苏中人民的重要饮用水源,也是江苏省沿海开发的重要战略资源。它向里下河沿海垦区和渠北地区供水,已成为继京杭运河之后贯穿江苏省的第二条南北走向的千吨级水运大通道,是江苏省沿海地区江水东引北调的水利、水运骨干河道,也是江苏省的清水通道,主要连接了南通、如皋、海安、东台、大丰、盐城、建湖、阜宁、滨海、响水、灌南、灌云、连云港和赣榆等城市,县级以上集中式饮用水源地有24个,涉及人口1000多万。通榆河贯通后的引、调水能力十分显著。根据沿线巡测站实测资料,灌溉用水期通榆河最大日平均引水量为94.8m^3/s,可缓解大旱年里下河腹部地区用水紧张的矛盾。同时,通榆河北延可向连云港送水30m^3/s,对改造中低产田、开发沿海滩涂、拓宽航道、冲淤保港、调度排涝、改善水质等具有重大的战略意义。2012年4月1日,《江苏省通榆河水污染防治条例》正式实施,这是江苏省环境保护法制建设中的一件大事,对保障苏中苏北地区人民群众饮用水安全、促进沿海开发战略的实施、实现通榆河沿线地区经济社会可持续发展都具有重大意义。

而通榆河对于盐城的意义尤其重要。在整个江苏省,除了长江,承担航运的主要是"三湖一河",即太湖、骆马湖、洪泽湖以及京杭大运河。省内城市的航运,除了盐城,几乎都能在"三湖一河"内分解压力。在周边城市,并不缺乏水源地保护成功的例子,例如南通的濠河风光带、南京的秦淮河风光带等。但这些城市共同的特点,就是都有替代航道。而盐城的特殊性在于,它只有通榆河一条航道可以选择,甚至连大丰港的海运连接内河,也必须经过通榆河。既要保护航道通行,又要防止水污染事件发生,还要保护水源地,通榆河承担了太多的历史责任。如何保护好这条河流,需要全方位、高层次的规划。

2.2.3.2 淮河沿海支流通榆河流域经济发展概况

江苏省位于我国大陆东部沿海中心,居长江、淮河下游,东濒黄海,东南与浙江和上海毗邻,西连安徽,北接山东,地理位置优越。而沿海地区位于我国沿海、沿长江和沿陇海兰新线三大生产力布局主轴线交汇区域,南部毗邻我国最大的经济中心——上海,北部拥有新亚欧大陆桥桥头堡之一的连云港,是陇海—兰新地区的重要出海门户,东与日本、韩国隔海相望,是长江三角洲的重要组成部分，区位优势独特，具有重要的战略位置。江苏沿海通榆河流域地区主要包括：连云港、盐城和南通三个城市以及连云港市的赣榆、东海、灌云、灌南，盐城市的响水、滨海、射阳、东台、大丰，南通市的海安、如东、启东、通州、海门等所辖市(县)，大体是江苏境内东起海堤，西至 204 国道(原范公堤)和通榆河一线的地区。沿海地区总面积达 3.25 万平方公里，占全省总面积的 31.67%。2013 年末总人口 2110.46 万人，占全省总人口的 27.7%，人口密度为 648 人/平方公里。

江苏沿海地区的开发布局为"三极、一带、多节点"，三极为连云港、盐城、南通三市的市区；一带为依托江苏沿海地区主要交通运输通道，构建功能清晰、各具特色的沿海产业和城镇带；多节点为将临近深水海港的区域作为节点。这些海港为：连云港港、连云港徐圩港、盐城大丰港、滨海港、射阳港、灌河口港、南通洋口港和吕四港。《江苏沿海地区发展规划》里明确指出：江苏沿海地区发展的战略定位为将江苏沿海地区发展成为我国重要的综合交通枢纽、沿海新型工业基地、重要的土地后备资源开发区、生态环境优美和人民生活富足的宜居区。2013 年南通、盐城、连云港三市 GDP 总量占江苏的 17.4%，三市的人均 GDP 分别占江苏的 92.6%、64.6%、54.2%，江苏沿海三市的经济发展水平与土地面积、总人口是很不相称的。从三市的 GDP 构成来看，除了南通产业结构比较合理之外，盐城和连云港的农业比重太高，工业比重低于江苏的平均水平，第三产业也低于江苏的平均水平(表 2-7)。因此，江苏沿海经济带经济低地的特征较明显。

表 2-7　2013 年沿海三市基本经济状况

地区	土地面积/km²	人口/万人	GDP/亿元	人均 GDP/元	地均 GDP/(元/km²)	城镇化率/%	产业结构
南通	8001	767	5039	69 049	6298	59.9	6.9∶52.1∶41.1
盐城	16 972	824	3475	48 150	2048	57.2	14.1∶47.1∶38.9
连云港	7615	520	1785	40 416	2345	55.7	14.5∶45.2∶40.3
江苏省	102 600	7939	59 162	74 607	5766	64.1	6.2∶49.2∶44.7

数据来源：根据江苏省 2014 年统计年鉴相关数据整理。

2009 年 6 月 10 日国务院常务委员会审议通过《江苏沿海地区发展规划》，将江苏沿海发展战略正式上升为国家战略，明确指出：要将江苏沿海地区建设成为我国东部地区重要的经济增长极。而南通、盐城、连云港这三个中心城市，将成为江苏省集中布局临港产业、形成功能清晰的沿海产业和城镇带的"桥头堡"。江苏沿海地区在沿海开发战略的实施下，地区生产总值逐年攀高，从 2008 年到 2013 年，地区生产总值从占全省的 15.7%上升到 17.4%，年均增幅 2.1%，且经济发展速度始终高于全省水平。从表 2-8、表 2-9 中可以看出，2008~2013 年，沿海经济地带的经济发展速度先加速后逐步放缓。2009 年连云港的经济发展速度是全省的两倍多，而增长速度最慢的南通也领先全省 3.23 个百分点，2010 年三地 GDP 增长速度仍呈上升趋势，虽与全省平均水平间的差距逐步开始缩小，但仍超过全省经济增长速度。从 2011 年开始，这一增势逐步放缓。这与近年来江苏省一直探讨中的"沿海开发问题"密不可分，该战略初见成效。

表 2-8　2008~2013 年江苏沿海三市 GDP 与全省总值　　（单位：亿元）

地区	2008 年	2009 年	2010 年	2011 年	2012 年	2013 年
南通	2510.13	2872.8	3465.67	4080.22	4558.67	5038.89
盐城	1603.26	1917	2332.76	2771.33	3120	3475.5
连云港	750.1	941.13	1193.31	1410.52	1603.42	1785.42
江苏省	30 981.98	34 457.3	41 425.48	49 110.27	54 058.22	59 161.75

表 2-9　2008 年以来江苏沿海三市经济增长速度　　（单位：%）

地区	2008 年	2009 年	2010 年	2011 年	2012 年	2013 年
南通	N/A	14.45	20.64	17.73	11.73	10.53
盐城	N/A	19.57	21.69	18.8	12.58	11.39
连云港	N/A	25.47	26.79	18.2	13.67	11.35
江苏省	N/A	11.22	20.22	18.55	10.75	9.44

　　从以上的绝对值数据看，江苏沿海通榆河流域地区的经济在新型开发战略实施下，已取得初步成效，这与沿海地区的地理位置不无关系。连云港是我国 12 个首批开放的沿海城市之一，是我国主要沿海枢纽港口之一，也是全国主要公路交通枢纽之一。南通位于江苏省最东部，具有临江又临海的优势，邻接上海、浙江，为承接上海、浙江以及其他苏南地区的产业转移提供了便利的条件。从全球产业发展形势分析，包括我国沿海地区在内的西太平洋沿岸已经成为世界制造业中心，正处于蓬勃发展时期；从全国区域发展战略分析，江苏沿海北部地区拥有新亚欧大陆桥头堡并承担中西部地区物流出海的枢纽重任，沿海南部地区南接我国大都市上海，受到上海的辐射作用，随着苏通大桥、苏通二通道以及崇启大桥的通车，沿海地区承接上海和苏南地区的产业升级和转移的速度明显加快。

　　但从江苏省社会经济发展分析，沿海地区经济发展缓慢，明显低于全省的平均水平，是江苏省经济社会发展的一块"洼地"。在经济总量和社会发展上，沿海地区都没有起到应有的带动作用。图 2-16 为 2008~2013 年江苏沿海三市人均 GDP 与全省平均值的比较，从图中可以看到，沿海三市人均 GDP 均低于全省平均值。2008 年，连云港的人均 GDP 仅为全省水平的 38.6%，三市中人均 GDP 最高的南通，其水平也只达到全省平均水平的 82%，至 2013 年，连云港的人均 GDP 为全省的 54.2%，南通为 92.6%，仍低于全省平均水平。从人均 GDP 的增长速度来看，沿海地区人均 GDP 的增长速度始终领先于全省，其与全省水平间的差距正逐步缩小。加快发展沿海地区，不仅可以发展当地社会经济，提高人民生活水平，还可以完善我国沿海地区的生产力布局，优化长江三角洲的产业结构，推动全省的经济增长，为全省的发展提供强有力的后续力量和保障。

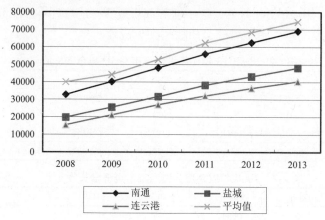

图 2-16　2008~2013 年江苏沿海三市人均 GDP 与平均值(单位：元)

近年来，江苏沿海地区的工业化进程加速，工业产值逐年攀升。2008 年，沿海地区工业总产值为 2152.86 亿元，占全省的 14.1%，至 2013 年这一比例上涨到 16.5%，产值达 4215.85 亿元，较 2008 年近似翻了一番。其中，连云港的工业产值最低，2013 年为 642.67 亿元，盐城其次，为 1405 亿元，南通最高，为 2168.16 亿元。从增幅看，连云港和盐城地区的工业产值较 2008 年均增长了一倍多，南通增长了 80%。总体上，沿海地区的工业产值占全省份额较小，工业生产效率偏低，仍未脱离粗放式发展方式，加工业整体技术偏低、制造业落后、技术带动能力弱，与苏南三市(苏州、无锡、常州)有较大差距。图 2-17 为 2008~2013 年沿海三市与全省的工业产值情况。

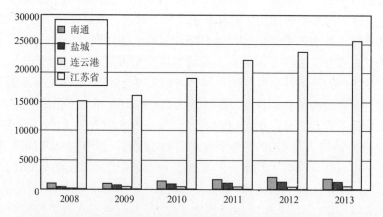

图 2-17　2008~2013 年江苏沿海三市工业产值与全省值(单位：亿元)

沿海地区在加速工业化的过程中，其产业结构正在向合理化和高级化方向推进。2008 年江苏沿海地区的三产比值分别为南通：7.9∶57∶35.1，盐城：17.2∶48.6∶34.3，连云港：16.4∶47.3∶36.3，与江苏省 6.8∶54.8∶38.4 的数值相比，除南通产业结构与全省数值接近，其余两市产业层次较低，农业所占比重较高，第二、三产业所占比重偏低，一方面说明了第二、三产业未得到充分发展，经济发展尚存很大潜力，另一方面也说明了产业结构存在着很大的优化调整空间。随着时间的变化，第一产业所占比重在逐年下降，而第二产业和第三产业所占比重则逐年上升。但是，沿海三市的第一产业占比仍遥遥领先于全省平均水平，尤其是盐城和连云港地区，约为全省平均水平的 2 倍多，而第三产业占比虽从 2008年的 35%上升到 2013 年的 40%左右，但仍低于全省水平，第三产业欠发达，仍以传统服务业为主，现代服务业发展水平较低，发展滞缓(图 2-18)。表 2-10 为 2008年以来沿海地区产业结构变化情况。

表 2-10　2008~2013 年沿海三市产业结构比例

地区	2008	2009	2010	2011	2012	2013
南通	7.9∶57∶35.1	8.2∶56∶35.8	7.7∶55.1∶37.2	7∶54.4∶38.5	7∶53∶40	6.9∶52.1∶41.1
盐城	17.2∶48.6∶34.3	17.2∶48.2∶34.6	16∶47∶37	15∶47.1∶37.8	14.6∶47.2∶38.2	14.1∶47.1∶38.9
连云港	16.4∶47.3∶36.3	16.4∶46.3∶37.3	15.3∶45.7∶39	14.5∶46.4∶39.1	14.5∶45.9∶39.6	14.5∶45.2∶40.3
江苏	6.8∶54.8∶38.4	6.5∶53.9∶39.6	6.1∶52.5∶41.4	6.3∶51.3∶42.4	6.3∶50.2∶43.5	6.2∶49.2∶44.7

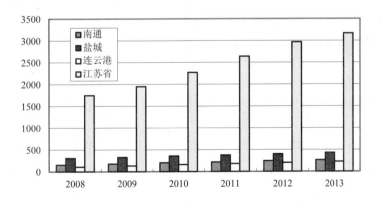

图 2-18　2008~2013 年江苏沿海三市农业产值与全省值(单位：亿元)

沿海(通榆河流域)地区生产总值构成中，农业产值所占比重较高。2008 年，沿海(通榆河流域)地区农业总产值为 570.25 亿元，占全省农业产值 32.6%，这一比重逐年降低，至 2013 年这一比例下降为 29.1%，产值为 921.63 亿元，较 2008年增长了 61.6%。其中，连云港的农业产值最低，2013 年为 227.58 亿元，南通其次，为 263.62 亿元，盐城最高，为 430.43 亿元，但连云港的农业产值较 2008 年增长了一倍多，南通增长了 71%，盐城增长了 40%。而农作物播种总面积总体变化不大，南通地区播种面积从 2008 年的 851.96 千公顷减少为 2013 年的 843.53 千公顷，而农业产值年均增幅为 11.4%；盐城农作物播种面积在沿海地区中占比最高，超过 1400 千公顷，2008~2013 年播种面积年增幅仅为 0.7%，农业产值年均增幅为 7%；连云港是沿海地区中农作物播种面积变化最大的地区，2008~2013年，该地区农作物播种面积增加了 58.75 千公顷，年均增幅达 2%，而农业产值年均增幅明显快于农作物播种面积增幅，达 15.8%(表 2-11)。江苏省人多地少，土地资源珍贵，其可供开发用地资源主要集中在东部沿海地区，丰裕的土地资源无疑是沿海地区得天独厚的发展优势，为拓展沿海发展提供了广阔的空间。有效利用土地资源结合科技技术，发展特色农业，可进一步提高沿海通榆河流域地区农业的经济效益和生态效益。

表 2-11　2008~2013 年江苏沿海三市农作物播种面积　(单位：千公顷)

地区	2008	2009	2010	2011	2012	2013
南通	851.96	852.65	854.96	850.55	846.98	843.53
盐城	1407.41	1413.12	1460.12	1472.02	1460.68	1460.13
连云港	570.07	580.56	591.88	601.35	621.57	628.82
三市占全省比重/%	37.67	37.66	38.15	38.15	38.28	38.16

江苏沿海(通榆河流域)地区在加快经济发展，继续推动产业结构转型升级的同时，城市化进程也在持续推进。城市化的发展过程大体分为三个阶段：城市化率 10%~30%的城市化初期阶段，城市化率 30%~60%的城市化中期阶段，以及城市化率 70%~90%的城市化后期阶段。表 2-12 为沿海地区 2008~2013 年城市化率与全省均值的比较，从该表可以看出，目前沿海地区处于城市化中期阶段，且城市化水平始终低于全省平均水平，城市化滞后，但城市化率提高速度要明显快于全省，2008~2013 年，南通城市化水平年均增幅 3.6%，盐城为 5%，连云港达到 5.8%，均高于全省均值 3.3%，沿海(通榆河流域)地区城市化水平与全省平均水平的差距正逐步缩小。沿海地区三市都属中大等规模，没有特大城市。城市规模相对较小，导致城市的集聚效益难以发挥，城市对农村地区的辐射带动能力有限，最终影响当地整体的经济进步。国务院常务委员会审议通过的《江苏沿海地区发展规划》充分认识到了这一问题，所以突出中心城市的发展壮大，并明确三市要以建设特大城市为目标，这为沿海及其通榆河流域三市提升城市化水平提供了良好的导向和支撑。合理的城市化能够大量吸收农村剩余人口，使劳动力从第一产业向第二产业、第三产业逐渐转移，带动广大农村的发展，有利于改善地区产业结构，有助于提高工业生产的效率，通过工业的发展使城市化获得持续推进的动

力，通过城市与乡村的交流，缩小城乡发展差距。

表 2-12　2008~2013 年江苏沿海三市城市化率与全省均值　（单位：%）

地区	2008	2009	2010	2011	2012	2013
南通	50.3	52.7	55.8	57.6	58.7	59.9
盐城	44.8	46.3	52	54	55.8	57.2
连云港	42	43.5	51.8	53.15	54.4	55.7
全省	54.3	55.6	60.2	61.9	63	64.1

2.2.3.3　淮河沿海支流通榆河流域水资源的特点

(1) 海拔低，水流落差小，降水量时空分配不均

通榆河有近 3/4 的流域在江苏省盐城境内，因此，通榆河流域的地形地貌基本和盐城的地形地貌一致。多为平原地貌，西北部和东南部高，中部和东北部低洼，大部分地区海拔不足 5m，最大相对高度不足 8m。分为 3 个平原区：黄淮平原区、里下河平原区和滨海平原区。黄淮平原区位于苏北灌溉总渠以北，其地势大致以废黄河为中轴，向东北、东南逐步低落。废黄河海拔最高处达 8.5m，东南侧的射阳河沿岸最低处仅 1m 左右。里下河平原区位于苏北灌溉总渠以南、串场河以西，属里下河平原的一部分，总面积 4000 多 km^2，该平原区四周高、中间低，海拔最低处仅 0.7m。滨海平原区位于灌溉总渠以南、串场河以东，总面积为 7000 多 km^2，地势大致从东南向西北缓缓倾斜。东台境内地势较高，一般海拔为约 4~5m，向北逐渐低落，到射阳河处为 1~1.5m。

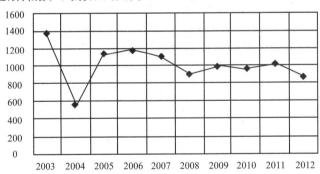

图 2-19　2003~2012 年通榆河流域盐城段年降水量(mm)

通榆河流域地处北亚热带向暖温带气候过渡地带，具有过渡性特征。气候受海洋影响较大，季风气候明显，与同纬度的江苏省西部地区相比，雨水相对较多，但分布不均。夏季受太平洋副热带高压影响，盛行偏南风且多炎热天气，空气温暖而湿润，雨水丰沛。但冬季受欧亚大陆冷气团影响，盛行偏北风且多寒冷天气，降水量少。通榆河流域盐城段年降水量变化较大(图 2-19)，2003 年为最多降水量年，年降水量达到 1369mm，而 2004 年降水量只有 553mm 左右，比多年平均降

水量(1956~2012 年)减少 54%，为偏枯年。2012 年，全市年降水量为 866mm，比多年平均减少 14.0%，属于枯水年。

通榆河流域一年四季降水量时空分布不均匀，2007~2012 年表现得更为明显。2007 年降水量为 1080.7~1307.7mm。春旱秋涝，年水量分布不均，下半年明显偏多。年内灾害性天气频发，龙卷、大风、暴雨、强雷暴等灾害性天气频繁出现。2008 年降水量北多南少的特征明显，北部响水、滨海分别多 6.9%、6.3%，南部大丰、东台较常年偏少 2 成左右，其余县市接近常年略少。2009 年却呈现南多北少的特点。除了北部响水、滨海、中部射阳、建湖分别比常年偏少 11.7%、9.6%、5.9% 和 13.1% 外，其余县市比常年略多。2010 年又呈现梅雨期降水空间分布不均的特点，大部分地区梅雨量偏少，局部地区偏多。降水呈间歇性、过程性、短时降水强度大的特点。2011 年的时空分布不均更明显：1 月、3 月分别比常年偏少 9~10 成和 8 成；7 月、11 月降水量比常年偏多，7 月南部异常偏多 1 倍以上。2012 年的降水时空分布不均表现在：3 月、7 月、11 月、12 月降水偏多，7 月射阳异常偏多 1.1 倍，12 月降水异常偏多 2 倍，1 月、2 月、5 月、6 月、10 月降水偏少，1 月异常偏少 9~10 成，5 月显著偏少 7~9 成，6 月南部异常偏少 8 成以上。

以通榆河流域盐城段为例，更可以进一步看出这种时空分布的不均匀性。以 2012 年为例，2012 年降水主要集中在汛期(5~9 月)的 6~9 月份，平均降水量为 563mm 左右，占全年降水量的 64% 以上。春季 3~5 月降水量 140mm，占年降水量的 16%；秋季 9~11 月降水量大于春季和冬季，在 160mm 左右，占年降水量的 20% 左右；冬季 12~2 月降水最少，降水量为 80mm，占全年降水量 9%。由于盐城处于北亚热带气候向南暖温带气候过渡的地带，又东临黄海，海洋调节作用非常明显，所以历年来在汛期(6~9 月)，大量暖湿空气随季风输入，降水量大且集中程度高，多年平均汛期降水 400~900mm，占全年总量的 50%~70%。图 2-20 为 2012 年通榆河流域盐城段月平均降水量。

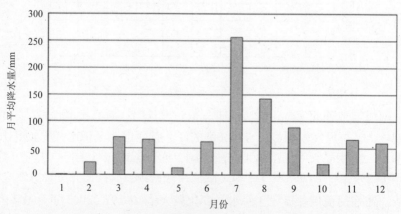

图 2-20 2012 年度通榆河流域盐城段月平均降水量

　　此外，降水地区分布不均匀。以 2012 年为例，9 个县(市、区)中，除北部响水县年降水量较多年平均偏大 1.6%外，其他县(市、区)均小于多年平均降水量，其中，大丰、射阳、滨海、盐都降幅均超过 15%。年降水量最大值为东台市 940.2mm，最小值为射阳县 813.2mm，前者为后者的 1.16 倍(表 2-13)。图 2-21 为各行政分区年降水量与多年平均值比较。

表 2-13　2012 年行政分区年降水量比较

行政分区	年降水量/mm	与上年比较/%	与多年平均值比较/%
响水县	937.0	45.7	1.6
滨海县	763.2	−4.9	−18.8
阜宁县	886.0	−7.4	−8.2
射阳县	813.2	−22.8	−19.8
建湖县	902.4	−6.7	−8.2
亭湖区	873.4	−16.1	−14.3
盐都区	861.3	−13.3	−15.4
大丰区	858.2	−31.9	−20.0
东台市	940.2	−28.3	−11.7
全市	866.5	−17.1	−14.0

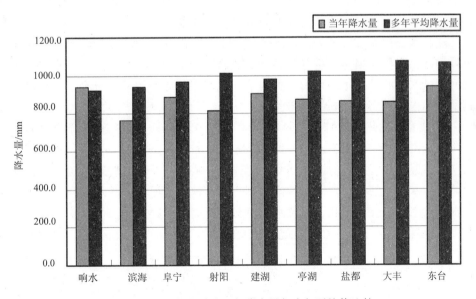

图 2-21　2012 年行政分区年降水量与多年平均值比较

(2) 水资源种类多，滩涂海洋湿地资源占明显优势

　　通榆河流域拥有丰富的海洋和滩涂资源，滩涂总面积 45.53 万公顷，其中潮上带 1677km^2，潮间带 1610 平方公里，分别占江苏省的 75%、64.6%、60.8%。隶属于东台、大丰、射阳、滨海、响水等县(市)的沿海滩涂，近期可供开发利用的面积达 1300km^2。

盐城市海域位于江苏沿海中部,海岸线总长 582km,占江苏省的 56%,深水岸线 70km。海域面积 1.89 万 km^2,其中内水面积 1.21 万 km^2,领海面积 $6753km^2$,沿海海域是中国唯一无赤潮的内海水域。

通榆河流域还是我国著名的湿地保护区。流域东部拥有太平洋西海岸、亚洲大陆边缘最大的海岸型湿地,被列入世界重点湿地保护区,湿地保护区内建有世界上第一个野生麋鹿保护区和国家级珍禽自然保护区,为联合国人与自然生物圈成员。流域西部里下河地区腹地有大纵湖、九龙口、马家荡等湖泊水域面积近百平方公里,为典型的潟湖型湖荡湿地,被誉为"金滩银荡"。流域内有景点 80 多个,其中国家级自然保护区 2 个,国家 4A 级旅游景区(点)4 个。

(3) 水资源总量分布不均匀,且因过度开采逐年降低

通榆河流域盐城段全长约 212km,南起东台,北至响水,该流域多年平均水资源总量约为 65 亿 m^3,其中地表水 49 亿 m^3,地下水 16 亿 m^3。受降水和下垫面条件的影响,地表水资源量地区分布总体与降雨一样不均匀,总的趋势是南部大、北部小,平原地区沿海大、内陆小。以 2012 年为例,水资源总量最大的区域为东台市 8.495 亿 m^3,其中地表水占其总量的 77%,产水总量占降水总量的 34%;水资源总量最小的区域为亭湖区 2.838 亿 m^3,地表水资源量占其总量的 79%,产水总量占降水量的 33%。水资源总量最大的为最小的 3 倍。

随着水资源的过度开采,淮河流域的水资源总量、地表水资源量、地下水资源量均逐年降低。虽然引进了长江和黄河的水资源,但治标不治本,江苏段内的淮河流域水资源状况不容乐观。作为淮河流域在江苏省的重要支流,通榆河流域的水资源也呈现大致相同的趋势。

1) 水资源总量逐年降低。如表 2-14、图 2-22 所示,2003~2012 年淮河流域的水资源总量不断降低,2012 年的水资源总量为 649.4 亿 m^3,只有 2003 年的 38.3%。同期的江苏省水资源量曾经在 2009 年下降到 118.97 亿 m^3,后来引黄、引江等跨流域调入水量才使得水资源量逐渐回升。目前,在淮河流域的范围内,除了依靠降水的天然调节外,引江、引黄水量也在不断加大。20 世纪 50、60 年代每年引水量 10 多亿 m^3,70、80 年代增加到 50 亿 m^3,90 年代达 60 亿 m^3。到 2012 年,

表 2-14 2003~2012 年淮河流域水资源总量　　　　　(单位:亿 m^3)

	2003	2004	2005	2006	2007	2008	2009	2010	2011	2012
淮河流域	1695.04	653.20	1265.89	826.44	1198.87	905.34	710.92	859.59	750.13	649.4
其中:										
湖北省	449.29	243.82	333.07	187.60	316.64	247.03	186.86	5.45	1.35	1.38
河南省	552.64	159.33	353.80	256.06	356.76	253.27	216.89	278.85	152.33	140.23
安徽省	458.80	89.00	361.65	275.56	353.73	250.57	185.91	246.88	184.28	181.4
江苏省	226.73	156.80	210.57	104.67	164.54	148.20	118.97	220.34	275.30	230.94
山东省	7.57	4.25	6.81	2.55	7.20	6.26	2.29	108.07	136.87	95.45

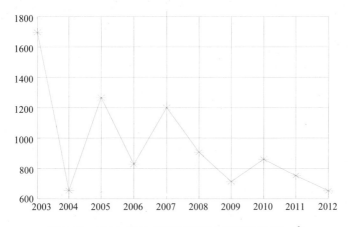

图 2-22 2003~2012 年淮河流域水资源总量(亿 m³)

引黄、引江等跨流域调入水量高达 119.8 亿 m³。多年平均最大连续四个月引江水量出现在 5~8 月，占年总量的 54%，最小连续四个月引江水量出现在 11 月~次年 2 月，占年总量的 18%。

随着水资源被逐渐开采，通榆河流域盐城段的水资源量逐年降低。图 2-23 是 2003 年到 2012 年的盐城段水资源总量变化情况，由图可清晰看出，通榆河流域盐城段的水资源总量不断降低，2012 年的水资源总量为 46.95 亿 m³，只有 2003 年的 46.4%。而 2004 年由于降水量位居各年之最，所以该年产水量也最少，占降水量的 20%以内。

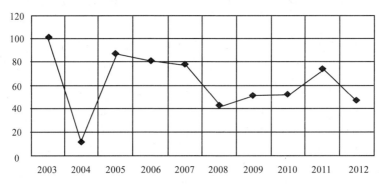

图 2-23 2003~2012 年通榆河流域盐城段水资源总量(单位：亿 m³)

此外，由于开采技术的进步，通榆河流域盐城段地表水资源量和地下水资源量也在呈逐年降低趋势。2012 年的地表水资源量为 35.27 亿 m³，已不足 2003 年的 1/2。2012 年的地下水资源量为 13.99 亿 m³，比上一年减少 20%(表 2-15)。

表 2-15　盐城市 2012 年分区水资源总量　　　(单位：亿 m³)

分区		年降水量	地表水资源量	地下水资源量	地下水与地表水重复计算量	水资源总量
行政分区	响水县	12.582	4.065	1.599	0.130	5.534
	滨海县	14.199	4.719	2.509	0.202	4.499
	阜宁县	12.747	3.637	1.063	0.201	4.499
	射阳县	19.867	4.225	2.330	0.184	6.371
	建湖县	10.441	2.763	0.720	0.166	3.317
	亭湖区	8.477	2.248	0.671	0.081	2.838
	盐都区	9.046	2.650	0.623	0.157	3.116
	大丰区	22.399	6.150	2.384	0.174	8.360
	东台市	25.240	6.572	2.129	0.206	8.495

2) 地表水资源量呈逐年降低趋势。随着开采技术的进步，淮河流域水资源的开发利用率不断提高。从 2003 年到 2012 年，淮河流域地表水资源开发利用率分别为：17.8%、66.9%、32.2%、51.7%、33.3%、49.9%、71.4%、54.6%、59.6%、67.1%；平原区浅层地下水开采率(平原区浅层地下水开采量占平原区浅层地下水资源量的百分比)近几年虽有所降低，但总体趋势还是逐年提高的。2003~2012 年分别为 23.8%、38.7%、51.7%、58.1%、58.0%、63.7%、46.4%、44.2%、32.8%、43.3%，远大于国际规定的 30%的开采率，开采过度，致使淮河流域水资源量逐年下降。随着水资源的过度开采，淮河流域地表水资源量呈逐年降低趋势。由表 2-16 数据可以看出，淮河流域地表水资源量减少的速度很快，2012 年的地表水资源量为 452.67 亿 m³，已不足 2003 年的 1/3。江苏省地表水资源量曾在 2006 年和 2009 年分别下降到 60.07 亿 m³ 和 75.21 亿 m³，情况令人堪忧。引江、引黄水量之后状况才有所改善。

表 2-16　2003~2012 年淮河流域地表水资源量　　　(单位：亿 m³)

		2003	2004	2005	2006	2007	2008	2009	2010	2011	2012
淮河流域		1400.69	440.43	1009.72	600.74	949.63	670.91	483.27	632.60	533.11	452.67
其中：	湖北省	348.09	169.85	257.60	117.51	237.85	173.57	107.65	5.45	1.35	1.38
	河南省	509.27	118.11	308.23	209.80	311.85	207.31	171.30	204.25	89.70	83.11
	安徽省	367.27	42.98	282.69	210.81	276.38	180.88	126.83	201.92	139.01	133.77
	江苏省	168.49	105.24	154.39	60.07	116.35	102.88	75.21	158.35	211.77	168.07
	山东省	7.57	4.25	6.81	2.55	7.20	6.26	2.29	62.63	91.28	66.34

3) 地下水资源量也在逐年下降。浅层地下水是指赋存于地面以下饱水带岩土空隙中参与水循环的和大气降水及当地地表水有直接补排关系且可以逐年更新的动态重力水。这里引用的评价成果是指 1980~2000 年矿化度小于等于 2g/L 的浅层淡水。淮河流域平原区多年平均年地下水资源量($M \leqslant 2g/L$)为 257 亿 m³。此外，微咸水(2~5g/L)地下水资源量为 6.4 亿 m³(成果不纳入地下水资源量和水资源总

量),主要分布在江苏和山东省的沿海地区。淮河流域山丘区多年平均地下水资源量为 87.0 亿 m³,扣除重复计算量,得到淮河流域地下水资源量为 338 亿 m³,二级区及分省(M≤2g/L)多年平均浅层地下水资源量见表 2-17。

表 2-17 淮河流域二级区及分省(M≤2g/L)多年平均浅层地下水资源量 (单位:亿 m³)

分区		山丘区			平原区				计算分区地下水资源量
		一般山丘区	岩溶山丘区	地下水资源量	降水入渗补给量	山前侧向补给量	地表水体补给量	地下水资源量	
二级区	淮河上游	18.37	0	18.37	24.64	0.33	2.28	27.25	44.72
	淮河中游	31.45	5.98	37.43	120.23	0.31	11.92	132.46	167.62
	淮河下游	0.89	0	0.89	18.97	0	6.59	25.56	25.8
	沂沭泗河	29.6	0.76	30.36	57.31	1.00	13.87	72.18	99.93
淮河流域	湖北	1.10	0	1.10	0	0	0	0	1.10
	河南	31.98	4.14	36.12	74.85	0.64	7.19	82.67	117.06
	安徽	16.43	1.84	18.27	66.55	0	5.90	72.45	89.4
	江苏	3.03	0	3.03	52.54	0	15.24	67.79	69.35
	山东	27.77	0.76	28.53	27.21	1.00	6.33	34.54	61.16
	小计	80.31	6.74	87.05	221.15	1.64	34.66	257.45	338.07

表 2-18 是 2003~2012 年淮河流域地下水资源量数据。由表中数据可以看出,2012 年淮河流域地下水资源量仅为 2003 年的 56.6%。而同期的江苏省状况也不容乐观,2012 年的地下水资源量也仅为 2003 年的 71.5%,而且地表水可以靠引江、引黄水量来弥补,但地下水资源量却无法弥补,因此,过度开采水资源的后果只能由沿河的老百姓去承受。

表 2-18 2003~2012 年淮河流域地下水资源量 (单位:亿 m³)

	2003	2004	2005	2006	2007	2008	2009	2010	2011	2012
淮河流域	519.65	330.31	439.06	341.71	410.78	363.35	335.21	353.55	328.24	294.94
其中:										
湖北省	166.56	113.73	133.18	106.30	127.62	114.02	109.47	0.95	0.42	0.50
河南省	146.24	75.01	115.46	92.41	109.63	91.65	84.11	120.75	99.42	87.57
安徽省	101.34	56.67	90.93	76.16	88.43	78.92	69.33	89.96	73.73	74.00
江苏省	104.08	83.85	98.08	66.07	83.66	77.61	71.59	71.70	76.38	74.47
山东省	1.44	1.05	1.41	0.77	1.44	1.15	0.72	70.20	78.29	58.4

由上述特点可以看出,通榆河流域水资源降水量分布不均,水资源总量、地表水资源量、地下水资源量等均逐年降低,颇有入不敷出之势。虽然有了引江、引黄工程,但通榆河流域固有的水资源却是不断减少。加之通榆河流域人口密度大,愈发凸显了水资源的宝贵。这为保护通榆河流域水资源并合理利用之敲响了警钟。

2.2.3.4 通榆河的水污染状况

通榆河作为江苏沿海地区南水北调的"清水廊道",是江苏江水东引北调的水利、水运骨干河道,承担着保障水资源供给的重要任务。但通榆河流域水网水污染情势复杂。流域内河流数量众多,流速缓慢,水量交换性较差,污染来源隐蔽,水污染隐患较多。由于通榆河的南延尚未打通,现河流源头是南通海安县境内的新通扬运河。长江水主要从泰州市引江河流入新通扬运河,流经泰州市海陵区、姜堰市、兴化市、海安县进入通榆河,因此新通扬运河水质状况直接影响到下游通榆河水环境质量。从整体上来看,内地好于沿海;从各水源地的保护来看,上游好于下游;从对污染隐患的监管来看,对陆上污染隐患的监管好于对水上污染隐患的监管;从备用水源地的建设看,整体上还存在很大差距。

近年来,受人类经济活动的影响,通榆河功能日趋退化、生态日益脆弱,人河矛盾、人水矛盾越来越突出,水多为患、水少为愁、水脏为忧等诸多问题集中反映在河道,通榆河存在严重的问题。通榆河流域水污染开始于 20 世纪 70 年代后期,进入 80 年代,水污染逐渐加剧。通榆河治污工程耗时数十年,但时至今日污染情况依然很严峻。仅 2010 年,就连续发生了多次水污染事件:2 月 20 日盐城市饮用水源污染事件、2 月 22 日淮安市饮用水源水色异常事件和 3 月 12 日东台市通榆河水质超标事件等。通榆河流域水污染的主要表现如下。

(1) 通榆河流域水质状况逐年恶化

通榆河是淮河在江苏省的重要支流,处于淮河的中下游地区,是江苏省沿海地区的主要饮用水源,在沿海发展大局中具有战略地位。淮河水质的好坏直接影响了通榆河流域的水源质量。淮河水利委员会每年组织流域各省水利部门开展全流域水功能区的水质监测,分别采用均值分全年期、汛期、非汛期对淮河片河流水质进行类别评价。表 2-19 为 2003~2012 年的淮河流域全年期水质评价的结果。

从表 2-19 可以看出,水质良好的 I 类水占比始终很少,2006、2007、2012 年甚至为零,也就是说这三年在淮河流域是没有 I 类水的。II 类水的数量近几年也有逐渐下降的趋势,水质尚可的 III 类水数量变化不大。没有受到污染的 I~III 类水从 2003 年到 2012 年的比重分别为:28.8%、33.5%、32%、37.2%、37.7%、38.4%、37.9%、38.8%、38.5%、37.6%,始终没有超过 40%,也就是说超过 60% 以上的水是被污染的。《淮河流域水污染防治"十五"计划》确定的治污目标是到 2010 年年底前水质达到 III 类。这一目标并没有实现,2010 年达到 III 类水标准的只有 38.8%。而从 2010 年到 2012 年,水质良好的 I 类水所占比重就从仅有的 0.8% 下降到 0.5% 再降为零,而没有受到污染的水质的比重也从 38.8% 降为 38.5% 再降为 37.6%,污染严重由此可见一斑。

表 2-19 2003~2012 年淮河流域水质状况

年份	Ⅰ类水		Ⅱ类水		Ⅲ类水		Ⅳ类水		Ⅴ类水		劣Ⅴ类水	
	河长/km	占比/%	河长/km	占比/%	河长/km	占比/%	河长/km	占比/%	河长/km	占比/%	河长/km	占比/%
2003			1176.6	11.4	1789.5	17.4	1712.5	16.7	907.5	8.8	4696.1	45.7
2004	128	1.1	1499	12.9	2278	19.5	2067	17.8	1311	11.2	4394	37.6
2005	33	0.3	931	7.7	2909	24.0	2652	21.9	874	7.2	4702	38.9
2006	0	0	1177	9.9	3250	27.3	1998	16.8	1293	10.9	4184	35.1
2007	0	0	1629	13.7	2853	24.0	2380	20.0	1257	10.6	3765	31.7
2008	66	0.5	1877	15.6	2677	22.3	2427	20.2	1539	12.8	3441	28.6
2009	81	0.5	2053	12.3	4189	25.1	3812	22.9	2169	13.0	4357	26.2
2010	186	0.8	2695	12.2	5678	25.8	5855	26.7	3044	13.8	4566	20.7
2011	110	0.5	3048	13.8	5333	24.2	6114	27.7	2414	10.9	5066	22.9
2012	0	0	2069	9.2	6380	28.4	6436	28.6	2634	11.7	4984	22.1

　　受淮河上游水质的影响,加之近年来随着经济发展和人们生活水平的提高,工农业废水、生活污水迅猛增加,大量未经处理的废水、污水排入通榆河,通榆河的水质很大程度上受到影响。从已有的监测指标看,通榆河及其支流承受着极巨大的环境压力。2005 年本河段水质综合评价已没有Ⅱ类水,年均值综合评价各监测断面均劣于Ⅲ类水,主要污染因子为氨氮、溶解氧、高锰酸盐指数、五日生化需氧量。作为调水保护区,通榆河现状水质距《江苏省地表水(环境)功能区划》所规定的 2010、2020 年均为Ⅲ类水水质目标仍有一定的距离,多数断面的水质仍未达到《江苏省地表水(环境)功能区划》所定水质目标(Ⅲ类水标准)。虽然在汛期东台、盐城、上冈断面的水质均尚清洁,大团、北草堰也由原来的轻度污染转为尚清洁水,但是对于非汛期和年平均值来说,多数监测断面所测的水质均为轻度污染,特别是东台、盐城、上冈、阜宁、堆根各断面年平均水质均由原来的尚清洁转化为轻度污染,水质变化趋势不容乐观。据盐城市水环境监测中心监测的资料,沿线 9 个县(市、区)废水排放总量为 1527 万 m³,废水中 COD 排放总量为 2 929t / a,NH₃-N 排放总量为 2417 t /a。主要污染因子为 NH₃-N、DO、COD 等。采用综合污染指数 p 值法以溶解氧、高锰酸盐指数、氨氮、五日生化需氧量为主要评价因子,对富安、东台、滨海、盐城、上冈、大丰、阜宁、堆根、响水 9 个主要监测断面年度综合污染情况,详情如表 2-20。

$$p = \sqrt{\frac{\left[\max\left(\frac{C_i}{C_{0i}}\right)\right]^2 + \left[\frac{1}{k}\sum_{i=1}^{k}\frac{C_i}{C_{0i}}\right]^2}{2}}$$

式中：p 为水环境质量综合污染指数；C_i 为地表水各种污染物测试浓度(mg/L)；C_{0i} 为地表水中各种污染物最高允许值；k 为污染因子个数。

表 2-20　各监测断面的年平均综合污染指数

监测断面	富安	东台	滨海	盐城	盐都	大丰	阜宁	堆根	响水
p 值	1.175	2.05	1.32	1.05	2.21	2.02	1.36	1.43	1.47

对照表 2-21 可知，富安、滨海、阜宁、盐城、堆根及响水段的通榆河已达到轻度污染，而东台、盐都及大丰三段的污染达到中度污染。

表 2-21　地表水环境质量综合指数分级表

分级	清洁	尚清洁	轻度污染	中度污染	重度污染	严重污染
级别	1	2	3	4	5	6
p 值	< 0.5	0.5~1.0	1.0~2.0	2.0~5.0	5.0~10.0	> 10.0

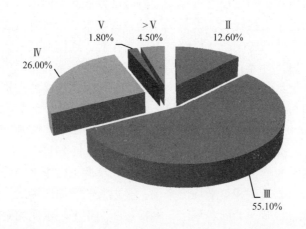

图 2-24　2012 年分类水质河长比例图(按年均值综合评价)

通榆河是盐城市唯一的调水保护区，在盐城市境内共布设 9 个水质监测断面，监测 64 条主河流、122 个水质断面，控制河长 2728.5km。按年均值综合评价：2012 年Ⅲ类水及优于Ⅲ类水断面 86 个，占监测断面总数 70.6%，占控制总河长的 67.7%；劣于Ⅲ类水断面 36 个，占监测断面总数 29.4%，河长 882.3km，占控制总河长 32.3%(其中Ⅴ类及劣Ⅴ类水断面 9 个，占监测断面总数 7.3%，河长 171.9km，占控制总河长 6.3%)。经常为Ⅴ类、劣Ⅴ类污染严重的主要河段有：淮河入海水道南泓；串场河盐城市区段；盐城市区小洋河段；射阳县小洋河段；大四河、老斗龙港、二卯西河的大丰市区段。主要超标项目为氨氮、高锰酸盐指数、溶解氧等。河流水质非汛期优于汛期。非汛期优于Ⅲ类(含Ⅲ类)水断面 94 个，占监测断面总数 77.0%；控制河长 2099.4km，占总河长 76.9%。汛期优于Ⅲ类(含Ⅲ类)水断面 22 个，占监测断面总数 18.0%；优于Ⅲ类水控制河长 577.3km，占总河长 19.7%。

虽然环境行政主管部门和水行政主管部门加大了对沿途工业企业排污口的整治力度，但作为调水保护区，通榆河现状水质距《江苏省地表水(环境)功能区划》所规定的 2010、2020 年均为Ⅱ类水水质目标仍有一定的距离，水资源保护、水质管理和水环境形势依然严峻。

(2) 湿地湖泊污染隐患加大，备用水源地建设还存在很大差距

淮河流域水质监测资料显示，从 2010 年到 2012 年的淮河流域水库监测数据中，全年期水质达到Ⅰ类水质标准的水库 2010 年为 4 座，但到 2012 年已经降为零；而且全年期水质达到Ⅲ类级以上的水库占比分别为 80.5%、83.3%、76.4%，汛期水质达到Ⅲ类级以上的水库占比分别为 85.4%、80.9%、73.5%，均逐年降低。这说明淮河流域人们的饮用水已经变得不安全了。作为淮河的支流，通榆河流域湿地水系复杂，水体众多，湿地类型多样，可分为海洋-海岸湿地、内陆湿地(湖泊、沼泽、人工新河、河流)、人工湿地(水库、池塘、稻田)3 种类型。通榆河流域湿地是典型的生态过渡带和脆弱性区域，湿地类型复杂多样，但受自然因素和人类不合理活动的干扰，通榆河流域脆弱性特征显著。通榆河流域湿地脆弱性主要表现为自然灾害频发的干扰性脆弱，湿地水资源紧缺的压力性脆弱，河道断流、湖泊干涸的灾变性脆弱，湿地水体污染严重的胁迫性脆弱，湿地生态系统面临退化威胁的衰退性脆弱和水土流失严重的波动性脆弱等。

水污染也是通榆河流域湿地面临的最严重威胁之一。一些流域性水污染事故经常发生，水环境遭受严重破坏，对湿地供水造成严重破坏。而在湖泊的评价数据中，2010 年江苏省参与评价的 7 个湖泊中有 5 个水质达到Ⅲ类及以上。而到了 2012 年，江苏省评价的 7 个湖泊中仅有高邮湖、邵伯湖和宝应湖 3 个湖全年期水质为Ⅱ~Ⅲ类，通榆河流域多数湖泊介于轻度富营养及中度富营养之间。

经过多次整治，尤其是盐城水污染事件发生后，各地对饮用水源保护工作的重视程度明显提高，对各不符合国家要求的污染企业的清理工作力度进一步加大，陆上的环境安全隐患得到进一步保证，但水上的安全隐患日益突出。苏北地区河网密布，水上运输繁忙，船舶污染日益明显。苏北河道的船舶垃圾回收系统、船舶含油污水回收系统基本没有建设。已建成的京杭运河船舶垃圾、油水回收系统基本形同虚设，没有发挥作用。同时，水上危险化学品运输监管工作基本没有开展，近年来，盐城等地多次发生水上危化品运输船舶沉船事件，对饮用水安全构成很大威胁。为保证用水质量，江苏省政府要求每个县级以上城市都要建设备用水源地，目前苏北 5 市中，淮安市没有备用水源地，连云港市备用水源地没有建成，盐城市虽然有备用水源地，但管网不配套，发生突发事件时，不能保证全城

供水。各县除建湖、滨海等少数地方外，基本没有开展备用水源地建设。阜宁县虽然投入巨资开展备用水源地建设，但将备用水源地设在苏北灌溉总渠上，由于苏北灌溉总渠在功能区划上就是灌溉和航道，且水量不能保证，上游存在环境污染隐患，该县的备用水源地建设工作进退两难。

(3) 集中式生活饮用水地表水水源地水质污染严重，合格率较低

2010~2012 年，淮河流域分别评价了 82、85、83 个饮用水源保护区，全年水质合格次数比例在 80%以上的分别有 43、49、50 个，占 52.4%、57.6%、60.2%。可见，在饮用水地表水源地中，全年水质合格次数比例在 80%以上的只有百分之五六十，有将近一半的地表水是不合格的。而在这些合格的水源中，分省的数据显示，2010 年，江苏省水质合格次数比例在 80%以上的有 29 个，占江苏省评价总数的 60.4%；2011 年，江苏省水质合格次数比例在 80%以上的有 29 个，占江苏省评价总数的 60.4%；2012 年，江苏省水质合格次数比例在 80%以上的有 30 个，占江苏省评价总数的 62.5%，合格率基本在 60%左右，不够理想。

通榆河流域水资源供给滞后于经济社会与环境可持续发展的需求，饮用水源缺乏稳定的水量保证率，部分地区水质性缺水的状况异常突出，沿线饮用水安全保障存在不少隐患。通榆河饮用水源的污染隐患目前主要是上游客水影响，34 个集中式饮用水源地均为地表水水源、过境河流式水源，而其上游地区的工业污水深度处理能力不足、农业面源监控较为滞后，导致地表水水源地水质容易出现过境式突发性水污染事件，以及底泥季节性释放重金属等污染水质异常事件。沿海地区特别是盐城的饮用水源保护工作还存在较为突出的问题，一是盐城市饮用水源地位于淮河流域的末端，水质较差；二是盐城市河网密布，互相联通，防范难度大；三是盐城市饮用水源地上游化工企业尤其是小化工仍然较多，其中盐城市城西水厂一、二级保护区及准保护区范围内有仓库码头 30 座、化工企业 40 家、非化工工业企业 72 家，存在很大安全隐患；四是盐城市基本上每县都有化工园区，化工生产和危化品船舶运输存在的安全隐患比较大。而且，当前各园区投资规模也在逐步提档升级，由过去的招商引资在向招商选资转变，大多数园区在落实产业定位同时，纷纷表示不再招引低于亿元投资的项目。但是各化工园区污水处理厂所建规模与环评批复不符，多数是分期分批建设，规模偏小，一旦经济复苏后，企业开足马力生产将造成园区污水得不到及时处理。当前，园区污水处理厂普遍出水不能做到稳定达标排放，达标率有待提高。江苏省开展的县级以上集中式饮用水源地和化工生产企业环境专项执法检查中，仅连云港、盐城两地 8 家化工园区污水处理厂就有 6 家超标排放。园区污水处理厂对接管企业的进水水质不能有效控制，尤其是特征污染物。多数园区污水处理厂市场化运营率不高，不利于监管。部分园区还没实行集中供热，企业自备锅炉烟尘超标严重。这些都使得通榆河的地表水水质合格率比较低。据江苏省环境监测中心 2009 年 2 月数据，在上游进入盐城连云港的 12

个市界断面中，劣Ⅴ类水质的 2 个，Ⅲ类水质的 8 个，Ⅱ类水质只有的 2 个。2012年，盐城市全市城市饮用水源地水质和近岸海域水质基本维持稳定，但河流地表水总体水质仍无好转，部分城市河流污染依然严重，地表水 29 条河流 62 个监测断面中，Ⅲ类水质的断面数 39 个，仅占总数的 62.9%；Ⅳ类水质的断面 21 个，占 33.9%；Ⅴ类水质的断面 2 个，占 1.6%。全市近岸海域水质状况无明显变化，5 个监测点达标率 80%，基本持平。与 2011 年相比，盐城市区河流水质有所下降，水体污染特征表现为有机污染、氨氮和总磷污染，水环境保护形势不容乐观。

(4) 工业和农业面源污染较重

通榆河流域工业产业仍以粗放式为主，以食品制造、金属、造纸、化工等行业为主导，酸洗及不锈钢污染突出，污水集中处理率低。据统计，徐、淮、盐、连、宿 5 个市近年来共建有省级、市级化工园区 23 个，面积 304.14km^2，其中连云港、盐城两市 11 个县(市)中，除东海县、建湖县没有化工园区外，其余 9 个县(市)均在沿海建有 1 个以上专业化工园区，并且规模较大。苏北化工园区内共有企业 535 家，园区外仍有较多化工企业没进园入区，主要是这些待迁的企业规模大、职工人数多、搬迁费用高，但恰恰正是这些园区外的老企业环境问题多，群众反响强烈。

盐城饮用水源事件发生后，盐都区对辖区内所有 70 多家化工企业实行关闭、搬迁，建成无化区；淮安水质异常事件后，洪泽县对区域内 10 多家化工企业进行停产整改，对苏北灌溉总渠周边的日辉助剂公司等个别化工企业实施关闭。2010年 3 月 7 日，地处串场河岸边的东台市东龙化工有限公司废水直排，流入通榆河，造成该河局部河段挥发酚超标，对大丰市饮用水源地构成威胁。近期频繁的水体污染事件表明，尽管通过江苏省化工专项整治行动，取缔关闭了大量小化工企业，一些企业实施了进园入区，对新建项目提高了准入门槛，苏北化工企业结构布局日趋合理，但是为便于取水和航运、建在河道周边的少数化工企业还没实施搬迁，尤其是通榆河、苏北灌溉总渠和洪泽湖沿岸的化工企业，这些企业处于苏北区域饮用水源地上游，一旦超标或非法排污，环境风险较大。

通榆河流域农业面积占区域面积的 47.8%，化肥施用量是全国平均水平的 1.8倍，区域内畜禽养殖、水产养殖规模较大，投饵、清塘以及农田退水容易对生态环境造成间歇性影响。2013 年，通榆河断面水质达标率仅为 70%，北段受洪泽湖、废黄河来水影响，水质较好；盐城市区以南，受里下河来水影响，水质较差，部分河段达不到Ⅳ类。

(5) 多数水质无法达到国家考核标准，主要污染物为 COD 和 BOD

按照国务院办公厅转发的《重点流域水污染防治专项规划实施情况考核暂行办法》(国办发〔2009〕38 号)以及国家环境保护部《关于印发<重点流域水污染防治专项规划实施情况考核指标解释>的函》(环办函〔2010〕124 号)的有关规定，对照各年水质目标对淮河流域 24 个国家考核省界断面进行达标评价，淮河流域从

2010 年到 2012 年的考核结果并不能让人满意：2010 年的高锰酸盐指数(或 COD)
水质达标的断面有 22 个，占 91.6%，氨氮水质达标的断面有 19 个，占 79.2%；
不达标的有 5 个，占 20.8%。2011 年，51 个主要省界断面全年期有 14 个断面水
质达标，占 27.5%；汛期有 12 个断面水质达标，占 23.5%；非汛期有 17 个断面
水质达标，占 33.3%。其中，江苏省 7 个出境省界断面，水质达标测次比例为 26.3%。
2012 年在加大淮河流域水质资源的治理力度之后，情况有所好转。51 个省界断面
水质达标测次比例为 39.5%。而江苏省 7 个出境省界断面的水质却下降了，水质
达标测次比例仅为 23.2%。

2003~2012 年淮河流域的废污水排放量逐年增加，其中 2004~2010 年的增长
速度较快，2010 年加大治理力度后有所缓和，但流域中的污染物依然很高(表 2-22、
图 2-25)。

表 2-22　2003~2012 年淮河流域废污水排放量　(单位：亿吨)

年份	2003 年	2004 年	2005 年	2006 年	2007	2008	2009	2010	2011	2012
淮河流域	60.12	56.15	58.79	62.08	65.82	67.05	73.40	76.34	76.30	76.4

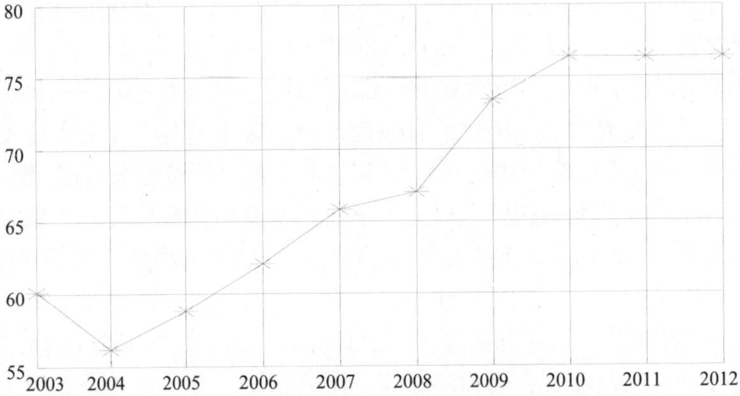

图 2-25　2003~2012 年淮河流域废污水排放量(亿吨)

淮河流域苏北段城镇污水及工业污水化学需氧量情况见表 2-23、图 2-26。

表 2-23　淮河流域苏北段污水 COD 含量(万吨)

年份	工业 COD	生活 COD	农业 COD
2000	24.1	41.2	无记录
2005	33.8	62.8	无记录
2006	29.18	63.85	无记录
2007	28.79	60.35	无记录
2008	25.58	59.57	无记录
2009	25.13	57.04	无记录
2010	25.63	53.17	无记录
2011	23.93	60.23	39.93
2012	23.14	57.25	38.77

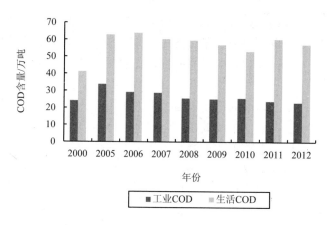

图 2-26 江苏污水 COD 含量

从图 2-26 可以看出淮河流域苏北段城镇污水 COD 含量远远高于工业污水中 COD 的含量，说明淮河流域苏北段工业排水水质有所改善，但是城市污水排放治理现状还比较严峻。

对通榆河水质污染的全面治理，取得了一定成效。2012 年，通榆河虽然总体水质状况为良好，III 类水质断面占 87.5%，但随着经济的不断发展，生活污水排放和农业面源污染比重越来越大，有机物和氨氮成为主要的超标项目。通榆河沿岸大部分水厂采用的是传统的混凝—沉淀—过滤—消毒工艺，对这两种指标的去除能力有限，出水水质受到一定影响。从流向来看主要污染物氨氮、总磷和化学需氧量浓度由南向北沿程逐渐下降。其中氨氮平均浓度由 0.773 mg/L 下降为 0.767 mg/L，下降幅度 7.7%；化学需氧量平均浓度由 18.1 mg/L 下降为 17.8 mg/L，下降幅度 1.7%；总磷平均浓度由 0.155 mg/L 上升为 0.167 mg/L，上升幅度 7.7%。

2.3 通榆河水污染的主要原因

引起通榆河水污染原因主要包括以下几个方面。

(1) 生活污水污染

随着经济发展和人们生活条件的改善，居民生活污水排放量增长迅速。与之相比，城镇污水治理措施相对滞后，生活污水对通榆河的影响远超工业废水，部分河段 BOD、COD 严重超标，甚至掩盖了工业污染治理所取得的成效。

(2) 农业污染

通榆河沿线多为水稻、棉花种植区，而水稻、棉花种植过程中化肥、农药使用量比较大，而真正被农作物吸收的只占 30%~40%，绝大部分化肥、农药进入了水体，加重了通榆河的污染程度。由于雨水冲刷和农田浇灌水的渗透，化肥、农药中的 N、P、C、K 等物质以及树叶、枯草等废物大量汇集到通榆河中，造成面源污染，使得水质进一步恶化。农业污染的另一个方面是养殖业的污染，在通榆河内放养鸭、鹅等水禽，也对通榆河的水质构成了一定的污染。

(3) 工业排污

工业排污是造成河水污染的重要原因，沿途城市部分单位对水环境保护工作认识不够，只注重经济效益、短期效益，忽视生态环境效益。有的经营者只顾短期效益，前任不顾后任、上游不顾下游、当代不顾后代的现象还普遍存在，偷排偷放行为时有发生。对环境污染较为明显的主要是石油化工厂、绝缘材料厂、农药厂、造纸厂、染料厂及热工仪器仪表厂、钢铁、焦化、煤气发生站、机械加工等工业部门。由于污水处理设施不足，污水处理能力较低，部分污水处理厂不能正常运转，工业尾水直接或间接流入通榆河，对河流造成严重的污染。带入水体中的主要污染物是有毒的有机污染物和重金属离子如 Pb^{2+}、Cd^{2+}、Zn^{2+}、Cu^{2+}、Hg^{2+}、Co^{2+}、Ni^{2+}、Mn^{2+}、As^{3+}、Cr^{6+}等。

(4) 航运业的污染

目前，盐城与泰州之间的船舶通过通榆河中段、泰东河、泰州引江河进入长江，这些船舶几乎都没有油水分离装置，极易污染河流，因此航道污染也是导致通榆河水污染的主要形式之一。

除上述原因外，还有经济原因和管理体制原因，通榆河流域水资源污染的主要经济原因和管理体制原因如下。

2.3.1 区位发展优势明显，经济快速发展致使水资源不断被污染

通榆河流域位于我国东部，区位优势明显，在江苏经济中占有十分重要的战略地位。首先，通榆河流域资源丰富，航运发达。通榆河流域有着得天独厚的土地、海洋、滩涂资源，射阳河口以南沿海地段还以每年 10 多平方公里的速度向大海延伸，被称之为"黄金海岸"，是江苏最大、最具潜力的土地后备资源。沿海陈家港距连云港 27 海里、日照港 59 海里，集、疏、运条件比较优越，为二级航道，国家二类开放口岸。大丰港北距青岛港 210 海里、连云港 120 海里，东距日本长崎港 460 海里、韩国釜山港 465 海里，南距基隆港 620 海里、上海港 280 海里，是国家对外开放一类口岸。滨海港地处江苏沿海中部、连云港与长江口之内，与日本、韩国隔海相望，−10 米等深线离岸最近处为 1.215 海里，深水直通大海，可建 5 万~10 万吨级码头泊位，是江苏沿海水深条件最好的岸段之一。射阳港现拥有千吨级码头 5 座，并开通了集装箱内河支线，港口年吞吐能力可达 530 万吨。石油天然气资源已探明石油天然气蕴藏量达 800 亿立方米，预计总储量达 2000 亿立方米，为中国东部沿海地区陆上最大的油气田。沿海和近海有约 10 万平方公里的黄海储油沉积盆地，居全国海洋油气沉积盆地第二位，有着广阔的勘探开发

前景。其次，通榆河流域海陆空交通便捷，基本形成高速公路、铁路、航空、海运、内河航运五位一体的立体化交通运输网络。城市快速公交(BRT)实现运行，盐城成为江苏省第二个、江北首个拥有快速公交系统的城市。南洋国际机场和盐城大丰港区成为国家对外开放一类口岸，盐城市成为同时拥有空港、海港两个一类口岸的地级市。盐城空港开通国际、国内航线 14 条，新长铁路盐城站开通全国客货运，宁靖盐、盐通、盐连、徐淮盐高速公路四通八达。再次，通榆河流域在盐城的地段还是沪、宁、徐三大区域中心城市 300 千米辐射半径的交汇点，是湿地生态旅游的重要开发区，是江苏省委、省政府确定的"重点发展沿江、大力发展沿海、积极发展东陇海线"的三沿战略及"海上苏东"发展战略实施的核心地区，是"京沪东线"的重要节点，是国家沿海发展和长三角一体化两大战略的交汇点，在区域经济格局中具有独特的区域优势。

上述通榆河流域优越的水资源条件和便捷的水陆交通使得通榆河流域成为江苏省经济发展有较大潜力的地区(图 2-27)。2013 年，盐城市实现地区生产总值3475.5 亿元，按可比价计算，比上年增长 12.3%；其中第一产业实现增加值489.2亿元，比上年增长 3.2%；第二产业实现增加值 1636 亿元，比上年增长 14.0%；第三产业实现增加值1350.3 亿元，比上年增长 13.4%。产业结构持续优化。三次产业增加值比例调整为 14.1∶47∶38.9，二、三产业比重提高了 0.5 个百分点，人均地区生产总值达 48 150 元(按 2013 年年平均汇率折算约 7775 美元)，比上年增长 12.2%，在江苏省内居于前列。

随着流域内经济建设的加快，中小城镇的增多，城镇开发区的建设，挤占了部分耕地，流域内各地近几年的耕地面积呈逐渐减少趋势。而且一些地方依然存在"重经济、轻环境、先发展、后治理"的观念，只顾眼前利益，不顾长远利益，在产业结构调整和污水排放处理等方面，不能把好关，致使河流污染日益加重。

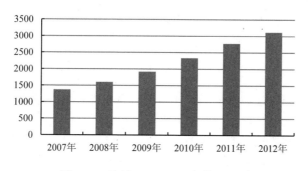

图 2-27 盐城 2007~2012 年的 GDP(亿元)

2.3.2 经济发展和局域环境容量不适应，结构性污染突出

通榆河流域多年来的区域经济发展很迅速，尤其是工业指标增长很快(表 2-24 和

图 2-28)，但经济发展却和区域环境容量不相适应。这主要是因为以前在确定地区产业发展方向、地区生产力布局时，忽视了区域环境容量。通榆河流域出现的严重流域性水污染，在很大程度上与流域产业结构和布局不合理有直接关系。流域化工、造纸、饮料、食品、农副产品加工等主要污染行业产值约占流域工业总产值的 1/3，但化学需氧量和氨氮排放量分别占全流域工业源排放量的 80% 和 90%。而一些地区缺乏水污染防治具体实施计划，产业结构、布局与水环境保护要求相比不够合理，通榆河沿线区域内结构性污染仍然突出。

表 2-24　2007~2012 年盐城规模以上工业主要指标

工业指标	计量单位	2007 年	2008 年	2009 年	2010 年	2011 年	2012 年
工业增加值	亿元	432.07	572.89	714.16	985.59	1069.15	1376.96
主营业务收入	亿元	1753.90	2384.82	3051.99	3891.66	4355.32	5561.88
利税总额	亿元	137.88	186.98	309.84	404.45	509.50	690.89
利润总额	亿元	67.51	87.50	146.01	217.08	269.17	396.91

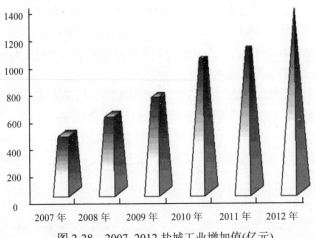

图 2-28　2007~2012 盐城工业增加值(亿元)

通榆河流域自 20 世纪 80 年代初开始，利用当地资源，大力发展高耗水的化工、造纸、制革、火电、食品等小型工业，污染物排放量超过了通榆河的承载能力，使流域水质急剧恶化；由于缺乏科学认证和科学管理，一些缺水地区盲目发展高耗水型工业，造成地下水位下降；一些资源丰富的地区发展单一的资源型产业，不发展与之相配套的加工业，产业结构雷同，形成严重的结构型污染。虽然经过治理，但流域工业结构调整力度有限，结构性污染没有根本改变。造纸、酿造、化工等一些高耗水、重污染行业调整力度不够，存在重点工业污染源超标反弹现象。技术落后的企业在发展中注重规模扩张，忽视技术升级，粗放型生产方式没有根本改变；污染企业治理过程中，重视末端治理，忽视清洁生产，难以稳定达标排放；低水平重复建设造成落后的生产能力和生产方式普遍存在。

2.3.3　城市化进程加快，污水处理设施却严重滞后

随着城市化进程的加快，城乡居民的生活水平有了大幅提高，经济总量不断提升，城镇人口大幅增加，但乡村人口却在逐年下降(表 2-25)。而伴随着这种城市化进程的污染水平也不断升高(图 2-29)。

水体污染主要来自两方面，一是工业发展超标排放工业废水，二是城市化中由于城市污水排放和集中处理设施严重缺乏，大量生活污水未经处理直接进入水体造成环境污染。工业废水近年来经过治理虽有所减少，但随着人口迅速增加和人民生活水平的日益提高，生活污水产生量大幅度增长，城市生活污水有增无减，占水质污染的51%以上，城市生活污水的比例已超过工业废水排放量的比例。通榆河流域城镇生活污染物排放量所占比例不断提高，已成为主要污染来源，其中城镇生活氨氮排放量占工业与生活排放总量的75%以上。生活污水收集率不高，污泥无害化处理水平低，成为制约城镇水环境改善的主要因素。

表 2-25　2007~2012 年盐城城市化进程

	计量单位	2007 年	2008 年	2009 年	2010 年	2011 年	2012 年
经济总量(GDP)	亿元	1371.26	1603	1917.0	2332.76	2771.33	3120
人口数	万人	809.79	811.7	812.4	816.12	820.69	822.4
农业人口数	万人	456.43	507.89	497.46	491.72	472.24	456.09
农民人均纯收入	元	6092	6867	14891	8751	10511	11898

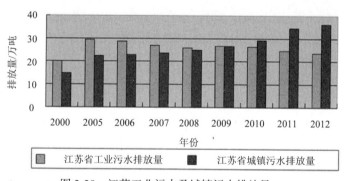

图 2-29　江苏工业污水及城镇污水排放量

随着城市化进程的加快，江苏省淮河流域的城镇人口增长而农村人口下降，但污染水平也随着城市化进程不断上升。从图 2-30 至图 2-32 中可以看到，从 2005 年到 2012 年，江苏省人口大幅增长，GDP 稳步增长，但农村人口数却呈下降趋势，说明城市化进程的步伐不断加快。但污染水平也逐年提高。

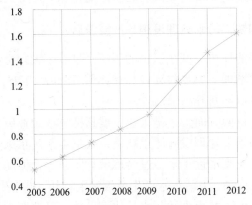

图 2-30 2005~2012 年淮河流域江苏省辖区 GDP(百亿元)

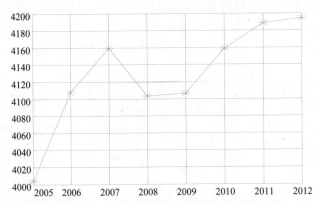

图 2-31 2005~2012 年淮河流域江苏省辖区人口数(百亿万元)

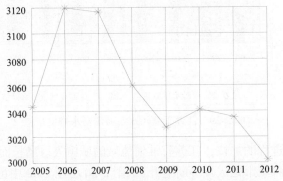

图 2-32 2005~2012 年江苏省淮河流域乡村人口数(万人)

　　为此，我们建立了一个线性回归模型，来说明江苏淮河流域人口的发展对污水量排放的影响。

将 2005 年至 2012 年间江苏淮河流域人口作为自变量，废污水排放量作为因变量，进行回归分析(表 2-26)。

表 2-26　2005~2012 年江苏淮河流域人口与废污水排放量

类别	2005 年	2006 年	2007 年	2008 年	2009 年	2010 年	2011 年	2012 年
江苏人口数/万人	4003.98	4107.68	4159.52	4103.18	4106.12	4158.67	4188.45	4194.41
江苏省废污水排放量/亿吨	20.01	20.82	20.87	20.09	20.43	21.07	21.46	21.9

首先画出两者的散点图如图 2-33，从图中可以看出，两者之间呈现一定的线性关系，所以选用线性回归模型。

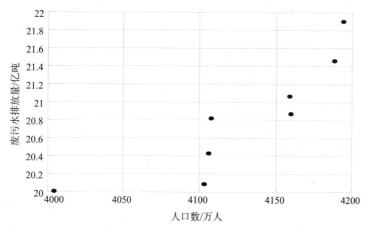

图 2-33　2005~2012 年江苏淮河流域人口与废污水排放量

为了求解该回归模型，列表如表 2-27。

表 2-27

序号	x_i	y_i	$x_i y_i$	$x_i x_i$	$y_i y_i$
1	4003.98	20.01	8.0120e+04	1.6032e+07	4.0040e+02
2	4107.68	20.82	8.5522e+04	1.6873e+07	4.3347e+02
3	4159.52	20.87	8.6809e+04	1.7302e+07	4.3556e+02
4	4103.18	20.09	8.2433e+04	1.6836e+07	4.0361e+02
5	4106.12	20.43	8.3888e+04	1.6860e+07	4.1738e+02
6	4158.67	21.07	8.7623e+04	1.7295e+07	4.4394e+02
7	4188.45	21.46	8.9884e+04	1.7543e+07	4.6053e+02
8	4194.41	21.9	9.1858e+04	1.7593e+07	4.7961e+02
sum	33022	166.65	6.8814e+05	1.3633e+08	3.4745e+03

根据表 2-27 可以求出 a=-17.056，b= 0.0092，所求解的回归模型为

$$y= 0.0092 \cdot x - 17.056$$

为了验证该模型的精度，根据相关指数分析法的计算公式，求得：R^2= 0.7598。由于这个数值接近于 1，说明该模型拟合效果较好，表明江苏淮河流域人口与废污水排放量线性相关性较强，进一步验证了两者的线性关系，从而说明人口的增长是导致废污水排放量增加的非常重要的因素。

与之相比，城镇污水处理设施建设却严重滞后。尽管近年来流域内城镇污水处理厂建设规模有所提高，但城镇污水配套管网建设滞后，城市基础设施是工业建设的载体，制约着工业建设规模和发展速度，生活污水对通榆河流域河流的影响加大，部分河段 BOD、COD 严重超标，甚至掩盖了工业污染治理所取得的成效。长期以来，我国城市建设不恰当地把基础设施建设的载体地位降低为工业的一般附属物地位，基础设施的发展与人口、资源、环境和工业建设不协调，导致基础设施长期超负荷承载。特别是城市环境保护基础设施，仅仅在近几年才开始兴建。绝大多数城市的污水处理能力远远满足不了实际需要。除了资金短缺外，现行管理和运行机制的掣肘也使城市污水处理厂的建设和运营陷于困境。由于没有真正落实"污染者负担"的政策，地方财政因无力支付污水处理费用，常常使建成后的污水处理厂不能正常运行，环境保护投资不能有效发挥环境效益。

辖区内的污水处理设施没有充分利用，污水处理能力不高，也使得污染不能及时消除。通榆河流域不少地方是在国家的主导和推动下建设污水处理厂，自身思想动力和经济实力相对不足，因此优先建设厂区主体工程，但相关配套条件滞后。一是工程的配套条件长期不到位，项目运行基础差。表现在：由于缺少成熟的防治技术，化工企业工业废水难于处理，尤其是有机特征污染物；污水收集管网不完善，造成进水浓度低，处理水量少，生化池内细菌微生物不能正常增长繁殖，污水处理效果低下，基本不产污泥；自控装置及中控平台建设迟缓，导致运行控制过程中人为因素强，不能保障污水处理稳定达标；卫生防护距离内环境敏感目标拆迁不及时，未落实环评审批要求，给项目验收造成障碍；接管企业废水预处理不达标，超出污水处理厂设计负荷；另外，污水处理费拨付不及时，挫伤了污水处理厂经营管理者的积极性。二是污水处理系统管理不周密，出水水质超标。如有的厂仪器设备维护不及时，如水解池填料大面积塌落，好氧池曝气装置严重堵塞，COD 自动监测取样管、排水管均已断裂；有的厂工艺操作规程不落实，如厌氧池搅拌器基本不运行，二沉池长期不清理污泥，或污泥泵排泥严重回溅入二沉池；有的厂擅自停运处理设施、甚至直排偷排，如长期停运水解酸化工序，停开污泥脱水装置，将回流污泥改排到厂内废地上，或直接排入总排水口，部分污水处理厂出水水质超标。三是污泥处置途径和管理程序不规范，部分地方监管

处于失控状态。虽然辖区内各化工园区污水处理厂已将污泥作为危废处理，无论园区污水处理厂还是化工企业都与有资质的危废处理单位签订委托处理协议，但因处理费用较高、手续繁琐，多数企业将危废长期存放在厂区内，多处存放，没做到防渗、防腐、防盗，危险标志也不明显，存放严重不规范。如一些化工园区污水处理厂近一年产生的污泥(属危废)均未安全处置，其中部分在厂内露天存放；一些园区污水处理厂将大量污泥送至周边农田乱堆乱放；一些化工园区污水处理厂将污泥自行提供给其他化工厂作为污水处理菌种，后续监管存在漏洞；个别污水处理厂将污泥倾倒于厂内外废沟、废塘中，威胁河流与地下水的环境安全。还存在使用船舶运输化学生产原料和危废现象，陆路运输车辆没有防范措施，环境风险较大；在管理上，多数企业没有危险废物管理台账，没有严格执行 5 联单制度，更有甚者为节约处置费用，将危废交给没有资质单位处理或自行焚烧，危废去向和数量说不清，向水体倾倒可能性较大。危废处置已是化工企业重要安全隐患之一。四是治污设施复杂，企业员工操作管理不到位，造成设备年久失修，不能正常运行。如专项检查中发现灌南县堆沟港化工园区内的亚邦染料公司和宏业精细化工有限公司进入园区污水处理厂的接管水质 COD 分别为 1300mg/L 和 1600mg/L，均超过接管标准(1000mg/L)。

2.3.4　传统的农村经济发展模式和航运模式使得面源污染严重

通榆河是苏中、苏北重要饮用水源地，随着农村经济的快速发展，通榆河流域的农林牧渔产值和粮食产量均有大幅提高(表 2-28)，但传统粗放的农村经济发展模式并没有得到根本转变。通榆河沿岸有大量农田，农作物种类比较多，基本上还处于粗放的生产状态，农田与河道之间没有采取隔离措施，甚至河坡上都有农作物，农村生态环境令人担忧，特别是部分村镇环境"脏、乱、差"，饮用水源水质下降，畜禽养殖污染，工业企业和城市污染向农村加速转移等问题突出，使通榆河流域农村环境质量进一步恶化。这些环境问题已严重威胁到广大农民群众的身体健康，制约了农村经济的进一步发展。

表 2-28　盐城 2007~2012 年农业总产值及主要产品产量

项目	计量单位	2007 年	2008 年	2009 年	2010 年	2011 年	2012 年
农林牧渔业总产值(当年价)	亿元	601.84	658.25	693.80	759.21	849.58	925.20
粮食总产量	万吨	543.53	603.03	622.90	651.66	661.79	672.71
棉花产量	万吨	20.11	18.36	13.56	13.61	13.40	10.92
油料产量	万吨	29.78	33.60	35.96	33.43	28.77	30.94

目前，农村经济发展带来的农药、化肥、畜禽养殖污染量大面广，有一定治

理难度。通榆河流域是江苏省的粮食主产区，沿线大多为水稻、棉花种植区，多年来，为了提高粮食单位面积产量，广大农民对农作物不断增加化肥施用量，以及施用剧毒农药、高残留农药，偏施化学氮肥，使氮、磷、钾比例失调现象比较严重。目前农民使用的农药中 70%是杀虫剂。通榆河流域平均每公顷耕地化肥施用量逐年增高，水稻、棉花种植过程中化肥农药使用量日益上升。从 20 世纪 50 年代到现在，我国农药施用量增加 100 多倍，成为世界上农药用量最大的国家。我国每年因农药中毒的人数占世界同类事故中毒人数的 50%，通榆河流域化肥使用量也在成倍增加，而化肥有效利用率却无法提高，而真正被农作物吸收的只占 30%~40%，总体上呈现出化肥农药施用量和施用强度大而有效利用率相对不高的不利局面。由于这些污染物在土壤中大量残留，造成农作物减产和农产品质量下降，对生态环境、食品安全和农业可持续发展构成威胁。由此可见，过量使用化肥不仅造成土壤物理性质恶化，肥力下降，土壤板结，肥效降低，而且绝大部分化肥、农药进入了水体，对水源地保护范围内的土壤造成污染，也加重了通榆河的污染程度。近年来，地膜的广泛推广及大量应用，虽提高了产量，可由于废弃的地膜不易分解，造成农田污染，成为影响苏北农业持续发展的重要障碍；随着农村人口生活方式和农业生产方式的变化，农作物秸秆 50%以上已弃之不用，若一烧了之，不但浪费大量的资源和能源，而且污染大气、水体，影响农村生态环境。秸秆季节性焚烧还严重影响交通、输电线路及人民群众生命财产安全，成为污染农村环境的一大公害。另外，流域内居民家禽家畜饲养量高，沿河两岸畜禽养殖业发展也较快，畜禽养殖、建材类经营项目占用较多，给人们生产生活造成了隐患。畜禽废弃物资源化利用和无害化处理率低以及水产养殖投入品不合理。主要是由于大量化肥的使用，农村畜禽粪便的农业利用减少，畜禽业的集约化程度提高，加重了养殖业与种植业的脱节。畜禽粪便的还田率只有 30%多，大部分未被利用。这些畜禽粪便大部分未经处理直接排入江河湖海。在流域内放养鸭、鹅等水禽，也对通榆河的水质构成了一定的污染。大量的面源污染物不仅随地表径流直接进入地表水体，污染河流与湖泊，而且渗入地下，污染土壤和地下水。而被污染的地下水亦最终排向地表水体，加剧了河流与湖泊的污染。由于基础设施、技术等不到位，流域农村生活污水和生活垃圾也基本得不到处理。这也造成了二次污染，即由于水污染与水资源匮乏造成农业用水危机，许多地区利用污水进行农田灌溉，给农田土壤、地下水和农产品带来污染威胁。随着点源治理力度的加大，面源对流域污染的贡献还将越来越大，面源污染的严重性也将越来越突出。

　　同时，作为农村经济的重要组成部分，乡镇企业的发展也一直是困扰通榆河流域农村环境的一大难题。通榆河流域的乡镇企业发展曾是让人们引以为豪的事情，但随着乡镇工业的兴起，二氧化硫、烟尘、化学耗氧量和固体废物排放量也在大幅增长。现有的乡镇企业废水、废气、废渣等污染物排放总量很大，远远大于环境承载能力。少数乡镇企业受经济利益的驱使，不惜以身试法。有的虽有治污设施，但长期闲置，没有正常运行，废水不经处理，直接入河、入海；有的企业甚至私设排口，偷排现象严重；不少锅炉、窑炉、生活大灶烟尘超标严重，这对水环境构成了严重威胁。

通榆河作为三级航道，有大量运输、渔业船舶停靠、航行或者作业。在休渔期，成百上千条渔船停靠在港口，这些船舶基本上没有实行垃圾及生活污水集中处理，都是直排河道。内河航运的迅猛发展，使得要想优先保护饮用水源功能的同时兼顾航运等其他功能的难度增大。

2.3.5　污染治理投资严重不足

通榆河流域区域经济发展落后，水污染治理的紧迫性和投入严重不足的矛盾十分突出。在计划经济体制下，污染防治资金以国家预算内资金为主。随着市场经济体制的建立，完全依靠行政手段管理环境已经不能奏效。但是，由于市场经济条件下的环境经济政策体系尚未建立，多元化的环境保护投资体制难以形成。

使用 Eviews 6.0 软件对水资源水环境数据进行最小二乘回归，分析区域经济发展与水资源环境状况的协调关系。

首先对工业治污投资和工业废水量数据进行实证，建立线性回归模型如下：

$$y = c + \beta x + \varepsilon$$

其中，x 表示的是全国工业治污投资金额，单位万元；y 表示的是治理废水的量，单位是万吨；c 表示常数项；ε 表示误差的估计值，残差。具体数据如表 2-29。

表 2-29　工业治污投资和治理废水量数据

年份	x(工业治污投资)/万元	y(治理废水的量)/万吨
2002	1883663	714935
2003	2218281	873748
2004	2081060	1055868
2005	4581909	1337147
2006	4839485	1511165
2007	5523909	1960722
2008	5426404	1945977
2009	4426207	1494606
2010	3969768	1295519
2011	4443610	1577471
2012	5004573	1403448

回归结果如下图 2-34。

```
Dependent Variable: Y
Method: Least Squares
Date: 04/14/14   Time: 15:21
Sample: 2002 2012
Included observations: 11
```

Variable	Coefficient	Std. Error	t-Statistic	Prob.
C	293340.6	158923.7	1.845796	0.0980
X	0.269013	0.037524	7.169162	0.0001

R-squared	0.850986	Mean dependent var		1379146.
Adjusted R-squared	0.834429	S.D. dependent var		392438.6
S.E. of regression	159685.1	Akaike info criterion		26.96276
Sum squared resid	2.29E+11	Schwarz criterion		27.03511
Log likelihood	-146.2952	Hannan-Quinn criter.		26.91716
F-statistic	51.39688	Durbin-Watson stat		1.987084
Prob(F-statistic)	0.000053			

图 2-34

由回归结果可知，该模型的拟合程度很高，拟合优度达到了 85.09%，同时 x 的 t 值通过了显著性检验，进一步说明解释变量 x 可以在很大程度上解释被解释变量 y，即当环保投入越大、投资金额越多时，治理废水量的效果越好。

虽然从 2001 年到 2012 年江苏地区环保投入呈现出逐年上升的趋势，但与国家整体水平相比还是有一定的差距(表 2-30、图 2-35)。

表 2-30　江苏污染治理投资额与 GDP 指标数据

年份	污染治理项目本年完成投资/亿元	江苏省 GDP	比重/%
2000	13.11	8553.69	1.53
2005	38.95	18598.69	2.07
2006	—	—	—
2007	—	—	—
2008	—	—	—
2009	27.05	34457.3	0.78
2010	18.6	41425.38	0.45
2011	42.78	49110.27	0.87
2012	55.87	54058.22	1.03

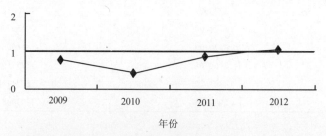

图 2-35　2009~2012 年江苏环保投入占地区 GDP 比重(%)

目前主要问题是，作为促进污染防治的重要经济手段排污收费制度还很不完善。排污收费标准过低，不能发挥刺激污染防治的作用。超标排放污水收费作为排污收费的主体，其收费额不足污染处理设施运行成本的一半；排污收费项目不全，主要对象是大中型企业和部分事业单位，城市污水处理费仅在少数城市开征，而且收费标准较低，"污染者付费"的原则没有充分体现；排污费的转移支付机制尚未建立，流域内上下游之间缺乏利益补偿政策，水资源的开发利用与保护不协调，造成水资源的浪费。虽然从"九五"期间我国环境保护投资有了大幅度提高，特别是国家采取积极的财政政策，在扩大内需中把环境保护作为重点投资领域，通榆河流域一些水污染防治重点项目得到国债资金的支持，但是，由于环境保护资金渠道狭窄，投资量小，污染治理资金短缺的问题仍然非常突出，已经落实的资金与需求相差甚远。财政拨不出太多款项用于水利工程的建设，致使大多水利工程还是建于20世纪50、60年代，有些还是历史上逐步形成的，存在基础不好、质量隐患、老化抢修等问题。特别是堤防工程，险工险段多，超高不足，缺少必要的基础及防渗处理，查险抢险措施也不完善。由于投资不足导致泄洪、蓄洪能力弱，防汛抗洪任务非常艰巨。一旦出现污染，也无法及时控制住。

2010年苏北环保督查中心对列入《淮河流域水污染防治规划(2006~2010年)》和《淮河流域治污工程完善和重点断面水质达标方案》(简称《达标方案》)中的苏北五市重点治污工程、重点断面水质达标工程及两个省界重点断面水质达标情况进行了专项现场督查，截至2010年底，苏北五市列入《规划》和《达标方案》的160项治污工程完成率仅为80.6%。其中，《规划》确定在苏北五市实施的重点治污工程共111项，已完成85项，完成率仅为76.6%，调试11项，占9.9%，在建12项，占10.8%，未动工(拟取消)3项，占2.7%；以企业为责任主体的55个工业污染防治项目中，完成51项，完成率92.7%，调试4项，占7.3%；以地方政府为责任主体的52个城镇污水处理设施项目，完成33项，完成率63.5%，调试7项，占13.5%，在建10项，占19.2%，未动工2项，占3.8%；4个重点区域污染防治项目中，验收1项，完成率仅为25%，在建2项，占50%，因建设环境变化应取消的1项，占25%;49个重点断面水质达标工程项，完成44项，完成率89.8%，在建5项，占10.2%。总体来说，苏北五市列入国家《规划》中的重点治污工程完成率76.6%，包括调试的基本完成率为86.5%，列入省《达标方案》的重点断面水质达标工程完成率89.8%，总体进度均滞后于时序要求。而且，地区治污工程进展不平衡。经济实力较弱的宿迁市重点治污工程、重点断面水质达标工程均已全面完成，淮安市重点治污工程完成率达到89%，处于苏北五市前列，徐州、盐城、连云港三市重点治污工程完成率仅分别为76.9%、64.3%、53.8%。在城镇污水处理设施项目中，由于对管网工程的重视程度不足、施工条件复杂、政府投资存在缺口等因素，其建设进展普遍慢于厂区工程，导致部分项目长期引入附近河水进行调试，一些运行的污水处理厂水量负荷不足50%。

2.3.6　水资源短缺，水生态环境恶化

盐城市属水资源短缺较紧张的城市，水作为该市重要的基础性资源，水资源能否合理配置、高效利用，将是关系到当地社会经济可持续发展战略目标是否能够顺利实现的关键因素。

表 2-31　盐城市 2003~2012 年水资源与社会经济发展指标状况

年份	水资源量/亿 m³	单位面积水资源量 /(万 m³/km²)	人均水资源占有量/m³	百元 GDP 水资源 占有量/m³
2003	101.16	67.52	1270.04	13.31
2004	11.69	7.8	146.44	1.34
2005	86.41	50.91	1081.92	8.6
2006	81.36	47.94	1011.02	6.92
2007	77.8	45.84	960.74	5.67
2008	42.94	25.3	529.01	2.68
2009	51.6	30.4	635.18	2.69
2010	52.01	30.64	637.28	2.23
2011	73.65	43.4	897.41	2.65
2012	46.96	27.67	571.01	1.51

1993 年国际人口行动提出的报告认为：区域人均水资源量少于 1700m³ 时将出现用水紧张现象；少于 1000m³ 将面临缺水紧张现象；少于 500 m³ 则严重缺水。以盐城市为例(表 2-31)，以 2003~2012 年水资源总量和当年人口计算，盐城市人均水资源量逐年下降，从人均 1270 m³ 下降到最低 529 m³，即将面临严重缺水状态。平均每百元 GDP 水资源占有量面临急速下降趋势，到 2012 年，平均每百元 GDP 水资源占有量不足 2 m³，严重低于全国水平。水资源与人口发展、经济社会发展、生产布局、生态环境用水需求等不相协调。

水资源的自然存量与国民经济的发展大致会经历三个发展阶段：①水资源经济指数 $h>1$，表明水资源量的增加快于经济产值同步增长；②$h=1$，表明水资源量与国民经济产值同步增长；③$h<1$，表明经济发展中的水资源空心化现象，水资源基础不断削弱，经济虚假增长，水资源环境恶化，经济的发展后劲和基础遭到破坏，开始形成经济发展的衰退趋势。

计算公式为：$h = R / G$，式中：h 为水资源经济指数，R 为资源指数，G 为国民生产总值指数。

利用该公式，计算通榆河流域盐城段水资源经济指数 = (盐城市水资源总量−盐城市地下水资源)÷盐城市某年国民生产总值。表 2-32 为 2003~2012 年通榆河流域盐城段水资源经济指数。

表 2-32　2003~2012 年通榆河流域盐城段水资源经济指数

2003 年	2004 年	2005 年	2006 年	2007 年	2008 年	2009 年	2010 年	2011 年	2012 年
0.11	0.001	0.07	0.05	0.04	0.02	0.02	0.01	0.02	0.01

从表 2-32 可以看出，盐城市水资源经济指数 $h \leqslant 1$，水资源空心化现象极其严重，需要人们重新认识水资源的价值。同时也可以看出，其经济发展中水资源环境受到的破坏状况。工业和生活污染有增无减，偷排、超排工业污水、新建、扩建工业污染项目时有发生，农业面源污染未有效控制，航运污染日益严重等问题不断削弱了水资源基础，有些地方明显存在忽视水资源保护、重经济轻环保、先污染后治理的现象，经济产值的增长习惯在资源自然存量到一定程度之前，人类无偿或过度使用自然资源，破坏了经济发展后劲，经济发展与水生态环境严重不协调。

为验证水质污染对当地经济的影响，以及考虑数据的可获得性，选取 2012 年响水、滨海等五地地区生产总值为被解释变量，选取对应地区的综合污染指数为解释变量，建立线性回归模型如下：

$$y = c + \beta x + \varepsilon$$

其中，x 表示的是各地综合污染指数，无量纲；y 表示各地地区生产总值，单位是亿元，考虑量纲问题，对其取对数；c 表示常数项；ε 表示误差的估计值，残差。具体数据如表 2-33。

表 2-33　地区生产总值与 p 值数据

2012 年	响水	滨海	阜宁	东台	大丰
GDP/亿元	181.35	267.69	274.99	506.69	393.36
p 值	1.47	1.32	1.36	1.43	2.02

回归结果为：$y = 4.26 + 0.89x$。由回归结果可知，该模型的拟合程度不是很高，为 66.43%，这与数据样本的容量有关，由于数据的不易获取，只能简单进行验证。x 的 t 值通过了显著性检验，说明解释变量 x 可以在很大程度上解释被解释变量 y，即通榆河流域盐城段各地区的经济增长在很大程度上是以环境的恶化、水生态环境的破坏为代价的，这与当地城市化、工业化步伐不断加快的"市情"符合。同时说明，不加快将水资源环境与经济发展协调，势必影响当地经济的健康可持续发展。

2.3.7　涉河环境管理混乱，跨界污染经济纠纷时有发生

通榆河土地资源十分丰富。多年来，沿河人民的水患意识淡薄，私自占用河

道滩地，建设码头货场，修筑房屋道路，人为设置阻水障碍的现象屡禁不止。汛期河道内砂石、煤炭、芦苇等货物堆积如山，杂乱无章。这样无序占用、乱挖乱建，违背了自然规律，污染了河面，侵害了河道天然流势，缩小了河道断面，增大了糙率，减少了流速，壅高了水位，阻碍泄洪通畅，降低河道排洪能力，威胁通榆河防洪安全，也危及沿岸的生态环境。但通榆河及区域统一管理与部门经济管理关系脱节，部门之间协调和信息交换制度缺乏，各自为政，环境管理混乱。河道管理单位缺少履行职能所必需的自主管理权力、制约手段及信息沟通渠道。一些专业部门对涉河项目的审批，不按规定征求河道部门的意见，擅自批准。河流的利用及水土资源开发处于无序失控状态，治污管理混乱。

由于通榆河流域的河道污染会随着水流逐渐扩大，常常引起跨界污染经济纠纷问题。对于跨区域河流及海域来说，目前普遍采用的分段分片治理方式，严重考验各地的自律意识。一方面受地方利益驱动，以及责任与权利的不均衡性，包括经济补偿、损害评估等促进和制约制度的不完善等，各地自愿保护的主动性和积极性普遍不高。这是因为上游水源地无法从治理中获取实际利益，所以各县市在自身辖区范围内，不能站在流域和全局的高度重视饮用水源保护，容易立足本地经济利益，普遍重视对取水口上游的保护，而往往忽视对取水口下游的保护工作，对治理工作积极性不高，对污染行为睁一只眼、闭一只眼。下游水资源利用地面对已经污染的水源，即使付出再大成本进行防治，已经不能解决河水污染的实质性问题，往往积极性也不高。这就使得跨区域水域治理容易形成权责不对称的局面。

另一方面跨区域的环境隐患比较突出。由于跨区域河流和海域往往又是多功能水域，河流往往兼具饮用水源、水运以及行洪功能，海域往往兼具养殖、港口、渔业、旅游等功能，污染源多，涉及主体复杂，防污治污工作难度大，跨界污染时有发生。如：东台市通榆河挥发酚和苯胺超标事件中，通榆河不是东台市的饮用水源地，而是下游大丰、盐城市的饮用水源地。东台市在饮用水源保护工作中，重视了对自身饮用水源地——泰东河取水口上游的保护工作，保护区范围内没有化工企业，而在通榆河及上游串场河沿线有化工企业 21 家，这些化工企业污水污染了下游地区，引致跨界污染经济纠纷问题。2012 年，盐城市的上游入境水质污染较重，5 个入境断面有 3 个达到功能区划要求，达标率 60%。泰州市流入盐城的泰东大桥、扬州市流入盐城的黄土沟断面、淮安市流入盐城的苏嘴灌渠的断面水质均为Ⅲ类水质，南通市流入盐城的古贲大桥断面水质为劣Ⅴ类水质，淮安市流入盐城的苏嘴排渠断面水质为劣Ⅴ类。这些上游水质就影响了盐城市居民的生活用水安全。通榆河属于跨区域河流，其污染防治工作需要地区间的互信、协作，但目前地区、部门协调工作机制不够完善，各地区间还没有形成较为完善的通报、会商、联动执法机制。而且，由于水污染防治综合性强，牵涉到的管理部门较多，如城建、水利、环保、交通等部门，需要多个部门合作才能有效解决问题。但地方还没有建立起一套完整的、持续的部门协调工作机制，往往局限于临时性的联动，难以有效解决跨界水污染的经济纠纷。

2.3.8　环保部门监管能力严重不足，缺少有效的监督体制

从目前情况看，通榆河流域环境监测、预警、应急处置和环境执法能力薄弱，有些地区有法不依、执法不严现象较为突出，环境违法处罚力度不够。虽然流域内重点工业企业基本具备了污染治理的能力，但监管手段薄弱。此外，由于部门之间以及区域之间的矛盾不同程度存在，治理污染的步伐和措施还不够协调。环境监管的属地管理也使环保部门由于各种因素的影响不能很好地发挥监督和制约作用。

通榆河南起如皋市，北至连云港赣榆区，流经盐城等苏北 7 市，水网密布，河道纵横。特殊的地理、水文条件以及沿岸地区生产力状况，导致通榆河水环境形势一直比较严峻，给环境监测部门带来了很大的挑战。首先是人员严重不足。面对严峻的环境形势和繁重的环保任务，通榆河流域的环境监测能力却存在明显差距。环境监测站人员力量严重不足，通榆河流域现有环境监测站 22 个，但编制仅有 700 多人，对照国家环境监测站建设标准，缺编 260 多人，在岗率不到 90%。其次是水环境质量监测网络还不完善。南水北调沿线共 15 个国控断面，但通榆河流域仅有 3 个，省控监测网络在污染事件易发区域不完善，布局需要优化，区域补偿断面需要补充。再次是减排监测较为薄弱。污染源监控不到位，不按标准测、漏测现象时有发生；污染源企业排污口现场端不规范，在线监控设备第三方运维管理不到位；有效性审核数据应用不完善，污染源监测信息公开刚起步，制度不健全。最后是水环境自动监测和应急预警能力落后。国家和省流域考核断面、主要跨市界断面、区域补偿断面地表水监测自动化程度不高，南水北调 15 个国家考核断面均已建成自动站，出入省界的有 6 个，而通榆河流域仅建成 7 个。对考核断面主要污染来源尚未摸清，对流域内重金属、突发性水污染事故两类污染来源调查研究不够深入，对不达标的考核断面污染来源存在"说不清"的现象。

在现实缺少有效监督体制的情况下，作为政策执行的三方主体：当地政府、排污企业、污水处理厂都扮演了理性"经济人"的角色，都试图在降低成本的情况下，获取高的收益，通过不断的利益调适，达到了一种利益的均衡。当地政府在执行政策的过程会在保护环境、促进当地经济发展和降低行政成本间权衡，由于环境效应的滞后性和执行人员任期内的"本位"意识，在舍与得的平衡过程中，他们往往会选择那些政绩明显的工作方式，即：政府在自己"孩子"——污水处理厂"面子"工程的掩饰下，可以降低其行政动作成本，减少必要的监督检查，从而产生了污染久治不好的问题。通榆河流域内各地发展经济的愿望迫切，"重经

济发展、轻环境保护"的现象还比较普遍。对一些企业的违法排污行为，当地政府部门并非不知情，很多却采取了睁一只眼、闭一只眼、甚至包庇纵容的态度。同时，也给排污企业造成了一定的自由空间，使其能够有机会直排、偷排、超标排污、超总量排污，降低了生产成本，增加企业效益，履行纳税人义务，增加地方财政收入，从而促进当地的经济发展。目前，通榆河流域工业结构仍然是以重污染行业居多，其中不乏偷排、超标排放污水者。甚至通榆河流域一些大型企业，也存在偷排污水的违法行为。这些企业只顾自身利益，把"环境成本"转嫁给了下游。由于通榆河流域经济在江苏也不是最发达的地区，当地政府的重要任务是发展经济。在面对经济和环境矛盾时，对效益好的"纳税"企业进行保护也在一定程度上达成了默契，"违法成本低，守法成本高"，使得这些企业敢于以身试法。通过博弈论分析，作为政策执行的三方主体，在利益互动中达到了一种平衡，没有一个外部的监督力量是很难改变这种情况的。

第二篇　淮河沿海支流通榆河水资源保护和水质管理控制技术研究

——废水深度处理与回用技术

(1) 概述

典型污染源废水深度处理与回用技术研发与示范，主要包括行业生化尾水水质特征分析，研发具有针对性的深度处理技术。研发以臭氧-生物炭、人工光源耦合沉水植物法及纳滤为主要处理技术的集成处理工艺流程及设备，开展上述组合工艺的操作条件的研究，试验组合工艺流程相关处理单元的最佳运行参数，开发适用于淮河流域沿海支流的具有推广价值的生化尾水深度处理与回用工艺。

(2) 技术原理

工艺流程主要包含三个处理单元：臭氧生物碳单元、人工光源耦合沉水植物单元和纳滤单元。

臭氧-生物活性炭(O_3-BAC)工艺是在生物活性炭工艺基础上发展起来的一种废水深度处理工艺。臭氧-生物活性炭工艺具有处理效率高、微生物浓度高、产泥量少、操作稳定和固液分离简单等优点，是国际上领先的饮用水处理工艺，近年来在难降解废水的深度处理和回用方面也进行了一些研究，并取得了一定的成果。臭氧-生物活性炭工艺通过臭氧预处理，将废水中难生物降解的大分子有机物氧化成易生物降解的小分子有机物，明显提高废水的可生化性，为活性炭柱内微生物降解有机物创造有利条件，同时也减轻活性炭的吸附负荷；另外，臭氧氧化能增加废水中的溶解氧，为好氧微生物的生命活动提供了有利的条件。

沉水植物是整个植株生长于水下的一类水生植物，其茎、叶和根一样具有吸收作用，且皮层细胞含有叶绿素，有进行光合作用的功能，这种结构提高了其对水下弱光环境的适应和促进对水中氮、磷等物质的吸收作用，比其他水生植物具有更强的富集 N、P 等物质的能力。沉水植物的生长受诸多因子的影响，包括光照强度、营养盐、底质、悬浮物、水流、温度以及其他因子，其中，光因子是沉水植物长势是否良好乃至能否存活的一个关键，包括光照强度、光质两个方面。沉水植物可以起到净化水质的作用，而人工光源的光质和光强均可控，因此本研究通过人工光源耦合沉水植物以提高沉水植物的净化效果。

纳滤是一种介于反渗透和超滤之间的一种新型膜分离技术。纳滤膜的分离过程既具有筛分效应，又有电荷效应，使其对低分子量的有机物和无机盐都具有一定的截留效果。本工艺在臭氧生物碳、人工光源耦合沉水植物处理的基础上对部分出水进一步进行纳滤处理，使出水实现回用功能。

(3) 技术路线

本书拟采用的技术路线如下所示：

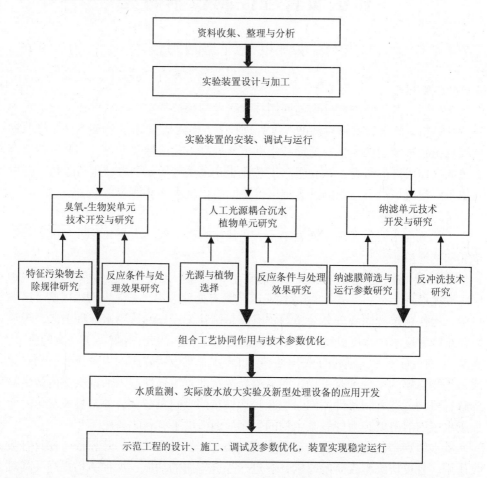

1) 臭氧-生物炭技术研究与技术开发。臭氧预氧化-生物活性炭深度处理技术集臭氧氧化、活性炭吸附、生物降解于一体，其中臭氧可将尾水水中残存的难降解有机物氧化为易降解的中间产物提高处理水的可生化性，部分甚至氧化为二氧化碳和水；同时臭氧在水中迅速分解为氧，使后续活性炭床处于富氧状态，增强了活性炭表面好氧微生物的活性，并在表面形成生物膜，降解活性炭中吸附的有机物，使活性炭得到一定程度的再生，延长了使用周期。本书采用此工艺处理生化尾水，主要进行以下两方面研发工作：

研发臭氧单元主要反应条件对残留污染物去除及后续生物炭处理效果的影响。拟考察臭氧用量、投加方式、反应时间、进水 pH 等主要因素对水中典型有机物及 NH_3-N 去除效果的影响；臭氧氧化后出水残留臭氧浓度、溶解氧等对生物炭中微生物活性的影响。

研发臭氧-生物炭协同作用处理生化尾水的效果，获得最佳工艺参数。从运行费用、设备投资、处理效果等方面综合比较，获得臭氧氧化与生物炭技术两者的最佳结合点。分析臭氧-生物炭出水水质特征，为后续人工光源耦合沉水植物法研究工作提供参考。

2) 人工光源耦合沉水植物法深度处理技术研究。利用沉水植物对污水处理厂尾水进行深度处理可提高总氮和总磷的去除率，但这方面的研究甚少。沉水植物的生长受诸多因子的影响，包括光照强度、营养盐、底质、悬浮物、水流、温度以及其他因子，如着生藻类、重金属、pH 等。其中，光因子是沉水植物长势是否良好乃至能否存活的一个关键，包括光照强度、光质两个方面。

本处理单元主要做以下几方面工作：

从常见典型沉水植物如轮叶黑藻(*Hydrilla verticillata*)、梅花藻(*Batrachium trichophyllum*)、苦草(*Vallisneria spiralis*)、金鱼藻(*Ceratophyllum demersum*)、马来眼子菜(*Potamogeton malainus*)、穗状狐尾藻(*Myriophyllum spicatum*)等品种中选择2~3 种典型沉水植物，选择适宜的人工光源光质及光强，测定尾水中的 SS、pH、氨氮、总磷等水质指标；

研发人工光源耦合沉水植物法对生化尾水的净化能力。依据建立的人工光源与各种沉水植物的响应关系，结合光源在生化尾水中的光谱变化特征，设计出人工光源耦合沉水植物的净化装置。系统研究该装置对尾水中的 NH_3-N、TP、SS 和 COD 的去除效果、影响因素、处理水质的变化与光源的调控方法间的对应关系。

3) 纳滤技术研发与技术开发。纳滤膜的微孔直径通常为 1nm 左右。纳滤膜的分离过程既具有筛分效应，又有电荷效应，使其对低分子量的有机物和无机盐都具有一定的截留效果。这不仅提高了纳滤膜的分离效能，而且操作压力低，比反渗透节能。此外，纳滤膜分离还具有无相变、不破坏生物活性、操作简单、自动化程度高、占地面积省等优点，其应用具有明显的社会效益和经济效益。根据对典型园区企业排放污水成分及生化尾水中残存的难降解污染物特点及回用水质，采用纳滤作为回用技术是具有明显优势的。本处理单元主要做以下几方面工作：

系统开展不同纳滤膜对生化尾水 COD、BOD_5、NH_3-N 和 TP 的去除效果研究，筛选出合适的纳滤膜，并对其进行科学表征，为示范工程及工业化奠定理论基础。

研发生化尾水中残留的典型污染物浓度对其截留率和产水量和回收率等参数

的影响，确定最佳的工艺参数，为示范工程及工业化提供设计依据。

考察生化尾水中残留的典型污染物对纳滤膜污染的影响以及研发生化尾水膜污染的化学清洗技术，为纳滤设备长期稳定运行提供膜污染控制技术。

(4) 研究放大及示范工程应用

有机化工、精细化工以及印染行业产生大量有毒难降解的有机污染物。本书将针对低浓度复杂体系废水中残留难降解有机污染物的特点，研发对生化尾水中该类低浓度难降解有机污染物高效去除技术；采用物化-生化-物化组合工艺，研究臭氧-生物炭—人工光源耦合沉水植物技术—纳滤串联工艺的关键参数设计与处理效果优化，寻求高效、经济的工业化合成技术。

第三章　臭氧-生物碳工艺小试研究

3.1　小试过程

实验中臭氧发生器的氧源为纯度 99%的工业氧气，使用臭氧发生器前必须检查氧气瓶的压力，防止在实验过程中出现氧气不足的情况，影响实验结果。生物活性炭柱由有机玻璃柱和活性炭构成，有机玻璃柱高 1m，直径为 8cm，体积为 5L，活性炭填充高度为 0.82m。活性炭挂膜主要是通过接种活性污泥，然后向柱内通入生活污水进行曝气，经过 1 个月，生物活性炭的挂膜基本完成。

小试过程中的实验水样为实验室配置的模拟印染废水。印染废水水质指标如表 3-1 所示。

表 3-1　印染废水水质

COD/(mg/L)	色度/倍	TP/(mg/L)	pH	NH$_3$-N/(mg/L)
150~200	250~300	0.15~0.20	6.7~7.2	0.5~1.0

本实验所用材料及药品见表 3-2。

表 3-2　实验材料及概况

名称	规格	材质
氧气	体积为 8L 的工业氧气	气体
皮管	2 条长度为 1m 的皮管	硅胶
反应容器	直径为 35cm，高度为 40cm 的圆柱状容器	塑料
活性炭柱	直径为 15cm，高度为 1m 的圆柱状容器	有机玻璃
活性炭	直径为 3mm，高度为 1cm 的圆柱状颗粒	椰壳
酸性大红染料	BR，99%	粉末

3.2　方法处理

实验分别采用单独臭氧氧化、催化臭氧氧化和催化臭氧-生物活性炭工艺处理印染废水。

(1) 首先配制模拟印染废水。在单独臭氧氧化实验中，取 4L 去离子水，向其中投加 NH$_4$Cl、KH$_2$PO$_4$、C$_6$H$_{12}$O$_6$ 和酸性大红染料分别为 0.32g、0.012g、0.54g 和 0.22g，在催化臭氧氧化实验中，还需再投加不同质量的 FeSO$_4$ 和 FeCl$_3$，搅拌均匀后开始实验。

(2) 通过加酸或碱调节印染废水的初始 pH；通过调节氧气的流量和臭氧发生器的电流大小，控制臭氧的产量；通过控制臭氧发生器的启动和关停，确定臭氧的氧化时间，然后检测经过臭氧氧化后印染废水中 COD、色度和 UV_{254} 值。

(3) 分别在单独臭氧和催化臭氧的最佳工艺条件下投加叔丁醇，然后检测氧化后印染废水的 COD、色度和 UV_{254} 值；然后分别在 pH 为 4、7 和 10 的条件下投加叔丁醇，然后检测单独臭氧氧化后印染废水中 COD、色度和 UV_{254} 值。

(4) 把臭氧处理后的印染废水通入生物活性炭柱，控制不同的停留时间分别取样，然后检测经过生物活性炭处理后印染废水中 COD、色度、氨氮、TP 和 UV_{254} 值。

(5) 中试系统的进水为某工业园区污水处理厂 CASS+滤布滤池工艺处理后的尾水。通过 20 天的监测，记录了经中试系统处理后的废水的 COD、色度、氨氮、TP 和 UV_{254} 值。

3.3 分析方法及仪器

分析方法及仪器见表 3-3，UV_{254} 及其他分析方法见相关文献。

表 3-3 分析方法及仪器

参数	分析方法	仪器及规格
COD	重铬酸钾法	微波炉，聚四氟乙烯消解罐
色度	可见光分光光度法	721 型可见光分光光度计
UV_{254}	紫外分光光度法	岛津 UV-2550 型紫外分光光度计
总磷	钼锑分光光度法	岛津 UV-2550 型紫外分光光度计
氨氮	水杨酸-次氯酸盐光度法	岛津 UV-2550 型紫外分光光度计
臭氧浓度	紫外线吸收法	Lovibond 公司 ET7700 型臭氧离子浓度测定仪
浊度	浊度计法	HACH 公司 2100Q 型便携式浊度测定仪
pH	pH 计法	PHS-3C 型实验室 pH 计

3.4 单独臭氧氧化处理效果

3.4.1 氧化时间对臭氧氧化效果的影响

针对 pH 为 7 的印染废水，调节臭氧发生器产量为 1.75g/h，控制臭氧氧化时间分别为 5、10、20 和 30min，氧化结束后测定处理后废水的色度、COD 和 UV_{254} 等指标，计算相应的去除率，结果见图 3-1~图 3-3。

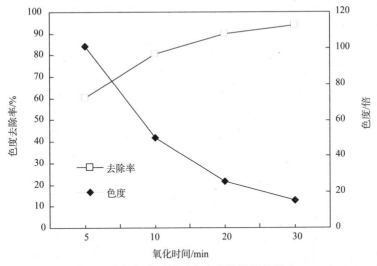

图 3-1　臭氧氧化时间对色度去除效果的影响

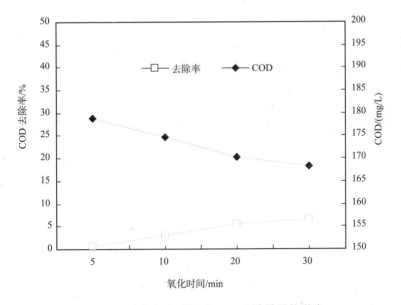

图 3-2　臭氧氧化时间对 COD 去除效果的影响

如图 3-1 所示，随着臭氧氧化时间的增加，臭氧对色度的去除率增加，30min 时色度去除率达到最佳且趋于稳定，达到 94.1%，印染废水的脱色效果明显。这表明增加氧化时间可以提高色度的去除率，氧化时间的延长可以增加臭氧分子与染料的反应接触时间，同时增加臭氧分子在废水中的浓度，提高了臭氧分子与染料的接触概率。而印染废水取得了良好的脱色效果说明可能染料中的偶氮发色基团(＝N－N)容易被臭氧分子直接氧化，生成无色的中间产物，然后再进一步降解为有机酸、醛和酮等小分子物质。

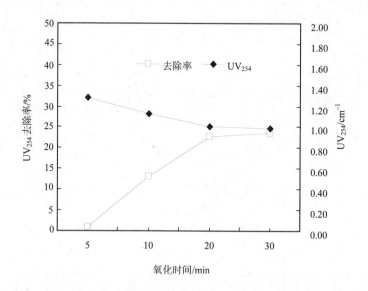

图 3-3　臭氧氧化时间对 UV_{254} 去除效果的影响

　　由图 3-2 和图 3-3 可知，臭氧氧化时间延长，COD 和 UV_{254} 的去除率逐渐提高，30min 时 COD 和 UV_{254} 的去除率最优且趋于稳定，分别为 6.5%和 23.5%，相比 O_3 的脱色效果，臭氧对 UV_{254} 和 COD 去除效果不佳。这是因为臭氧降解 COD 和 UV_{254} 是通过氧化作用破坏有机物的结构，让共轭双键和芳香环等分子键断裂，从而使大分子转化为小分子有机物，但臭氧分子的氧化能力很难完全将有机物矿化为 H_2O 和 CO_2。

　　从图 3-1~图 3-3 的实验结果可知，当臭氧氧化时间达到 30min 时，去除效果基本稳定，因此在实际使用时，氧化时间控制在 30min 左右为宜。

3.4.2　pH 对臭氧氧化效果的影响

　　调节印染废水的初始 pH 分别为 3、5、7、9 和 11，控制臭氧发生器产量为 1.75g/h，30min 氧化结束后测定处理后废水中色度、COD 和 UV_{254} 等指标，计算相应的去除率，结果见图 3-4~图 3-6。

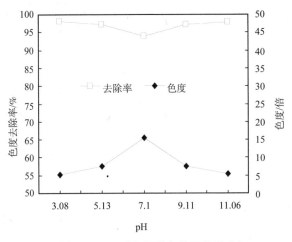

图 3-4　pH 对臭氧脱色效果的影响

由图 3-4 可知，当印染废水的初始 pH 为 7 时，色度的去除效果最差；当 pH 为 11 和 3 时，色度的去除效果最好，去除率分别达到 97.9% 和 98.0%。这表明印染废水在酸性和碱性条件下，臭氧对色度的去除效果较好，这是因为酸性条件下臭氧分子更加稳定，碱性条件下容易分解成氧化能力更强的·OH，中性条件时臭氧分子会分解为 O_2，导致处理效果下降。

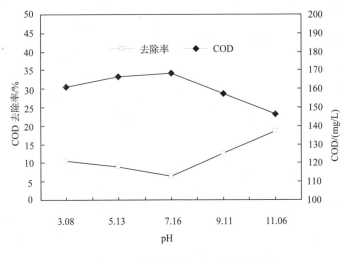

图 3-5　pH 对臭氧氧化 COD 效果的影响

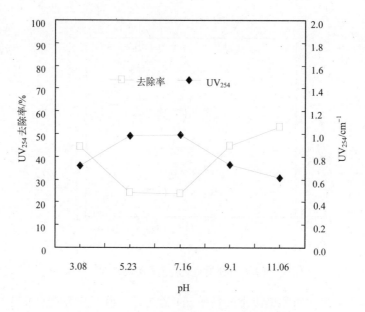

图 3-6　pH 对臭氧氧化 UV_{254} 效果的影响

　　由图 3-5 可知,当印染废水的初始 pH 为 7 时,COD 的去除效果最差;当 pH 为 11 时,COD 的去除效果最好,去除率达到 18.6%。这表明臭氧对 COD 的去除效果,在印染废水初始浓度为碱性时优于酸性,酸性优于中性。由图 7-10 可知,当印染废水的初始 pH 为 7 时,UV_{254} 的去除效果最差;当 pH 为 11 时,UV_{254} 的去除效果最好,去除率达到 52.9%。UV_{254} 与 COD 去除率的规律基本一致,这说明 UV_{254} 与 COD 具有一定的相关性。UV_{254} 的去除效果比 COD 好,说明 UV_{254} 的组成较为单一,主要是含芳香环的有机物,容易被臭氧分子和其分解产生的 · OH 所降解,COD 的组成比较复杂,较难被完全氧化降解。

　　由于 O_3 分子的直接氧化作用具有选择性,所以主要针对有机物中的双键,通过氧化使双键分解成小分子羧酸或醛类,但是 O_3 分子的直接氧化作用难以将有机物彻底矿化。碱性条件下 O_3 分子分解成 · OH,· OH 的氧化还原电位高达 2.8cV,具有强氧化性且选择性小,能与大部分难降解有机物反应生成小分子化合物或是完全矿化为 H_2O 和 CO_2,而中性条件下臭氧容易分解成 O_2,降低了臭氧对印染废水的处理效果。

　　从图 3-4~图 3-6 的实验结果可知,当印染废水的初始 pH 为 11 时,臭氧氧化去除污染物的效果最好,但是考虑到实际情况,印染废水的起始 pH 应控制在 9 左右。

3.4.3 臭氧产量对臭氧氧化效果的影响

调节印染废水的初始 pH 为 9，分别控制臭氧发生器的产量为 1.75、3.5、4.5、5.5、7g/h，30min 氧化结束后测定处理后废水中色度、COD 和 UV$_{254}$ 等指标，计算相应的去除率，结果见图 3-7~图 3-9。

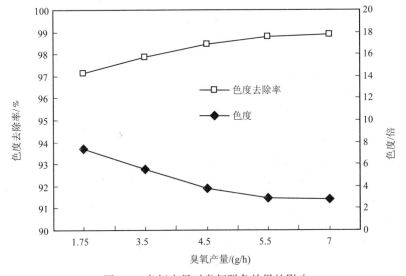

图 3-7　臭氧产量对臭氧脱色效果的影响

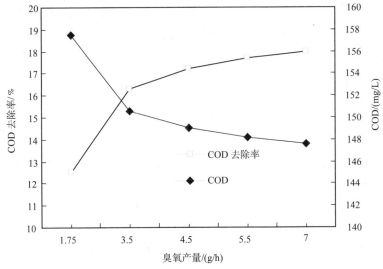

图 3-8　臭氧产量对臭氧氧化 COD 效果的影响

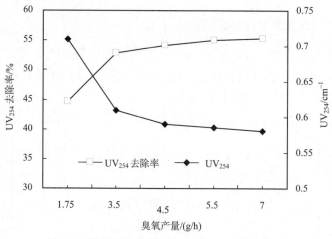

图 3-9　臭氧产量对臭氧氧化 UV_{254} 效果的影响

如图所示，臭氧产量增加，污染物的去除率增加，当臭氧产量为 5.5g/h 时，去除效果基本稳定，色度、COD 和 UV_{254} 的去除率分别为 98.8%、17.7%和 55.0%。臭氧产量增加，臭氧对印染废水的处理效果增强，这是因为臭氧产量的增加提高了臭氧分子在水中的浓度。

从图 3-7~图 3-9 的实验结果可知，控制臭氧产量为 5.5g/h 较为合理，但是在实际应用过程中臭氧产量为 5.5g/h 时的氧气消耗较大，所以从综合处理效果和经济性上，控制臭氧产量为 4.5g/h 时较为合理。

3.5　铁盐催化臭氧处理印染废水效果

由单独臭氧氧化处理印染废水的实验结果可知，在初始废水 pH 为 9，臭氧发生器的臭氧产量控制在 4.5g/h，氧化时间 30min 的条件下，虽取得了较好的色度去除效果，但是 COD 和 UV_{254} 的去除有限。为了降低 O_3 的投加量，提高难降解有机物的去除率，同时降低设备投资和成本，有必要研究臭氧催化氧化技术。

实验选用溶解性的硫酸亚铁(Fe(Ⅱ))和氯化铁(Fe(Ⅲ))作为催化剂，一方面是因为铁盐廉价易得，更重要的是利用铁盐在水中对臭氧分子的高效催化产生羟基自由基，可以有效地去除废水中的难降解有机物。实验研究了氧化时间、pH 和铁盐投加量对催化臭氧氧化处理印染废水效果的影响。

3.5.1　氧化时间对铁盐催化臭氧氧化效果的影响

铁盐催化氧化处理 pH 为 9 的印染废水，Fe(Ⅱ)和 Fe(Ⅲ)的投加量均为 100mg/L，调节臭氧发生器产量为 4.5g/h，控制氧化时间分别为 5、10、20 和 30min，氧化结束后测定处理后废水的色度、COD 和 UV$_{254}$，计算去除率，结果见图 3-10~图 3-12。

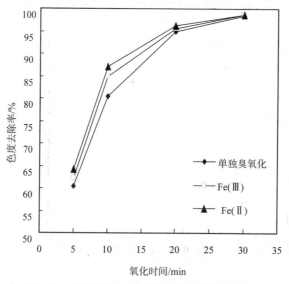

图 3-10　氧化时间对催化臭氧脱色效果的影响

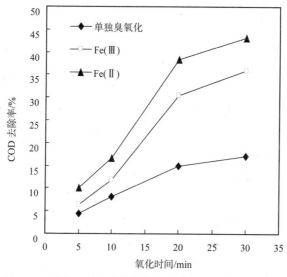

图 3-11　氧化时间对催化臭氧氧化降解 COD 效果的影响

　　如图 3-10 所示，投加 Fe(Ⅱ)后，臭氧处理印染废水 30min，色度的去除效果达到最佳且趋于稳定，去除率为 98.7%。铁盐投加后，色度的最终去除率与单独臭氧氧化基本一致，这表明臭氧分子和·OH 对酸性大红都具有较好的降解作用。但是 Fe(Ⅱ)投加后色度的去除速度要优于 Fe(Ⅲ)，投加铁盐要优于单独臭氧氧化，这说明·OH 的氧化能力比臭氧分子更强，降解染料的速度比臭氧分子快。

  如图 3-11 所示，二价铁催化臭氧氧化处理印染废水，COD 的去除效果最好，经过 30min 的氧化处理，COD 的去除率达到最佳且趋于稳定，为 43.2%。铁盐投加后，COD 的去除率明显升高，表明铁盐投加促进臭氧分子分解成·OH，由于其具有很强的氧化性，能够进一步降解臭氧分子所不能氧化的有机酸、醛和酮等中间产物，最终矿化为 H_2O 和 CO_2，使印染废水中的 COD 降低。Fe(Ⅱ)投加后 COD 的去除率要优于 Fe(Ⅲ)，这说明 Fe(Ⅱ)催化产生·OH 的效率更高。

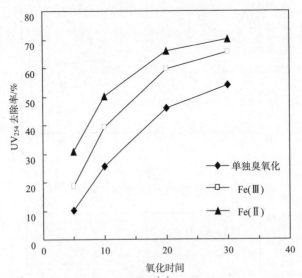

图 3-12   氧化时间对催化臭氧氧化去除 UV_{254} 效果的影响

  如图 3-12 所示，二价铁催化臭氧氧化处理印染废水 30min 后，UV_{254} 的去除率达到最佳且达到稳定，为 70.2%。铁盐投加后，UV_{254} 的去除率明显升高，Fe(Ⅱ)投加后 UV_{254} 去除率要优于 Fe(Ⅲ)。铁盐催化氧化后 UV_{254} 的去除率要明显高于 COD，这说明含 C═C 双键和 C═O 双键的芳香族化合物既可以被臭氧分子氧化，也可以被·OH 降解。

  以 Fe^{2+} 为催化剂的臭氧催化氧化主要分两步过程。第一步是借助于活泼的金属催化剂，臭氧被分解产生自由基团，其反应方程式如下：

$$Fe^{2+}+O_3 \rightarrow FeO^{2+}+O_2 \tag{3-1}$$

$$FeO^{2+}+H_2O \rightarrow Fe^{3+}+HO\cdot+OH^- \tag{3-2}$$

$$FeO^{2+}+Fe^{2+}+2H^+ \rightarrow 2Fe^{3+}+H_2O \tag{3-3}$$

$$Fe^{3+}+HO\cdot+H\cdot \rightarrow Fe^{2+}+H_2O \tag{3-4}$$

  由于·OH 来源于 FeO^{2+} 与水的相互反应，因此·OH 对于有机酸的氧化作用产生帮助。对于以 Fe^{3+} 做催化剂的臭氧处理系统，认为该系统的机理是自由基团的产生和有机酸(org)的氧化作用，第二步的反应方程式如下：

$$Fe^3+O_3+H^+ \rightarrow Fe^{2+}+HO \cdot +O_2 \tag{3-5}$$

$$Fe^{3+}+HO \cdot +H \cdot \rightarrow Fe^{2+}+H_2O \tag{3-6}$$

$$Fe^{3+}+[org] \rightarrow Fe^{2+}+\cdots[org] \tag{3-7}$$

$$Fe^{3+}\cdots+[org] \rightarrow Fe^{2+}+ [org]^+ \tag{3-8}$$

$$Fe^{3+}+[org] \rightarrow Fe^{2+}+product \tag{3-9}$$

$$HO \cdot +[org] \rightarrow product \tag{3-10}$$

铁盐对臭氧分解产生·OH 有很大的影响，铁盐的投加可以催化臭氧分解产生·OH，·OH 的氧化能力强，反应速度快，能降解大多数难降解有机物，使大分子转变为小分子或是完全矿化为 H_2O 和 CO_2。从图 3-10～图 3-12 的实验结果可知，当催化臭氧氧化时间达到 30min 时，去除效果基本稳定，因此在实际使用时，催化氧化时间也应控制在 30min 左右为宜。

3.5.2　pH 对铁盐催化臭氧氧化效果的影响

调节印染废水的初始 pH 分别为 3、5、7、9 和 11，Fe(Ⅱ)和 Fe(Ⅲ)的投加量均为 100mg/L，控制臭氧发生器产量为 4.5g/h，30min 氧化结束后测定处理后废水中色度、COD 和 UV_{254} 等指标，计算相应的去除率，结果见图 3-13~图 3-15。

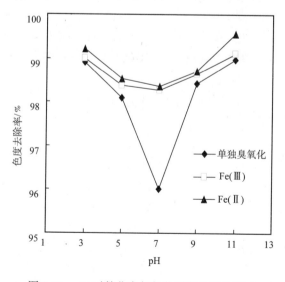

图 3-13　pH 对催化臭氧氧化脱色效果的影响

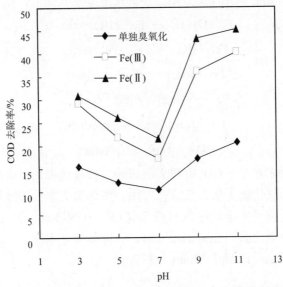

图 3-14　pH 对催化臭氧氧化降解 COD 效果的影响

　　如图 3-13 所示，当印染废水的初始 pH 为 7 时，单独臭氧氧化的色度去除效果最差，而当初始 pH 为 11，投加 Fe(Ⅱ)，臭氧氧化 30min，脱色效果最佳，色度去除率为 99.6%。在酸碱条件下，铁盐的投加对色度的去除效果影响不大，此时 pH 是色度去除的主要影响因素；在中性条件下，投加铁盐后的色度去除率明显高于单独臭氧氧化，此时铁盐是色度去除的主要影响因素。

　　如图 3-14 所示，单独臭氧氧化时，COD 的去除效果最差；当印染废水的初始 pH 为 11 时，二价铁催化臭氧氧化后 COD 的去除率最高，为 45.3%。在碱性条件下，铁盐催化氧化去除印染废水中 COD 的效果要优于酸性条件，这说明·OH 对 COD 降低的起主要作用。

　　如图 3-15 所示，单独臭氧氧化时，UV_{254} 的去除效果最差；当印染废水的初始 pH 为 11 时，二价铁催化臭氧氧化后 UV_{254} 的去除率最高，为 77.5%。与 COD 的去除规律不同，在酸性条件和碱性条件下，铁盐催化氧化和单独臭氧氧化后 UV_{254} 的去除率差距不大，这说明臭氧分子和·OH 一样，对 UV_{254} 的去除起重要作用。

　　铁盐投加后可以促进·OH 的产生，提高污染物的去除率；pH 呈酸性或碱性时的处理效果优于中性条件是由于 O_3 分子在酸性条件下更稳定，碱性条件下更容易分解成·OH，而在中性条件下臭氧分解成 O_2；相比 O_3 的脱色效果，pH 对 COD 和 UV_{254} 的影响更明显，因为染料分子的偶氮发色基团容易被降解且对氧化剂没有选择性，而碱性条件和铁盐的投加都能促进·OH 的产生，使印染废水中的·OH

浓度增加，从而提高了对难降解有机物的去除率。

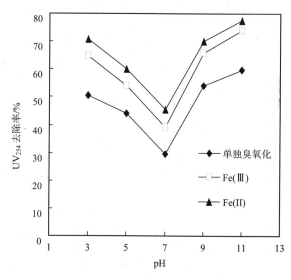

图 3-15　pH 对催化臭氧氧化去除 UV$_{254}$ 效果的影响

从图 3-13 ~ 图 3-15 的实验结果可知，当印染废水的初始 pH 为 11 时，催化臭氧氧化去除污染物的效果最好，但是考虑到实际情况，印染废水的起始 pH 控制在 9 时为宜。

3.5.3　铁盐投加量对催化臭氧效果的影响

调节印染废水的初始 pH 为 9，Fe(II) 和 Fe(III) 的投加量分别为 50、100、200 和 300mg/L，控制臭氧发生器产量为 4.5g/h，30min 氧化结束后测定处理后废水中色度、COD 和 UV$_{254}$ 等指标，计算相应的去除率，结果见图 3-16~图 3-18。

由图 3-16 可知，随着铁盐的投加量增加，色度的去除率上升缓慢，当 Fe(II) 的投加量为 200mg/L 时，色度达到最佳去除效果，去除率为 99.2%，继续投加，去除率基本不变。这说明增加铁盐的投加量对提高印染废水中色度的去除率影响不大。

由图 3-17 可知，铁盐的投加量在 50~100mg/L 时，COD 的去除率明显增加，经过 100mg/L 后，Fe(III)投加下的 COD 去除率增长变缓，达到 300mg/L 时，去除率保持稳定，为 42.8%；而当 Fe(II) 的投加量为 100mg/L 时，COD 基本达到最佳去除效果，去除率为 43.2%，若继续投加，COD 的去除率基本不变。这说明 Fe(II) 催化臭氧产生·OH 能力较强且具有较好的经济性。

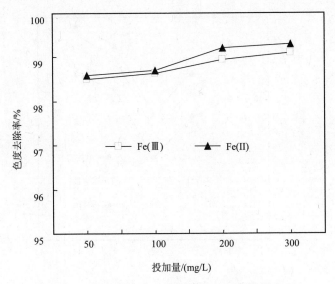

图 3-16 铁盐投加量对催化臭氧脱色效果的影响

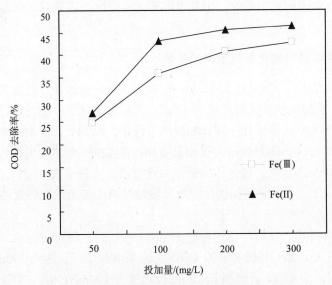

图 3-17 铁盐投加量对催化臭氧脱色效果的影响

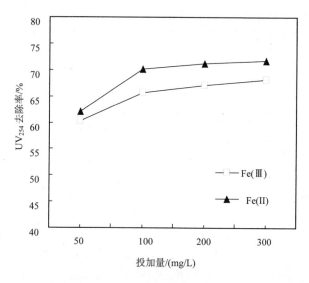

图 3-18 铁盐投加量对催化臭氧氧化去除 UV_{254} 效果的影响

由图 3-18 可得，铁盐投加量为 100mg/L 时，UV_{254} 的去除率趋于平稳，此投加量下，二价铁催化臭氧氧化去除印染废水中的 UV_{254} 取得最佳效果且保持稳定，UV_{254} 的去除率为 70.2%。

铁盐投加量增加对臭氧脱色基本没有影响，对 COD 和 UV_{254} 去除率有明显提升。当铁盐浓度为 100mg/L 时，色度、COD 和 UV_{254} 的去除效率趋于稳定。这表明色度相对于 COD 和 UV_{254} 更容易被去除，染料的偶氮键很容易被 O_3 分子或是 ·OH 氧化，铁盐的投加可以加快色度的去除，但是对于总量的去除效果并不明显。铁盐投加量增加，COD 和 UV_{254} 的去除率明显增加，这是因为水中铁盐含量越多，催化臭氧分子产生的 ·OH 越多，但是根据类 Fenton 反应原理，过多的 $Fe(Ⅲ)$ 和 $Fe(Ⅱ)$ 反而会消耗掉一部分 ·OH，降低处理效果；铁盐浓度过低，催化生成的 ·OH 的浓度不足，所以铁盐的投加量不宜过高，应取 100mg/L。

3.5.4 铁盐催化臭氧氧化处理印染废水

调节印染废水的 pH 为 9，$Fe(Ⅱ)$ 的投加量为 100 mg/L，臭氧发生器的臭氧产量控制在 4.5 g/h，臭氧氧化时间分别控制为 5、10、20、30 和 40min，等氧化时间结束后检测水中 BOD_5 和 COD，然后计算其比值(B/C)，结果见图 3-19。

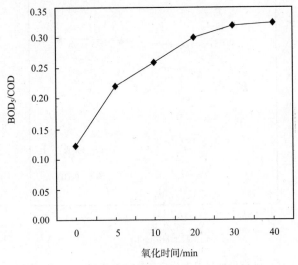

图 3-19　催化臭氧氧化过程中 B/C 的变化情况

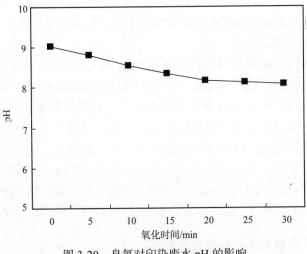

图 3-20　臭氧对印染废水 pH 的影响

如图 3-19 所示，起始 B/C 为 0.122，印染废水的可生化性较差，随着臭氧氧化时间的增加，B/C 增加，在 30min 时 B/C 为 0.32，印染废水的可生化性良好，有利于后续生物处理。

由图 3-20 可知，初始 pH 为 9 时，随着臭氧氧化时间的增加，印染废水的 pH 随之下降，30min 后印染废水的 pH 降到 8。这表明臭氧氧化处理印染废水的过程中有酸性物质产生，这些酸性物质主要是在正常臭氧投加量下不能进一步彻底氧化的中间产物。

3.5.5 催化臭氧氧化合适的工艺参数

基于以上研究，铁盐催化氧化的最佳工艺参数见表3-4。

表 3-4 铁盐催化氧化的最佳工艺参数

工艺参数	初始 pH	Fe(Ⅱ)投加量/(mg/L)	臭氧产量/(g/h)	氧化时间/min
最佳值	9	100	4.5	30

3.6 催化臭氧-生物活性炭处理印染废水的效果

印染废水经过催化臭氧处理后，色度和 UV_{254} 的去除效果较好，COD 去除效果一般，废水的可生化性得到改善，适合与生物活性炭(BAC)构成催化 O_3-BAC 工艺。

基于催化臭氧处理印染废水的结果可知，在 pH 为 9 和铁盐投加量为 100mg/L 后，氧化 30min，然后把催化氧化处理后的废水通入生物炭柱进行处理，控制停留时间 (EBCT)分别为 15、30、45 和 60min，测定出水的色度、COD、总磷、氨氮和 UV_{254}，考察 BAC 对印染废水的处理效果。

3.6.1 催化 O_3-BAC 去除色度的效果

催化 O_3-BAC 去除色度的效果，结果见图 3-21。

由图 3-21 可知，单独 BAC 对色度的去除效果一般，EBCT 为 60min 时，去除率仅为 76%；当催化 O_3-BAC 的 EBCT 为 45min 时，色度的去除率已经趋于稳定，去除率为 99%。

生物活性炭对色度的去除主要有 3 种途径：第一，根据极性相似物质能够相互亲和的原理，作为非极性吸附剂的活性炭能够选择性的吸附弱极性和非极性的物质；第二，活性炭上附着的微生物通过吸附和新陈代谢氧化分解废水中的染料；第三，BAC 反应器内的轮虫、纤毛虫等原生动物可以吞食有色细菌和微小的污泥质点，从而降低了出水色度。BAC 对色度的去除主要依靠吸附作用，当生物活性炭吸附饱和，色度去除率不再增加。而在催化 O_3-BAC 工艺中，催化臭氧氧化使染料的偶氮键断裂，色度明显降低，染料由大分子转化为小分子，从而更容易被生物活性炭吸附和生物降解。

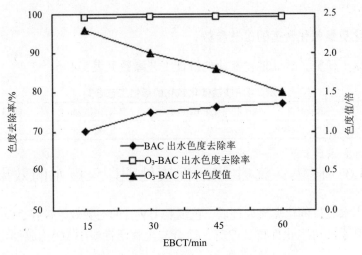

图 3-21 催化 O₃-BAC 去除色度的效果

3.6.2 催化 O₃-BAC 去除 COD 的效果

催化 O₃-BAC 去除 COD 的效果，结果见图 3-22。

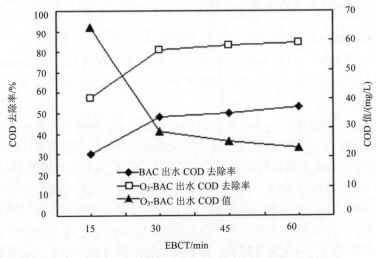

图 3-22 催化 O₃-BAC 去除 COD 的效果

由图 3-22 可知，未臭氧催化氧化仅依靠生物活性炭吸附降解，COD 的去除效果一般，EBCT 为 60min 时，去除率为 52.9%；臭氧氧化后的印染废水进入生物活性炭柱，随着 EBCT 的增加，COD 去除率增加，当 EBCT 为 45min 时，催化

O_3-BAC 的 COD 去除率基本稳定在 83.2%，出水 COD 浓度为 25.4 mg/L。

　　生物活性炭对有机物的吸附和生物降解有两方面作用，其中生物降解起主导作用且具有选择性，生物降解去除的有机物种类主要是溶解性的小分子和易于降解的有机物，对大分子难降解有机物的利用率较低。在 O_3-BAC 工艺中，催化臭氧氧化不是去除 COD 的主要单元，催化臭氧氧化能够分解水中的一部分简单的有机物及其他还原性物质，使之变为二氧化碳和水，同时把大分子的有机物降解为生化性较好的小分子物质。O_3 氧化后生成的 O_2 可以补充水中溶解氧的耗损，为附着在活性炭上的好氧和硝化细菌提供氧源，保证了好氧微生物的活性，从而提高了生物氧化和硝化的作用。当经过臭氧氧化后的模拟废水进入生物活性炭单元，经过活性炭的吸附和生物膜的生物氧化降解作用，COD 的去除率提高。

3.6.3　催化 O_3-BAC 去除 TP 的效果

　　催化 O_3-BAC 去除 TP 的效果，结果见图 3-23。

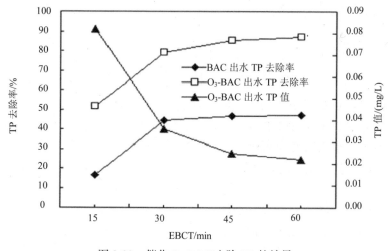

图 3-23　催化 O_3-BAC 去除 TP 的效果

　　由图 3-23 可知，BAC 对 TP 去除效果一般，停留 60min，去除率为 47.2%；催化臭氧氧化后，EBCT 为 45min 时，TP 的去除率上升趋于平缓，TP 去除率为 85.3%，出水浓度为 0.025mg/L。

　　催化臭氧氧化对于 TP 的去除效果并不明显，催化臭氧氧化只能把大分子的有机物磷降解为生化性较好的小分子磷酸盐，所以预臭氧氧化的时间越长，大分子有机磷被氧化成小分子磷酸盐的效率越高，同时增加水中的溶解氧。BAC 对 TP 的去除主要是依靠生物除磷作用，生物除磷是指生物膜上的聚磷菌生长繁殖摄取污水中的磷，以磷酸盐的形式累积于细胞中，从而达到除磷的效果。当模拟废水经过臭氧氧化后进入生物活性炭单元，废水中的小分子磷酸盐更容易被生物膜上的聚磷菌转化，从而使得 TP 的去除率提高。

3.6.4 催化 O_3-BAC 去除氨氮的效果

催化 O_3-BAC 去除氨氮的效果，结果见图 3-24。

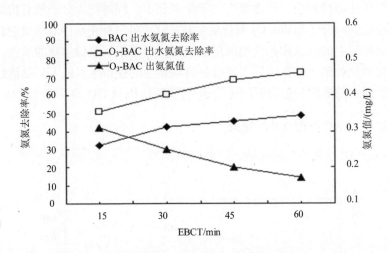

图 3-24　催化 O_3-BAC 去除氨氮的效果

由图 3-24 可知，BAC 对氨氮的去除率最高可达 48.8%，效果一般；在催化 O_3-BAC 工艺中，随着 EBCT 增加，氨氮下降幅度明显，EBCT 为 60min 时，去除率为 72.7%，出水浓度为 0.171 mg/L。

O_3-BAC 工艺对氨氮的处理效果受 EBCT 影响较大，EBCT 越长，氨氮去除效果越好。O_3 主要是通过臭氧分子和羟基自由基的氧化机制使大分子含氮有机物转化为小分子，小分子有机氮易于被微生物吸附降解。微生物在降解有机物时，同时进行合成代谢，需要摄入碳源、氮及磷。生物炭中也存在一定的硝化和反硝化作用，从而达到生物脱氮的效果。

3.6.5 催化 O_3-BAC 去除 UV_{254} 的效果

催化 O_3-BAC 去除 UV_{254} 的效果，结果见图 3-25。

由图 3-25 可知，仅 BAC 停留，60min 后印染废水中 UV_{254} 的去除率为 77.5%；而经过催化 O_3-BAC 处理后印染废水的 UV_{254} 去除效果优于 BAC，在 EBCT 为 45min 时，UV_{254} 的去除率上升趋于平缓，UV_{254} 去除率为 94.9%，出水值为 0.04 cm^{-1}。

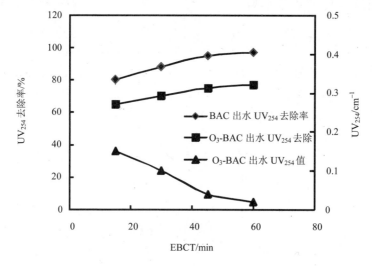

图 3-25 催化 O_3-BAC 去除 UV_{254} 的效果

在催化 O_3-BAC 工艺中，臭氧和生物活性炭对 UV_{254} 的去除都起重要作用，臭氧通过氧化破坏芳环和双键等结构，形成链状分子，从而使芳香类有机物的浓度降低，同时增加水中的溶解氧。当废水经过臭氧氧化后进入生物活性炭单元，通过活性炭的吸附和微生物的转化，使 UV_{254} 的去除效果进一步增强。

3.7 BAC 深度处理催化臭氧氧化后的印染废水的动力学分析

本节采用生物活性炭法处理催化臭氧氧化后的印染废水，并对该过程进行了动力学分析，得出动力学参数，为该工艺的实际运行提供了理论指导。

(1) 莫诺特方程

微生物在降解有机物时，微生物比增长速率和有机物浓度可以用莫诺特方程表示：

$$\mu = \frac{\mu_{\max} S}{K_s + S} \tag{3-11}$$

式中：μ 代表微生物比增长速率；$\mu_{\max}$ 代表饱和浓度下微生物的最大比增长速率；K_s 代表饱和常数；S 代表限制微生物增殖的基质浓度。

(2) 生物活性炭法动力学方程的建立

生物活性炭处理印染废水的过程中，相比附着在活性炭上的生物量，游离的微生物很少，可以忽略不计，所以根据物料平衡原则可得公式：

$$QS_0 + \left[\frac{dS}{dt}\right] \cdot V = QS_e \tag{3-12}$$

式中：Q 代表进水流量，L/h；V 代表活性炭上附着的生物膜体积，L；S_0 代表进水有机质浓度，g/L；S_e 代表出水有机质浓度，g/L；$[dS/dt]$ 代表单位体积生物膜降解有机质的速度，g/(L·h)。式(3-12)通过变换可得：

$$Q(S_0 - S_e) = -\left[\frac{dS}{dt}\right] \cdot V \tag{3-13}$$

因为

$$\left[\frac{dX}{dt}\right] = -Y_{\text{obs}}\left[\frac{dS}{dt}\right] \qquad \left[\frac{dX}{dt}\right] = \mu X$$

所以

$$Q(S_0 - S_e) = \frac{\mu X}{Y_{\text{obs}}} \cdot V \tag{3-14}$$

式中：X 代表活性炭单位体积吸附的生物膜质量；μ 代表微生物比增长速率；Y_{obs} 代表活性炭上生物膜的表观产率。其中，

$$V = V_a \cdot S_a \cdot d \tag{3-15}$$

式中：V_a 代表活性炭体积，L；S_a 代表活性炭的比表面积，m^2/L；d 代表活性炭上生物膜厚度，mm；V 代表活性炭上附着的生物膜体积，L。把式(3-15)代入式(3-14)，得

$$Q(S_0 - S_e) = \frac{\mu X}{Y_{\text{obs}}} \cdot V_a \cdot S_a \cdot d \tag{3-16}$$

利用莫诺特方程可得：

$$Q(S_0 - S_e) = \frac{\mu_{\max} X}{Y_{\text{obs}}} \cdot V_a \cdot S_a \cdot d \cdot \frac{S_e}{K_s + S_e} \tag{3-17}$$

当生物活性炭柱正常运行时，可认为活性炭体积和进水流量恒定，则柱内生物膜的比表面积 S_a 是一个确定值，视作常数，令

$$\frac{Q(S_0 - S_e)}{V_a} = U, \quad \frac{\mu_{\max} X}{Y_{\text{obs}}} \cdot d \cdot S_a = U_{\max} \tag{3-18}$$

则式(3-17)变为

$$U = \frac{U_{\max} S_e}{K_s + S_e}$$

式中：U 代表单位体积生物活性炭对有机质的去除速率，g/(L·h)；$U_{\max}$ 代表单位体积生物活性炭对有机质的最大去除速率，g/(L·h)；K_s 和 $U_{\max}$ 均为动力学常数。
则有：

$$\frac{Q(S_0 - S_e)}{V_a} = \frac{U_{\max} S_e}{K_s + S_e} \tag{3-19}$$

设 $Q/N=1/t$，t 是水力停留时间，则公式(3-19)可改为

$$\frac{S_0 - S_e}{t} = \frac{U_{\max} S_e}{K_s + S_e} \tag{3-20}$$

将式(3-20)线性化得：

$$\frac{t}{(S_0 - S_e)} = \frac{K_s}{U_{\max}} \cdot \frac{1}{S_e} + \frac{1}{U_{\max}} \tag{3-21}$$

结合试验得出的实验数据，利用公式得出的常数 K_s 和 $U_{\max}$，可以得到稳定状态下生物活性炭深度处理印染废水的动力学方程。

通过实验得到不同 EBCT 下的 S_0 和 S_e，然后计算得出 $t/(S_0-S_e)$ 和 $1/S_e$，结果见表 3-5。

表 3-5 实验结果与计算

t/h	S_0/(g/L)	S_e/(g/L)	$t/(S_0-S_e)$ /(L·h/g)	$1/S_e$ /(L/g)
0.25	0.1263	0.0640	4.04	15.53
0.50	0.1263	0.0400	5.79	25.00
0.79	0.1263	0.0277	8.10	36.10
1.00	0.1263	0.0231	9.69	43.29

令

$$y = \frac{t}{S_0 - S_e}, \quad x = \frac{1}{S_e}$$

则式(3-21)变为

$$y = \frac{K_s}{U_{\max}} \cdot x + \frac{1}{U_{\max}} \tag{3-22}$$

动力学公式中的 K_s 和 U_{max} 可用图解法求得，利用表 3-5 中数据，计算 x 和 y，使 x 为横坐标、y 为纵坐标，作图 3-26。

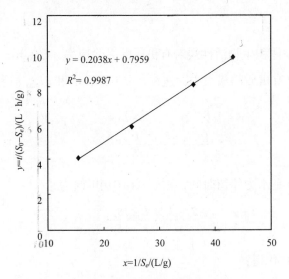

图 3-26　按莫诺特方程拟合的结果

通过对直线进行回归分析可得方程：

$$y=0.2038x+0.7959，R^2=0.9987$$

由方程可得：

$$U_{max}=9.99 \text{ g/(L·h)}，K_s=2.22\text{g/L}$$

如图 3-26 所示，通过莫诺特方程拟合的相关关系明显。因此利用生物活性炭深度处理印染废水，当 EBCT 在 1h 内，废水中的有机物降解符合莫诺特方程。

采用生物活性炭技术处理经过催化臭氧氧化后的印染废水具有良好的效果。当 EBCT 在 1h 内，生物活性炭处理印染废水的过程符合莫诺特方程，其动力学方程为：$t/(S_0-S_e)=0.2038/S_e+0.7959$，动力学参数 $U_{max}=9.99 \text{ g/(L·h)}$，$K_s=2.22\text{g/L}$，实验得出的动力学方程可为印染废水的深度处理的设计运行提供指导。

3.8　催化臭氧-生物活性炭处理印染废水的效果

为进一步考察臭氧-生物炭对实际印染废水深度处理的效果，在盐城某园区污水处理厂进行了中试研究。该厂的处理工艺为格栅-水解酸化-CASS-滤布滤池，主要处理印染废水、啤酒厂污水和生活污水的混合废水，处理后的水质见表 3-6。

表 3-6   污水处理厂出水的水质

pH	COD/(mg/L)	总磷/(mg/L)	氨氮/(mg/L)	UV_{254}/cm^{-1}	浊度(NTU)	色度/倍
6.8~7.2	30~69	0.21~0.33	0.09~1.0	0.08~0.19	1.5~3	29~44

表 3-6 可知,经污水处理厂处理后混合废水的 COD 和色度有时会高于《城镇污水处理厂污染物排放标准》中的 1 级 A 排放标准,不能稳定达标,所以需要进行深度处理。

3.8.1   O₃-BAC 中试装置

中试装置设计规模为 2m³/h,设计运行时间为 24h 连续运行,进水引自污水处理厂处理后的尾水,臭氧-生物活性炭中试装置如图 3-27 所示。

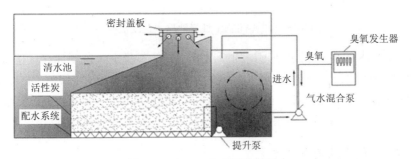

图 3-27   O₃-BAC 中试装置图

臭氧接触池和生物活性炭池为一体化设计,由 PVC 材料制成,臭氧接触池和生物活性炭池的容积分别为 2m³ 和 2.7 m³。臭氧发生器选用南京沃环科技有限公司生产的 WH-G-2 型臭氧发生器,以空气为气源,臭氧产量为 100g/h;生物活性炭池内椰壳活性炭的质量为 600kg,均匀分布在池底。经过 O₃-BAC 工艺处理过的废水通过生物活性炭池上的溢流口流进清水池。

中试 O₃-BAC 的运行参数以小试得到的工艺参数为基础,考虑一定的富余系数,确定的参数见表 3-7。

表 3-7   中试 O₃-BAC 的运行参数

处理水量/(L/h)	Fe(Ⅱ)投加量/(mg/L)	臭氧产量/(g/h)	pH	氧化时间/min	EBCT/min
2000	100	100	6.5~6.9	45	45

3.8.2   色度的去除效果研究

臭氧-生物炭中试装置出水色度的监测结果见图 3-28。

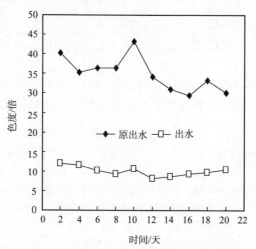

图 3-28　臭氧-生物活性炭池出水色度监测结果

　　由图 3-28 可知，污水处理厂的原出水色度并不稳定，色度最高可达 45 倍，最低也在 30 倍以上，不能满足《城镇污水处理厂排放标准》1 级 A 的排放标准，经过 O_3-BAC 的深度处理，色度的平均去除率为 71.6%，O_3-BAC 出水的色度值低于 15 倍，优于《城镇污水处理厂排放标准》1 级 A 的排放标准。

3.8.3　COD 的去除效果研究

　　臭氧-生物炭中试装置出水 COD 的监测结果见图 3-29。

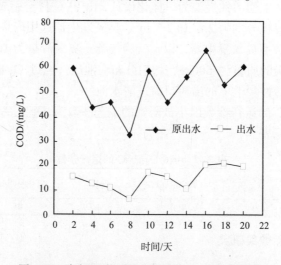

图 3-29　臭氧-生物活性炭池出水 COD 监测结果

由图 3-29 可知，污水处理厂的原出水 COD 并不稳定，经常超过 50mg/L，不能满足《城镇污水处理厂排放标准》1 级 A 的排放标准，而 O_3-BAC 系统对 COD 的平均去除率为 71.9%，O_3-BAC 出水低于 20mg/L，不仅优于《城镇污水处理厂排放标准》1 级 A 的排放标准，而且达到了《地表水环境质量标准》GB3838——2002 中Ⅳ类水标准，可回用作非人体直接接触的娱乐用水或农业灌溉。

3.8.4　TP 的去除效果研究

臭氧-生物炭中试装置出水 TP 的监测结果如图 3-30 所示。

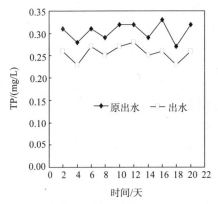

图 3-30　臭氧-生物活性炭池出水 TP 监测结果

由图 3-30 可知，O_3-BAC 系统对 TP 的去除效果比较稳定，出水 TP 浓度低于 0.28mg/L，达到了《地表水环境质量标准》GB3838——2002 中Ⅳ类水规定的标准。

3.8.5　氨氮的去除效果研究

经过臭氧-生物炭中试装置出水氨氮的监测结果如图 3-31 所示。

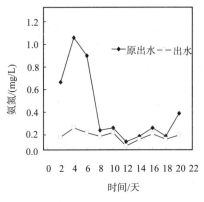

图 3-31　臭氧-生物活性炭池出水氨氮监测结果

由图 3-31 可知，原出水中氨氮的浓度的波动较大，前 6 天的氨氮浓度高于 0.6mg/L，第 8 天开始氨氮基本维持在 0.4mg/L 以下，但是 O_3-BAC 系统对 NH_4^+-N 的去除效果稳定，平均去除率为 66.6%，出水氨氮的浓度低于 0.2mg/L，达到了《地表水环境质量标准》GB3838——2002 中IV类水规定的标准。

3.8.6 UV_{254} 的去除效果研究

经过臭氧-生物炭中试装置出水 UV_{254} 的监测结果如图 3-32 所示。

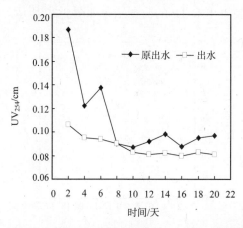

图 3-32　臭氧-生物活性炭池出水 UV_{254} 监测结果

如图 3-32 所示，原出水的 UV_{254} 波动较大，前 6 天的 UV_{254} 值高于 0.12cm^{-1}，第 8 天开始 UV_{254} 值基本维持在 0.1 cm^{-1} 左右。臭氧和生物活性炭单元对于 UV_{254} 都具有一定的处理效果，经过 O_3-BAC 系统的处理，出水 UV_{254} 值稳定在 0.11cm^{-1} 以下，平均去除率为 16.8%。

3.8.7 运行成本分析

中试 O_3-BAC 工艺的运行费用包括：人工管理费、电费和活性炭更换费等。

(1) 人工管理费：中试 O_3-BAC 装置运行简单，开启后基本不需要人维护管理，所以人工管理费可以忽略不计。

(2) 电费：中试设备的运行功率见表 3-8。则运行总功率=3.5kW·h，以 0.5 元/小时计，共用电费：$3.5 \times 24 \times 0.5=50.4$(元/天)，每天处理的水量约为 48 吨，则每吨水所需电费为 0.875 元。

表 3-8　中试设备运行功率

设备	潜水泵	气液混合泵	臭氧发生器
功率/kW	0.75	1.1	0.9
数量/个	2	1	1

(3) 活性炭更换和铁盐消耗费用：每处理 1 吨水需要 100g 二价铁，则每吨水的铁盐消耗费用为 0.8 元；活性炭 2 年更换 1 次，1 次更换费用为 2100 元，则每吨水所需运行费用为 0.175 元。

运行成本主要是由人工管理费、电费和活性炭更换费用组成，则运行成本为 1.85 元/吨，该系统经济可行。

3.9 小 结

本章在不同运行条件(臭氧产量、氧化时间、起始 pH、催化剂投加量和 EBCT)下研究了单独臭氧、催化臭氧和催化臭氧-生物活性炭技术，然后选出最佳工艺和最佳运行参数应用到中试，最后得出以下结论。

(1) 氧化时间、pH 和臭氧产量对单独臭氧氧化处理印染废水的效果有一定影响。氧化时间和臭氧产量增加，污染物去除率增加；初始 pH 在酸碱条件下的污染物去除效果优于中性条件。实验结果表明，单独臭氧技术在 pH 为 9、臭氧产量为 4.5g/h 和氧化时间 30min 的条件下对印染废水取得了较好的处理效果，色度、COD 和 UV_{254} 的去除率分别为 98.4%、17.2%和 54.1%。

(2) 氧化时间、pH 和铁盐投加量对催化臭氧氧化处理印染废水的效果有一定影响。氧化时间和铁盐投加量增加，污染物去除率增加；初始 pH 在酸碱条件下的污染物去除效果优于中性条件；二价铁的催化效果优于三价铁。实验表明催化臭氧氧化处理印染废水的过程中，pH 为 9、二价铁的投加量为 100mg/L、臭氧产量为 4.5g/h 和氧化时间 30min 的条件下，催化臭氧技术对印染废水取得了较好的处理效果，色度、COD 和 UV_{254} 的去除率分别为 98.7%、43.2%和 70.2%。

(3) 对比单独臭氧和催化臭氧对印染废水的处理效果发现，最佳工艺参数下，催化臭氧的色度、COD 和 UV_{254} 的去除率分别比单独臭氧高出 0.3%、26%和 16.1%，所以应选择催化臭氧作为生物活性炭工艺的前处理技术。

(4) 单独臭氧和催化臭氧处理印染废水，色度的去除机理可能是依靠臭氧分子直接氧化，COD 的去除遵循自由基氧化机理，UV_{254} 的去除可能是以臭氧为主，羟基自由基为辅。实验同时表明酸性条件可能抑制了臭氧分解产生羟基自由基，碱性条件促进臭氧分解产生羟基自由基。

(5) 通过臭氧氧化印染废水的动力学分析结果可知，臭氧对有机物的去除都是分 2 个阶段，各阶段均为一级反应，并得出反应动力学方程。同时由动力学方程可知，臭氧氧化的时间最少不能低于 20min，低于 20min 可能导致臭氧与有机物反应不充分，但是时间也不能太长，通过前面研究可知，在 30min 内为宜，所以臭氧氧化时间应控制在 20~30min 内。

(6) 实验通过催化臭氧氧化的最佳工艺参数和不同 EBCT 组合，确定了催化臭氧-生物活性炭工艺的最佳运行参数：初始印染废水 pH 为 9，Fe(Ⅱ)投加量为 100mg/L，臭氧发生器的臭氧产量控制在 4.5g/h，氧化时间为 30min，EBCT 为 45min。该条件下 COD、UV_{254}、色度、氨氮和总磷的去除率分别为 83.2%、94.9%、99.1%、72.7%和 85.3%，基本达到最佳。

(7) 通过实验数据计算得出生物活性炭处理印染废水的过程符合莫诺特方程，其动力学方程为：$t/(S_0-S_e)=0.2038/S_e+0.7959$，动力学参数 $U_{max}=9.99$ g/(L·h)，$K_s=2.22$g/L，实验得出的动力学方程可为印染废水的深度处理的设计运行提供指导。

(8) 把臭氧-生物活性炭技术应用到盐城某工业园区污水处理厂二级生化出水的深度处理。由实验结果可知，COD、色度、总磷、氨氮和 UV_{254} 的平均去除率分别为 71.9%、71.6%、15.7%、66.6%和 16.8%；色度、氨氮、总磷、COD 和 UV_{254} 的出水值分别低于 1/15、0.28mg/L、0.2 mg/L、20 mg/L 和 0.11 cm^{-1}。出水水质满足《地表水环境质量标准》中的Ⅳ类水标准和《城镇污水处理厂排放标准》1 级 A 排放标准。

第四章 人工光源耦合沉水植物法对污水处理厂尾水深度处理技术

4.1 概　　述

1) 研究光质(波长)、光强与沉水植物的响应关系；
2) 人工光源在污水处理厂尾水中的光质变化和光强衰减规律；
3) 人工光源耦合沉水植物法对污水处理厂尾水的净化能力研究

4.2 实 验 内 容

4.2.1 实验材料

实验水样：采月湖原水 2L+染料+营养液配制模拟印染厂生化尾水。

实验沉水植物：金鱼藻、苦草。

人工光源：红色、白色、蓝色光源。

4.2.2 实验方法

在 2L 量筒内装有实验水质 2L；挑选沉水植物鲜重 50g 左右，以纱布包裹石子用线绳轻缠植物茎部，放置于实验用量筒中，呈直立状。实验共设四组：第一组为对照组，无补光；第二组为补蓝光；第三组为补红光；第四组为补白光。白天，将它们置于窗台边，可接受自然光；晚上，分别将这它们置于不透光的大桶中，并在大桶的中心安置人工光源. 补光时间为 19：00~22：00，总共 3 小时。实验稳定 1 周后开始实验，实验周期为两周。

分析方法：水温测定仪表、水下光强测定仪及浊度仪。

4.2.3 测试方法

1) 酶活性测试：超氧化物酶(SOD)活性的测定(NBT)；过氧化氢酶(CAT)活性测定；蒸馏水洗净，吸水纸吸干，截取顶枝，准确称取 0.5g，置于-80℃超低温冰箱，冰浴研磨，12000r/min 冷冻离心 2 次，24 小时内测定酶活。

2) 叶绿素的提取与测定。

3) 水质测试：色度、NH₃-N、TP 参见《水和废水分析方法指南》、

4.3　处理效果

4.3.1　对水质的净化效果

(1) 对 TP 的去除

不同补光处理的金鱼藻和苦草对水中 TP 的去除效果见图 4-1。

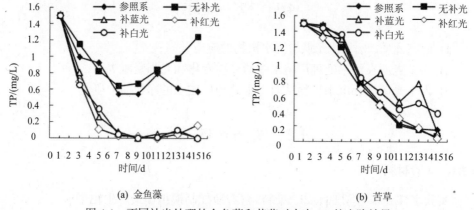

(a) 金鱼藻　　　　　　　　　　　　　(b) 苦草

图 4-1　不同补光处理的金鱼藻和苦草对水中 TP 的去除效果

由图 4-1(a)可知，沉水植物金鱼藻对水中的 TP 有良好的去除效果，补光的条件下金鱼藻对水中的 TP 去除效果明显优于未补光情况，其中补红光的金鱼藻对 TP 去除速度是最快的，5d 对 TP 去除率达到 92.5%，而补蓝光的对 TP 去除率为 82.5%、补白光的为 75.9%，略差于补红光的效果；无补光的仅为 45.3%，处理效果最差。从处理后的水质看，补红光的金鱼藻 5d 可将 TP 从 1.5mg/L 降到 0.15mg/L 以下，优于城镇污水处理厂一级 A0.5mg/L 排放标准，达到地表水环境质量标准 GB3835——2002 三类水(湖库)0.2mg/L 的标准；而补蓝光及白光也有明显的效果。

图 4-1(b)是另一种沉水植物苦草对水中的 TP 去除效果。可知，无论是否补光，苦草对水中 TP 的去除也有较好的效果。在处理 7 天之前，补红光的苦草对 TP 去效果优于补蓝光、白光及无补光的体系。

对比图 4-1(a)和图 4-1(b)可知，苦草与金鱼藻相比，处理效果有明显的差距，主要原因在于苦草系宽叶沉水植物，金鱼藻系细叶沉水植物，后者的比表面积远大于前者，与水的接触面积也远大于苦草，有利于 P 的传递与吸收。

(2) 对 NH₃-N 的去除

不同补光处理的金鱼藻和苦草对水中 NH₃-N 的去除效果见图 4-2。

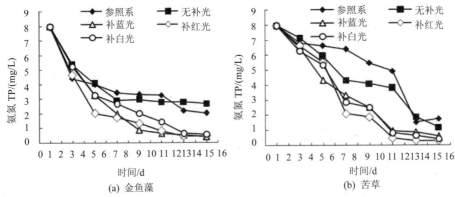

(a) 金鱼藻　　　　　　　　　　　　(b) 苦草

图 4-2　不同补光处理的金鱼藻和苦草对水中 NH₃-N 的去除效果

由图 4-2(a)可知，沉水植物金鱼藻对水中的 NH₃-N 也有良好的去除效果，补光的条件下金鱼藻对水中的 TP 去除效果略优于未补光情况，其中补红光的金鱼藻对 NH₃-N 去除速度也是最快的，5d 对 NH₃-N 去除率达到 74.5%，而补蓝光的对 NH₃-N 去除率为 59.1%、补白光的为 59.1%，明显比补红光的效果差；无补光的仅为 48.9%，处理效果最差。从处理后的水质看，补红光的金鱼藻 5d 可将 NH₃-N 从 8mg/L 降到 2mg/L 以下，达到地表水环境质量标准 GB3835——2002 V 类水(湖库)2mg/L 的标准，处理 8d 可降到 1.5mg/L 以下，达到地表水环境质量标准 GB3835——2002 Ⅳ类水(湖库)1.5mg/L 的标准。

图 4-2(b)是苦草对水中的 NH₃-N 去除效果。与对 TP 的吸收去除相似，无论是否补光，苦草对水中 TP 的去除也是有较好的效果。在处理 7 天之前，补光的效果优于不补光的，补红光的苦草对 TP 去效果与补蓝光、白光的相差不大。

对比图 4-2(a)和图 4-2(b)可知，苦草与金鱼藻相比，后者处理效果要明显优于前者，与对 TP 的结果一致。

(3) 对色度的去除

不同补光处理的金鱼藻和苦草对水中色度的去除效果见图 4-3。

由图 4-3(a)可知，金鱼藻对水中的色度也有良好的去除效果，补光的效果总体优于不补光的效果。其中补白光的金鱼藻 5d 对色度去除率达到 83.4%，效果略优于补红光和补蓝光的效果；从处理后的色度看，金鱼藻 5d 可将色度从 40 倍降到 15 倍以下，处理 7d 可降到 10 倍以下，其中补白光和红光的金鱼藻可将色度降到 5 以下，达到较好的效果，见照片图 4-4。

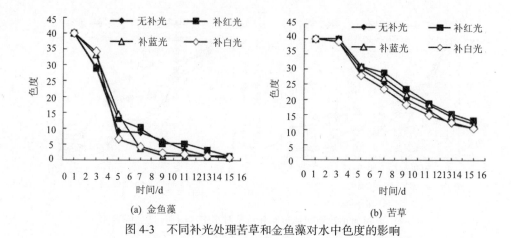

(a) 金鱼藻   (b) 苦草

图 4-3   不同补光处理苦草和金鱼藻对水中色度的影响

图 4-3(b)是苦草对水中的**色度**去除效果。与金鱼藻的去除情况相似，补光的效果总体优于不补光的效果。

对比图 4-3(a)和图 4-3(b)可知，苦草与金鱼藻相比，后者处理效果要明显优于前者，与对 TP 和 NH_3-N 的结果一致。

图 4-4   补红光的金鱼藻的净化 10 天后的实验照片

4.3.2   生物量的变化

实验 15d 结束时生物量见图 4-5。

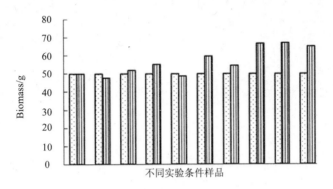

图 4-5 第 15d 生物量

4.3.3 生理响应

4.3.3.1 叶绿素含量变化

不同补光处理金鱼藻和苦草叶绿素 a、b 及叶黄素变化见图 4-6~图 4-8。

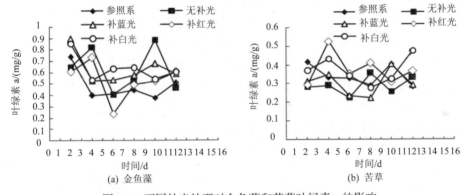

(a) 金鱼藻

(b) 苦草

图 4-6 不同补光处理对金鱼藻和苦草叶绿素 a 的影响

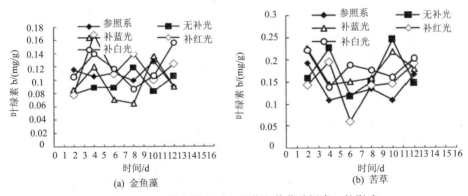

(a) 金鱼藻

(b) 苦草

图 4-7 不同补光处理对金鱼藻和苦草叶绿素 b 的影响

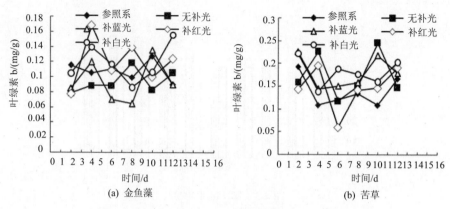

图 4-8　不同补光处理对金鱼藻和苦草叶黄素的影响

4.3.3.2　酶活性变化

(1) 超氧化物酶(SOD)的变化

不同补光处理对金鱼藻和苦草 SOD 的变化见图 4-9。

从图 4-9(a)可以看出，补光的金鱼藻和未补光的金鱼藻的超氧歧化酶的活性变化基本一致，表明补光对金鱼藻的生理变化无不良影响。第 6～8 天出现明显升高，主要是天气发生较显著变化，出现台风下雨和显著降温所致。从图 4-9(b)看，第 8 天前，补光的苦草和未补光的苦草的超氧歧化酶的活性变化基本一致，第 8 天后，补光的苦草的超氧歧化酶的活性低于未补光的苦草，表明补光导致苦草对不良天气引起的不良生理变化的自我恢复能力好于未补光的苦草。

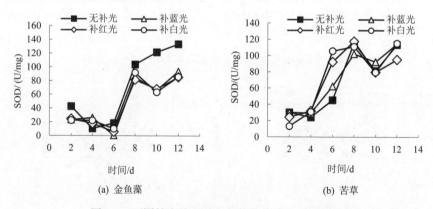

图 4-9　不同补光处理对金鱼藻和苦草 SOD 的影响

(2) 过氧化氢酶(CAT)的变化

不同补光处理对金鱼藻和苦草 CAT 的变化见图 4-10。

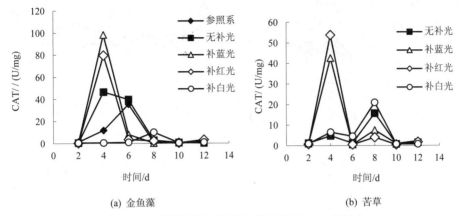

(a) 金鱼藻　　　　　　　　(b) 苦草

图 4-10　不同补光处理对金鱼藻和苦草 CAT 的影响

(3) 过氧化物酶(POD)的变化

不同补光处理对金鱼藻和苦草 POD 的变化见图 4-11。

从图 4-11 可以看出,补光的金鱼藻和未补光的金鱼藻和苦草的过氧化物酶的活性变化不十分显著,表明补光对金鱼藻和苦草的过氧化物酶的活性无不良影响。

(4) 丙二醛(MDA)的变化

不同补光处理对金鱼藻和苦草 MDA 的变化见图 4-12。

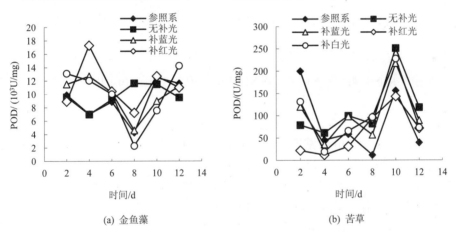

(a) 金鱼藻　　　　　　　　(b) 苦草

图 4-11　不同补光处理对金鱼藻和苦草 POD 的影响

从图 4-12 可以看出,补光的金鱼藻和未补光的金鱼藻和苦草的 MDA 酶的活性变化不十分显著,表明补光对金鱼藻和苦草的 MDA 酶活性无不良影响。

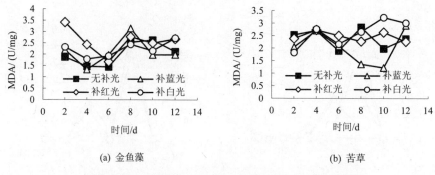

(a) 金鱼藻   (b) 苦草

图 4-12   不同补光处理对金鱼藻和苦草 MDA 的影响

4.4   人工光源的辐照度在水体中衰减规律研究

在运用人工光源对沉水植物补光时，光强在水体中的衰减是光源布置和设计的关键问题。一般来说，水深和浊度又是引起光衰减的主要因素。本节分别模拟泥水型、藻类型及混合型三种浊度水体，采用高精度水下光谱仪，对人工光源在水体中的光谱及总辐照强度的变化展开研究，为人工光源对沉水植物的补光设计提供理论基础。

4.4.1   实验

(1) 实验仪器

高精度水下光谱仪：8189.8199.81F9 型，德国 Trios 公司生产。

浊度仪。

(2) 三种类型浊度的水体模拟方法

在高 1m、直径 2m 的圆形水箱中充 80% 的污水处理厂尾水，开启位于水箱底部的微型水泵搅拌。当模拟泥水型浊度水体时，缓慢加入湖泊底泥，待泥水混合均匀后可视为泥水型浊度的水体；当模拟藻类型浊度水体时，加入培养后藻液，藻种取自无锡西南处绿波湾度假村湖湾(E 120.12736°，N 31.43112°)，混合均匀后视为藻类型浊度的水体；将一定量藻类培养液和泥水混合均匀后的水体视为混合型浊度水体。

(3) 人工光源水下光谱的测量方法

在实验水箱中心正上方 20cm 处搭建一固定支架，将功率为 9W 的人工光源(白光)固定在支架上。将水下光谱仪沿实验水箱中心轴线垂直缓慢下放，分别测量水面(0cm)及水下 5cm，10cm，15cm，20cm 处的光谱分布，每种对应情况测量 3 次，取平均值。

4.4.2　结果与分析

(1) 不同浊度类型水体的光谱分布特征

不同类型浊度水体的水下光谱测定结果见图 4-13~图 4-15。

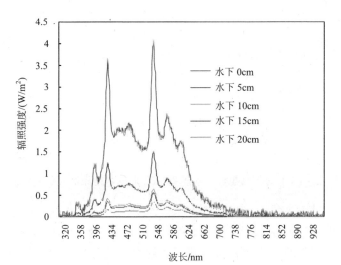

图 4-13　泥水型浊度水体 80NTU 时的水体光谱分布

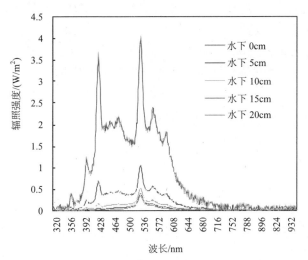

图 4-14　蓝藻型浊度水体 81NTU 时的水体光谱分布

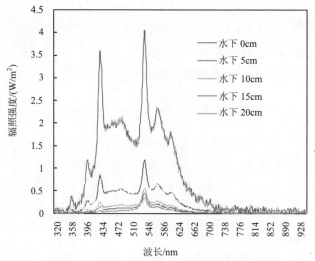

图 4-15 混合型浊度水体 78NTU 时的水体光谱分布

可以看出，同在浊度为 80NTU 附近的三种水体中，同一光源的水下光谱特征都与光源本身的光谱基本相同，分别在波长为 435nm 及 545nm 处出现较大峰值。从图示的结果可以发现，在光源光线垂直入射水体的过程中，三种浊度类型水体中的水下光谱强度都随水下深度增大出现衰减，并且泥水型浊度水体中的光谱强度衰减较藻类型的小，混合型水体中的光谱轻度衰减则介于泥水型和藻类型水体之间。这可能是水体中的蓝藻对光的吸收强于泥水中悬浮物的遮挡，因此在藻类滋生的水体中进行人工光源补光时应考虑藻类的不利因素。

(2) 人工光源水下总辐照度随浊度和深度的变化规律

对水下光谱仪所测得的光谱分布曲线在 320~950nm 范围内进行积分，可得到相同浊度条件下不同深度的总辐照强度 E：

$$E = \int_a^b f(\lambda)\mathrm{d}\lambda \tag{4-1}$$

式中：λ 是波长；a、b 分别是计算所对应的波长下限和上限，即 a=320 nm，b=950 nm。

在实际测量中所测得的波长是间隔 $\Delta\lambda = 1$ nm 的离散量，故 E 由式(4-2)计算得到：

$$E = \sum_{i=1}^n y_i \cdot \Delta\lambda \tag{4-2}$$

式中：$n=(b-a)/\Delta\lambda =630$，$y_i$ 是对应的辐照度值。

水下总辐照度随浊度和水深的变化见图 4-16~图 4-18。

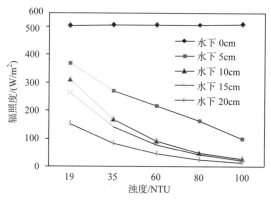

图 4-16　泥水型浊度水体辐照度随浊度和深度的变化

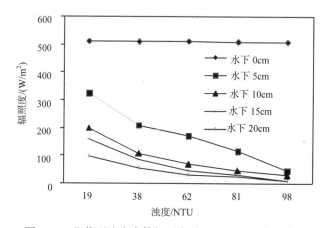

图 4-17　蓝藻型浊度水体辐照度随浊度和深度的变化

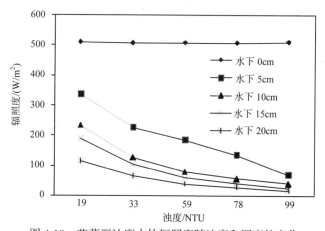

图 4-18　蓝藻型浊度水体辐照度随浊度和深度的变化

从图 4-16~图 4-18 可知，水下总辐照度随水深和浊度的增加均降低，呈现出衰减的现象。为进一步明确其衰减程度，可用衰减系数 K_d 来表达。

因本实验的三种类型水体是混合均匀的，可近似认为光学性质均一的水体，其水下辐照度的衰减系数 K_d：

$$K_d = -\frac{1}{h}\ln\left[\frac{E(h)}{E(0)}\right] \tag{4-3}$$

式中：K_d 表示光衰减系数；h 表示从水面到测量处的深度，cm；$E(h)$ 为深度 h 处的总辐照度；$E(0)$ 为水面总辐照度。利用 Matlab 软件对同一浊度不同深度的水下总辐照度进行指数回归，得到该浊度下的 K_d。通过此方法可得到不同浊度对应的衰减系数，并通过数据拟合，见图 7~9。

由图 7~9 得到不同浊度类型水体中衰减系数 K_d 与浊度 t 之间的线性关系：

$$K_1(t) = 0.1345t + 0.1206 \tag{4-4}$$

$$K_2(t) = 0.203t + 0.4684 \tag{4-5}$$

$$K_3(t) = 0.1708t + 0.2279 \tag{4-6}$$

将式(4-4)~式(4-6)分别与式(4-3)相结合可分别得出泥水型浊度水体、蓝藻型浊度水体、混合型浊度水体中总辐照度与深度(h)和浊度(t)之间的关系式：

$$E(t,h) = E_0 e^{-K(t)h} = E_0 e^{-(0.1345t + 0.1206)h} \tag{4-7}$$

$$E(t,h) = E_0 e^{-K(t)h} = E_0 e^{-(0.203t + 0.4684)h} \tag{4-8}$$

$$E(t,h) = E_0 e^{-K(t)h} = E_0 e^{-(0.1708t + 0.2279)h} \tag{4-9}$$

其中 E_0 是水下 0cm(即水面)处的辐照度。

水下总辐照度随水深和浊度变化的三维示意图见图 4-19。

通过式(4-7)~式(4-9)或图 4-21 可得到不同类型水体中水深和浊度对总辐照度的定量影响，应用于人工光源补光时，可依据满足沉水植物所需的辐照强度反求光源布置深度或距离，从而为人工光源补光设计提供理论依据。

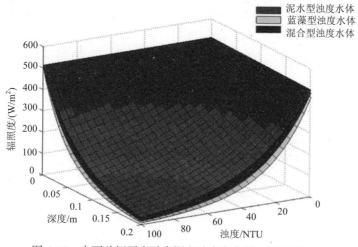

图4-19　水下总辐照度随水深和浊度变化的三维示意图

4.5　小　　结

(1) 人工光源的水下光谱强度在泥水型、藻类型和混合型浊度的水体中均随水深和浊度的增大而衰减,并且泥水型浊度水体中的光谱强度衰减较藻类型的小,混合型水体中的光谱轻度衰减则介于泥水型和藻类型水体之间。

(2) 泥水型、藻类型和混合型浊度的水体中总辐照度与深度(h)和浊度(t)之间的关系式可分别为 $E(t,h)=E_0\mathrm{e}^{-K(t)h}=E_0\mathrm{e}^{-(0.1345t+0.1206)h}$，$E(t,h)=E_0\mathrm{e}^{-K(t)h}=E_0\mathrm{e}^{-(0.203t+0.4684)h}$ 和 $E(t,h)=E_0\mathrm{e}^{-K(t)h}=E_0\mathrm{e}^{-(0.1708t+0.2279)h}$。在应用人工光源对沉水植物补光时,可依据满足沉水植物所需的辐照强度通过这些关系式反求光源布置深度或距离,从而为人工光源补光设计提供理论依据。

第五章 纳滤处理重污染废水的技术

针对沿海淮河流域产业体系及对水资源污染的危害性，本书选择重污染行业产生的废水，染料(印染)废水、农药废水、重金属废水等难处理废水展开系统研究，考察纳滤处理效果及应用前景。

5.1 实验条件

5.1.1 实验装置

根据研究内容的需要，拟订的实验装置工艺流程见图 5-1，该装置主要性能参数见表 5-1。

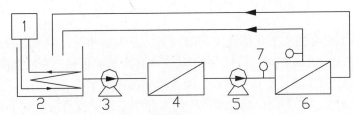

1—恒温仪；2—水箱；3—低压泵；4—微滤器；5—高压泵；6—纳滤器；7—压力表

图 5-1 纳滤实验装置示意图

表 5-1 实验装置的主要部件与性能参数

名称	型号规格	材质	厂商
原水箱	300m³	PVC	
增压泵	Q-2m/h H=30m	不锈钢	丹麦
保安过滤器	5μm	PP	
高压泵	Q-2m/h H=120m	不锈钢	丹麦
NF90 纳滤膜	2540 型，膜有效面积 2.6m²，截留相对分子质量 300 左右	聚酰胺	DowChem.Co
NF270 纳滤膜	2540 型，膜有效面积 2.6m²，截留相对分子质量 600 左右	聚酰胺	DowChem.Co

5.1.2　实验方法

纳滤透过实验在图 5-1 所示的装置上进行。实验之前对纳滤膜进行清洗，清洗用水为二级反渗透净化后的出水。实验所用的药品均为分析纯，未进一步纯化。配制料液用水均为二级反渗透出水，电导率低于 0.2μS/cm。当改变料液浓度或更换不同料液时需对原水箱中料液充分搅拌并启动设备让原料液和透过液都循环回到原水箱，循环 10min 后测定原水箱中料液浓度为进料浓度，原料液流量通常保持在 800L/h。实验操作压力范围为 0.3～1.2MPa，温度范围在 15～35℃。在调节实验压力或温度之后，待稳定运行 5 分钟后才能取样，以保证所取样品真实可靠而不是系统中残留水样，测定项目主要包括料液和透过液的浓度、循环流量和渗透流量。

5.1.3　分析方法和仪器

分析方法见表 5-2。

表 5-2　分析方法一览

	物质	测定方法	分析仪器
1	单组分电解质；含盐量	电导法	DDS-11A 型电导率仪，上海分析仪器二厂
2	Cr(VI)	高于 1.0mg/L 时采用硫酸亚铁铵滴定法；低于 1.0mg/L 时采用二苯碳酰二肼分光光度法	可见分光光度计
3	Ni^{2+}、Cu^{2+}、Zn^{2+}	原子吸收分光光度法	原子吸收分光光度计，北京普析
4	pH	pH 计	
5	直接黑 D-BR、酸性大红 GR、活性艳红	分光光度法	可见分光光度计
6	COD	重铬酸钾微波消解法	微波消解 COD 测定装置

5.2　纳滤处理染料废水实验

5.2.1　实验过程

实验前对纳滤试验装置彻底清洗，采用染料直接黑 D-BR(相对分子质量 782)、酸性大红 GR(相对分子质量 556)、活性艳红(相对分子质量 876)及氯化钠(分析纯)配制各种浓度的染料废水。从所选染料的分子量看，采用 NF270 膜比较合适。实验时浓缩液和透过液均返回原水箱，浓缩液循环流量控制在 800L/h。染料浓度采用分光光度法测定，通过对染料溶液波长扫描，测得直接黑 D-BR、酸性大红 GR、活性艳红最大吸收波长分别为 580nm、510nm、625nm；氯化钠浓度用电导法测定，

COD 采用微波消解快速测定装置测定，色度采用稀释倍数法测定。

5.2.2　实验结果与讨论

5.2.2.1　膜对染料和盐的截留性能

由于染料料液和染料废水中主要涉及染料分子和 NaCl，而采用膜处理时料液浓度变化最显著同时也通常是影响膜性能的主要因素，因此本节着重考察 NaCl 和染料浓度对纳滤过程的影响。

(1) NaCl 浓度对纳滤过程的影响

在纳滤处理染料废水过程中，NaCl 浓度对染料直接黑截留效果、盐截留效果及产水率的影响见图 5-2~图 5-4。

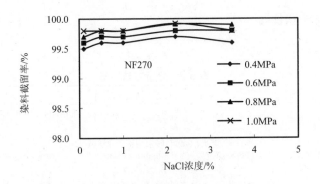

图 5-2　NaCl 浓度对染料截留率的影响(直接黑)

从图 5-2 可以看出，盐浓度对染料截留率无明显影响，在试验盐浓度范围 NF270 膜对染料的截留率一直非常高，均在 99%以上。理论上讲，直接黑的相对分子质量为 782，其 Stokes 直径相当于 0.7nm，大于膜孔半径 0.62nm，膜对其截留率应为 100%。但由于试验染料为市售工业品，含有一定的小分子副产物(分子质量小于膜截留分子质量)，这些小分子副产物透过膜后造成透过液产生吸光度，使得计算的截留率小于 100%；此外膜的孔径也通常围绕平均孔径呈一定分布，存在较大的孔也造成少量染料分子透过膜，因此，实际上膜对溶质的截留率通常不能完全达到 100%。

在操作压力为 0.6MPa，温度 25℃下，NaCl 浓度对 NaCl 截留率和产水流量的影响见图 5-3 和图 5-4。

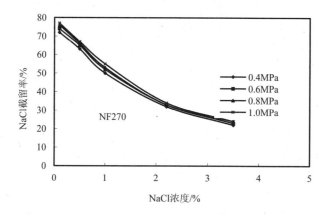

图 5-3　初始 NaCl 浓度对 NaCl 截留率的影响(直接黑)

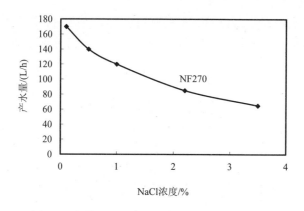

图 5-4　初始 NaCl 浓度对产水量的影响(直接黑)

　　图 5-3 表明，NaCl 截留率随料液中 NaCl 浓度的增加而下降。当盐浓度达到
3.5%时，NaCl 的截留率低于 25%，这对于从含盐染料废水中回收染料是有利的，
由于盐分大量透过，膜两侧的渗透压差小使得渗透通量能保持较高，这一点可以
从图 5-4 进一步得到证实。从图 5-4 可以看出，尽管膜产水流量随盐浓度升高呈
现较快速下降，但盐浓度达到 2%以上时，产水流量下降减缓，在盐浓度为 3.5%
时，并且在较低的操作压力(0.6MPa)，产水流量仍然达到 60L/h，具有较好的经济
性，因此采用 NF270 膜处理含盐染料废水是合适的。

　　(2) 染料浓度对纳滤过程的影响

　　在 NaCl 浓度为 10g/L 时，染料浓度对染料截留率的影响见图 5-5。可以看出
初始染料浓度对染料截留率的影响明显，一直保持着 99%以上的截留率，且随初
始染料浓度升高截留率略有升高的趋势，这反映出凝胶层的形成。

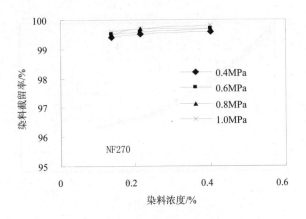

图 5-5 初始染料浓度对染料截留率的影响(直接黑)

(3) NF270 膜对几种染料的截留效果

从上面的研究可以看出,NF270 具有对染料截留高和对盐截留低的特点,适合于染料脱盐浓缩和从染料废水中回收染料。NF270 膜对几种水溶性染料的截留效果见图 5-6。

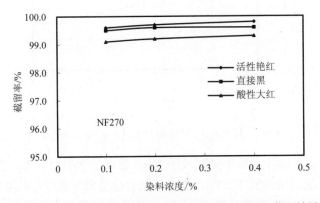

图 5-6 NF270 膜对活性艳红、直接黑和酸性大红的截留效果

从图 5-6 可以看出 NF270 膜对直接黑、活性艳红的截留率达到 99.5%以上,对酸性大红的截留率也在 99%以上,进料浓度提高对截留率并无明显影响,说明纳滤膜对这几种染料和水的分离主要以筛分作用为主。同时也表明 NF270 膜应用于相对分子质量在 600 左右的染料废水的处理,回收染料以实现染料废水的资源化在技术上是可行的。

5.2.2.2 纳滤对 COD 的去除效果

在操作压力为 0.6MPa,温度 25℃条件下,纳滤处理染料废水对 COD 的去除率见图 5-7，纳滤渗透液 COD 见表 5-1。

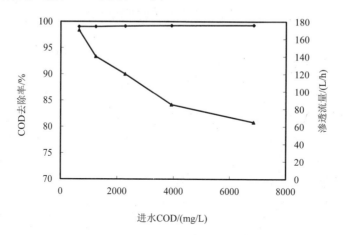

图 5-7　进水浓度对 COD 去除率和渗透流量的影响

表 5-3　纳滤对染料废水 COD 的去除效果

原水 COD/(mg/L)	渗透液 COD/(mg/L)	COD 去除率/%	出水色度/倍
650	32	99.5	10
1240	62	99.5	25
2275	136	99.4	50
3920	196	99.5	125
6845	342	99.5	200

图 5-7 和表 5-3 表明纳滤对染料废水的 COD 去除是非常有效的，去除率在99.5%左右，渗透流量随进水浓度升高而下降。当进水 COD 浓度控制在 2000mg/L以下时，产水 COD 浓度能达到国家一级排放标准；如果从回收染料考虑，当浓缩倍数较高，浓缩液 COD 浓度很高(超过 2000mg/L)，会出现渗透流量较小和渗透液 COD 浓度超标的现象。对于渗透流量较小，可通过适当提高操作压力解决；渗透液 COD 浓度超标可采用二级纳滤的方式解决，二级纳滤效果见表 5-4。

表 5-4　二级纳滤对染料废水 COD 的去除效果

一级渗透液 COD/(mg/L)	二级渗透液 COD/(mg/L)	COD 去除率/%	出水色度/倍
157	27	82.5	5
235	44	81.3	20
378	75	81.1	30
452	89	80.3	50

从表 5-4 可以看出，二级纳滤对 COD 的去除效果低于一级纳滤，主要因为一级纳滤渗透液中小分子有机物较多。同时可以看出二级纳滤出水达到排放标准。

5.3　纳滤处理农药废水

5.3.1　农药生产废水的特性与水质

吡虫啉(相对分子质量 162，分子直径 6.81Å)是一种高效、低毒、强内吸的广谱杀虫剂，广泛应用于水稻、小麦、玉米、马铃薯、甜菜、棉花、蔬菜等的害虫防治。工业生产中将 2-氯-5-氯甲基吡啶与 2-硝基亚氨基咪唑烷溶于乙腈中，加入过量 K_2CO_3 作酸吸收剂，在 CsCl 的参与下合成，反应产物经水洗除去碳酸钾等无机盐得吡虫啉产品。1t 产品的洗水量约为 3 ~ 4t，该废水的主要成分为碳酸钾、碳酸氢钾、氯化钾及有机物。废水所含有机物主要为流失的吡虫啉二甲基甲酰胺(DMF)、咪唑烷、催化剂及丁酮等，它们的相对分子质量在 165~255，直径为 6.05~8.24Å。

从农药厂取得的吡虫啉废水，先经过沉淀，除去大颗粒杂质后的水质见表 5-5。

表 5-5　农药废水的水质

pH	COD/(mg/L)	Cl⁻/(mg/L)	总盐量/%
9	5769	70,195	4.0

5.3.2　实验

实验前对纳滤试验装置彻底清洗.由于吡虫啉废水中有机物的相对分子质量小于 300，因此选择截留相对分子质量小的 NF90 膜。由于废水 COD 浓度很高，实验时进行适当稀释。实验时浓缩液和透过液返回原水箱，浓缩液循环流量控制在 800L/h，考察操作压力、进水浓度对处理效果的影响。COD 采用重铬酸钾微波消解法测定；盐分采用电导率仪测定。

5.3.3　纳滤处理农药废水的实验结果

(1) 不同操作压力下纳滤处理吡虫啉废水的试验结果

在进水 COD 浓度为 3975mg/L 时，不同操作压力下 NF90 膜处理吡虫啉废水试验结果见图 5-8。

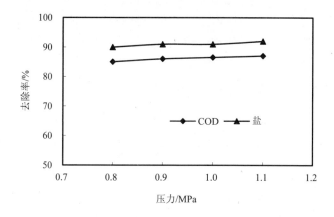

图 5-8　NF90 膜对吡虫啉废水中 COD 和盐的去除率

从图 5-8 所示的实验结果可以看出 NF90 膜对废水 COD 的去除率在 85%左右；对盐的去除率在 90%左右。盐的去除率高于 COD 主要是因为 NF90 膜是高荷负电膜，而该废水中又含有 CO_3^{2-} 等二价阴离子，膜对阴离子的静电排斥效应强，截留率高，这对于农药废水的预处理是有利的，因为除去大部分 COD 浓度和盐，易于采用低成本的生化法处理达标。

采用纳滤处理废水后产生浓缩液和透过液，在实际应用过程中，总是希望浓缩液少和透过液达标，但废水不断浓缩后，其浓度越来越高，根据纳滤传质机理，透过液的浓度将有增高的趋势，就有可能超标。废水浓度对 NF90 膜纳滤过程的影响见图 5-9。

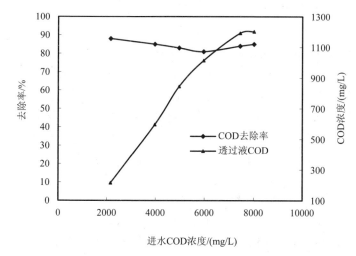

图 5-9　进水浓度对废水处理效果的影响

从以上实验结果可知，采用纳滤膜(NF90 膜)处理相对分子质量较小的农药(吡虫啉)生产废水，可达到较好的预处理效果，尽管一级纳滤产水的 COD 尚不能达标，但由于 COD 浓度和盐分含量较低，易于采用低成本的生化法处理达标；浓水可以回收钾盐也可采用催化湿式氧化处理。由于浓水量相对较少，可使得总运行费用不会太高。

5.4 纳滤膜对废水中重金属离子的去除效果

5.4.1 去除废水中的 Cr(VI)

铬是公认的有毒物质，其毒性与价态有关。Cr(VI)的毒性大于 Cr(III)，且易为人体吸收蓄积，因此各国对 Cr(VI)的排放限制非常严格。我国污水综合排放标准(GB8975——1996)规定 Cr(VI)的最高容许排放浓度为 0.5mg/L。

电镀行业还会排放大量的含镍(Ni)、铜(Cu)、锌(Zn)废水。其中镍属于第一类污染物。镍的化合物有毒，能刺激人体的精氨酶、羟化酶，引起各种炎症，伤害心肌和肝脏，属致癌物。在电镀镍工业中，主要污染问题是化学品的毒性和漂洗操作中大体积水向天然水域或市政下水系统排放会导致环境污染和降低生物水处理的效率，同时也损失了有价值的化学品和水。因此各国对 Ni 离子的排放限制非常严格。我国污水综合排放标准(GB8975——1996)规定总镍的最高容许排放浓度为 1.0mg/L。铜和锌则属于第二类污染物，最高容许排放浓度分别为：2.0 mg/L、5.0 mg/L。

5.4.1.1 实验过程

采用重铬酸钾(基准试剂)配置模拟含 Cr(VI)废水，采用硫酸镍、硫酸铜、硫酸锌配制模拟含镍、含铜和含锌废水，用硫酸和氢氧化钠溶液调节废水的 pH，在不同的操作条件下进行透过实验，分别测定进水和产水的 Cr(VI)浓度以及流量。在模拟废水研究的基础上，对实际废水进行纳滤处理，废水取自南京七桥电镀厂，为镀铬制品的漂洗废液。分析方法：当 Cr(VI)的浓度高于 1.0mg/L 时采用硫酸亚铁铵滴定法；低于 1.0mg/L 时采用二苯碳酰二肼分光光度法。

5.4.1.2 实验结果与讨论

(1) NF270 和 NF90 膜截留 Cr(VI)的初步试验与膜的选择

铬液初始浓度为 19.89mg/L，pH 为 7.2，温度在 30℃条件下，不同操作压力下 NF270 和 NF90 膜截留 Cr(VI)的效果分别见图 5-10。

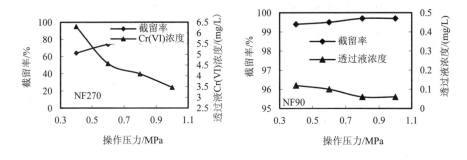

图 5-10　NF270 和 NF90 膜对 Cr(Ⅵ)的截留效果

图 5-10 表明 NF270 膜对 Cr(Ⅵ)有一定的截留效果，截留率在 65%~80%，但产水中的铬含量较高，超过了国家排放标准；NF90 膜对 Cr(Ⅵ)截留效果很好，在试验的操作压力范围内，Cr(Ⅵ)的截留率在 99%以上，透过液的 Cr(Ⅵ)浓度低于国家排放标准。因此，对于纳滤膜处理重金属离子废水，宜采用截留相对分子质量小(300 以下)的荷电纳滤膜。

(2) 进水浓度对 NF90 膜截留 Cr(Ⅵ)的影响

在操作压力为 0.8MPa、温度在 30℃条件下，不同进水浓度对 NF90 膜截留 Cr(Ⅵ)的影响见图 5-11。

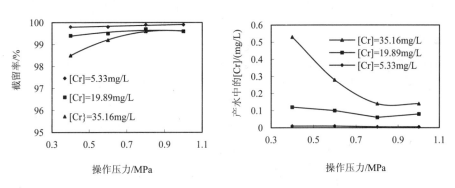

图 5-11　Cr(Ⅵ)浓度对 NF90 膜截留效果的影响

可见，铬液浓度对截留率影响不大，但对产水的 Cr(Ⅵ)浓度有影响，随铬液浓度的增加，产水的 Cr(Ⅵ)浓度增加。在试验的浓度范围内，NF90 膜产水的 Cr(Ⅵ)浓度整体上低于 0.5mg/L。这表明采用 NF90 膜处理含铬废水是能够达到国家排放标准的。

(3) pH 对 NF90 膜截留效果的影响

图 5-12 表明 pH 对 Cr(Ⅵ)的截留效果影响显著。随 pH 升高，Cr(Ⅵ)的截留率显著提高，当 pH 达到 9 以上时，Cr(Ⅵ)的截留率接近 100%。pH 对截留率的影

响主要是由于 pH 会影响 Cr(Ⅵ)的形态。

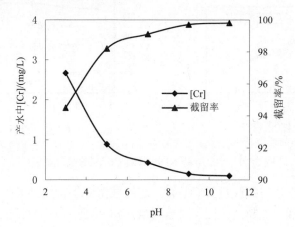

图 5-12　pH 对 NF90 膜截留 Cr(Ⅵ)的影响

由于 Cr(Ⅵ)的水溶液体系存在下列化学平衡：

$$Cr_2O_7^{2-} + H_2O \Leftrightarrow 2HCrO_4^- \Leftrightarrow 2CrO_4^{2-} + 2H^+$$

当体系处于 pH 较高的碱性溶液时，CrO_4^{2-} 成为主要离子，膜电荷对其排斥作用强，截留率高；当体系处于 pH 较低酸性溶液时，$HCrO_4^-$ 则成为主导离子，膜电荷对其排斥作用较弱，截留率低。这也进一步表明荷负电的纳滤膜对水中离子的去除效果主要取决于膜对阴离子静电排斥的强弱。

(4) 对含铬电镀废水的处理

实际废水取自南京七桥电镀厂，为镀铬制品的漂洗废液，Cr(Ⅵ) 浓度为 107.46mg/L，pH 为 3.2。根据对模拟废水的试验结果，并考虑到废水 pH 排放标准和成本，将废水的 pH 调节到 8，不同压力和温度下的处理效果见表 5-6。

表 5-6　纳滤处理含铬电镀废水的试验结果

操作条件		原水浓度/(mg/L)	出水浓度/(mg/L)	截留率/%	出水电导/(μS/cm)
压力/MPa	温度/℃				
0.5	20	107.46	0.51	99.5	19.8
0.7	20	107.46	0.46	99.6	17.6
0.9	20	107.46	0.45	99.6	16.1
1.1	20	107.46	0.40	99.6	14.3
1.1	25	107.46	0.42	99.6	18.8
1.1	30	107.46	0.46	99.6	20.3
1.1	35	107.46	0.52	99.5	25.1

表 5-6 表明纳滤对实际含 Cr(Ⅵ)废水的处理是有效的，Cr(Ⅵ)截留率达到99.5%以上。在较宽的压力(>0.5MPa)和温度范围(<35℃),产水浓度均能达到国家排放标准。由于纳滤产水的水质高，电导率在 25.1μS/cm 以下(南京自来水一般在260~300μS/cm)，完全可以作为镀件漂洗水的补充水回用；浓水可进一步浓缩，也存在回收的潜力，比如用作镀件的钝化液，返回钝化槽。

5.4.2　对废水中镍(Ni)、铜(Cu)、锌(Zn)的去除效果

(1) NF90 膜截留 Ni 的效果

在 pH 为 7，温度为 20℃，进水流量为 1000L/h 的条件下，不同初始浓度与操作压力下的 Ni 的截留效果如图 5-13 和图 5-14 所示。

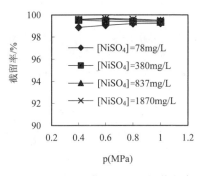
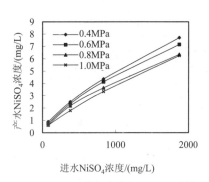

图 5-13　NF90 膜对 NiSO₄的截留率　　图 5-14　NF90 膜产水中的 NiSO₄浓度

由图 5-13 和图 5-14 可知，NF90 膜对 $NiSO_4$ 截留效果良好，在试验的操作压力范围内截留率在 98%以上。镍液浓度对截留率影响不大，但对产水的 Ni^{2+} 离子浓度有影响，随镍液浓度的增加，产水的 Ni^{2+} 浓度增加。在试验的浓度范围内，NF90 膜产水中的 Ni^{2+} 浓度整体上比较低的，当进水中 $NiSO_4$ 浓度达到 500mg/L以下时,产水中的 Ni 离子能够达标排放或回用;当进水中 $NiSO_4$ 浓度达到 500mg/L以上含镍浓度很高的电镀废水时，需要进一步地处理。

(2) NF90 膜截留 Cu、Zn 的效果

在 pH 为 7，温度为 20℃，进水流量为 1000L/h 的条件下，不同初始浓度与操作压力下的 Cu 的截留效果如图 5-15、图 5-16 所示;对 Zn 的截留效果如图 5-17、图 5-18 所示。

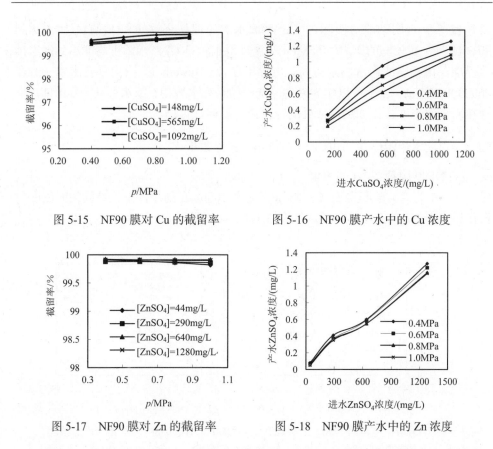

图 5-15 NF90 膜对 Cu 的截留率　　　图 5-16 NF90 膜产水中的 Cu 浓度

图 5-17 NF90 膜对 Zn 的截留率　　　图 5-18 NF90 膜产水中的 Zn 浓度

由图 5-15~图 5-18 可知，NF90 膜对 CuSO$_4$、ZnSO$_4$ 截留效果都很好，在试验的操作压力范围内，Cu 离子和 Zn 离子的截留率在 99% 以上。含铜或锌的料液浓度对截留率影响不大，但对产水的浓度有影响，随料液中 Cu、Zn 离子浓度的增加，产水的浓度增加。在试验的浓度范围内，NF90 膜产水的 Cu、Zn 浓度整体上是很低的，即使在进水中 ZnSO$_4$ 浓度达到 1280mg/L、CuSO$_4$ 浓度 1092mg/L 的情况下，产水中的总铜和总锌含量都仍在 1.0mg/L 以下，分别达到国家二级和一级排放标准。这表明采用纳滤处理含铜或锌废水是能够达到国家排放标准的。

5.5 废水处理过程中纳滤膜污染的控制

5.5.1 膜污染

膜的污染在废水处理中是不可避免的。膜污染可定义为由于被截留的颗粒、胶粒、乳浊液、悬浮液、大分子和盐等在膜表面或膜内的(不)可逆沉积，这种沉积包括吸附、堵孔、沉淀、形成滤饼等。膜污染能恶化膜的性能并最终缩短膜的寿命，而增加膜的操作和维护费用，是限制膜技术成功应用的主要因素。从表观上看，膜污染使过滤的通量随时间而衰减。浓差极化、膜面吸附和粒子沉积作用是纳滤膜在应用中被污染的主要因素。由于膜能截留某些溶质，被截留组分在膜面处积累起来，使得靠近膜面处形成高浓层，这就是浓差极化层。该浓差极化层使水的渗透性降低，且因较高的渗透压进一步降低了渗透通量。但这种影响是可逆的，通过降低料液浓度或改善膜面料液的流体力学条件，如提高流速，采用湍流促进器和设计合理的流通结构等方法，可以减轻已经产生的浓差极化现象，使膜的分离特性得以部分恢复。另一种是溶质吸附和粒子沉积(膜外部形成凝胶层的滤饼层，膜内部则形成孔堵塞)。膜面的高浓度溶质会沉降而形成凝胶层；悬浮态的粒子迁移到膜表面而形成沉积物。这种凝胶层和滤饼层降低了水力渗透性和渗透通量，并可形成长期而不可逆的污染。浓差极化与污染并不等同，但浓差极化往往是形成膜污染的一个重要因素。膜受到污染后需用化学溶液清洗，因污染物质各不相同，对膜进行清洗未必完全有效，部分膜的产水能力可能永久丧失，此时就需要更换膜。

纳滤膜的污染与超滤和反渗透有所不同。超滤膜是有孔膜，通常用于分离大分子溶质、小颗粒、胶体及乳液等，一般通量较高，而溶质的扩散系数低，因此受浓差极化的影响较大，所遇到的污染问题也常是浓差极化造成的。反渗透膜是无孔膜，截留的物质大多为盐类，因为通量较低和传质系数比较大，在使用过程中受浓差极化的影响较小，其应用中被污染的原因主要是膜面对溶质吸附和沉积作用。纳滤膜介于有孔膜和无孔膜之间，浓差极化、膜面吸附和粒子沉积作用均是其应用中被污染的主要因素。此外，纳滤膜通常是荷电膜，溶质与膜面之间的静电效应也会对纳滤过程的污染产生影响，这一点是纳滤污染与超滤、反渗透污染的一个重要不同之处。

5.5.2 膜污染控制方法

控制膜污染主要有减轻膜浓差极化、加强预处理以及化学清洗等方法。

(1) 减轻浓差极化

浓差极化与膜污染并不等同，浓差极化导致的渗透通量下降是可逆的。但是，浓差极化往往又是形成膜污染的一个重要因素。因此，减轻膜浓差极化对于控制膜污染是很重要的。可通过控制料液浓度或改善膜面料液的流体力学条件，如提高膜面流速，采用湍流促进器和设计合理的流通结构等方法，减轻浓差极化。对于卷式纳滤膜，本章前面研究表明当膜面流速高于 0.2m/s 时浓差极化可降到比较小的程度。

(2) 加强预处理

试验表明，对进膜前的料液进行一定的预处理，如采用预微滤和预超滤等以去除一些较大的粒子，可有效减轻染料液对膜的污染。例如，采用纳滤膜处理染料废水时，若对进膜前的染料废水进行较好的预处理，则一般运转一定时间后，用去离子水清洗一下，即可恢复膜通量；而用酸洗涤剂清洗，则可有效去除污染，恢复膜的性能。

(3) 清洗

清洗是减少污染的一个重要方法，主要可分为物理清洗和化学清洗两大类。物理清洗法有变流速冲洗法(脉冲、逆向及反向流动)、海绵球清洗法、超声波法、热水及空气和水混合冲洗法等；化学清洗所用的药剂可分为氧化剂($NaOCl$、Cl_2、H_2O_2、O_3)、还原剂(如 $HCHO$)、螯合剂($EDTA$、六偏磷酸钠)、酸(HNO_3、H_3PO_4、HCl、H_2SO_4、草酸、柠檬酸)、碱($NaOH$、NH_4OH)、有机溶剂(乙醇)、表面活性剂(如 SDS、吐温 80、Triton、X-100 等)、酶(能水解蛋白质的含酶清洗剂)清洗等。尽管预处理方法非常适当，但是长时间运行不可避免地导致膜组件的污染，因此必须对膜组件进行定期的清洗。表 5-7 简要地介绍了针对不同污染物所采用的清洗方法。

表 5-7　膜组件的清洗方法

膜面污染物质	清洗方法
有机悬浮物	(1)~(6)
软垢：$Al(OH)_3$、$Fe(OH)_3$、$Mn(OH)_3$	(1)　(2)　(4)　(6)
硬垢：$CaSO_4$、$MgSO_4$、$BaSO_4$、$CaCO_3$、$MgCO_3$	(2)　3)　(4)　(6)
微生物	(3)　(5)

注: (1)水洗(热水、脉冲、空气-水混合冲洗); (2)酸洗(HCl、H_2SO_4、草酸、柠檬酸); (3) 碱($NaOH$、Na_2CO_3); (4) 化学药剂(EDTA、表面活性剂); (5) 酵母清洗剂;(6) 机械清洗。

5.5.3　膜的清洗实验

对于本章所采用的实验装置，经过一段时间的实验(间歇运行 1 年)，主要处理自来水、过染料废水、农药废水，监测发现水通量有一定的下降，为此对实验装置进行化学清洗试验，考察清洗效果。

(1) 清洗剂的选择

考虑到自来水中的硬度离子以及重金属离子可能在膜面吸附、结垢，首先采用盐酸酸洗，再考虑采用表面活性剂去除膜面的有机物。对于表面活性剂的选择，虽然应用最普遍的是十二烷基苯磺酸钠(SDS)，但此处选用氯化 *N*-十二烷基苯-*N*,*N*,*N*-三乙胺(俗称 1227)，因为 1227 属于阳离子表面活性剂，可对吸附在膜表面上的阴离子型染料和生物黏泥具有剥离作用，同时 1227 还是一种无毒的非氧化性广谱杀生剂，对系统及膜元件中的微生物具有杀灭作用，防止微生物对膜的破坏。

(2) 清洗过程

整个清洗过程采用低压(小于 0.2MPa)清洗，以不会产生明显的渗透产水为宜，以便最大程度地降低污垢再次沉淀到膜表面。清洗过程如下：

自来水清洗 15min → 0.5%盐酸循环清洗 20min →自来水清洗 20min → 50mg/L 的 1227 溶液无压差循环清洗 20min→自来水无压差清洗 20min，再低压清洗 20min 结束，测膜通量。

无压差指无跨膜压差，这时膜渗透通量为 0，可防止清洗剂对膜造成新的污染。可通过关闭淡水管阀门做到背压。

酸洗过程中注意酸洗液 pH 的变化。当 pH 的增加超过 0.5 个 pH 单位时，就应该向清洗箱内补充酸，酸性清洗液循环时间以 20 分钟为宜，若超过 20 分钟清洗液可能会被清洗下来的无机盐所饱和，可能会再次沉淀在膜表面，此时应排放掉酸洗液，重新配制酸液进行第二遍酸洗操作。

(3) 清洗结果

在操作压力为 0.8MPa，进水流量为 800L/h，温度为 25℃下测得清洗前后膜的产水量，以此表征清洗效果，结果见表 5-8。

表 5-8　清洗前、后膜的产水量

膜型号	NF90	NF270
清洗前膜产水量/(L/h)	171.5	213.6
清洗后膜产水量/(L/h)	203.8	260.5
膜通量提高率/%	18.8	22.0

可见清洗后，膜的产水量提高了 20%左右，表明所拟的清洗方法是比较合理的。

(4) 膜闲置时的保护措施

1) 清洗完毕后停运一周以上时，注入约 1%亚硫酸氢钠溶液，注满后关闭所有阀门。防止空气进入纳滤膜中。闲置超过一个月时，每月换一次药剂。

2) 纳滤膜停运一周以内时采用下列保护措施：每周用清水低压运行 2~3 小时，完毕关闭所有阀门，防止膜脱水和空气进入。

5.6　小　　结

1) 试验研究结果表明纳滤膜对染料的截留率非常高，可达 99%以上。初始染料浓度对染料截留率影响甚小，盐浓度对染料截留也无明显影响，但对 NaCl 截留率影响显著，即随料液中 NaCl 浓度的增加盐截留率快速下降。对于 NF270 膜，当盐浓度达到 3.5%时，NaCl 的截留率低于 25%，这对于从含盐染料废水中回收染料是有利的，由于盐分大量透过，膜两侧的渗透压差小使得渗透通量能保持较好的经济性。因此，采用 NF270 膜处理含盐染料废水比较合适。

2) 纳滤对染料废水 COD 去除率也在 99%以上，若进水 COD 浓度很高，采用二级纳滤可使 COD 出水达到排放标准。

3) 膜对农药(吡虫啉)废水也有较好的处理效果：对水杨醛废水 COD 的去除率在 85%左右，盐去除率在 90%左右。虽然纳滤产水的 COD 尚不能达标，但由于 COD 浓度和盐分含量较低，易于采用低成本的生化法处理达标；浓水可回收钾盐或采用氧化或焚烧等方法处理。由于浓水量相对较少，大大降低运行费用。因此，纳滤可作为农药废水的预处理技术。

4) 虽然膜的污染不可避免，但只要采用合理的控制措施，注重在纳滤过程中加强进综合控制，是能够有效地减轻膜污染的。试验表明氯化 N-十二烷基苯-N,N,N-三乙胺(1227)做清洗剂，膜的产水量提高了 20%左右，具有清洗和杀菌双重效果。

第六章　示范工程——盐城经济开发区污水处理

6.1　概　述

针对盐城高新技术产业园企业排污特点及污水处理厂尾水水质，为达到深度处理及可回用的水质，在小试的基础上建立处理规模为 50t/d 的示范工程。

示范工程的工艺流程如图 6-1 所示。

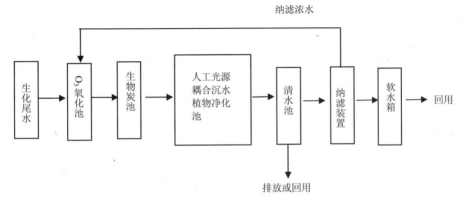

图 6-1　生化尾水深度处理工艺流程

示范工程布置见图 6-2；臭氧-生物碳池系统见图 6-3；人工光源耦合沉水植物净化池见图 6-4 ~ 图 6-6；纳滤设备见图 6-7。

6.2　中试处理效果

经盐城市环境监测站监测，原水及各单元的处理出水见表 6-1。

表 6-1　污水处理厂生化出水水质

处理单元	pH	COD/(mg/L)	总磷/(mg/L)	氨氮/(mg/L)	电导率/(μS/cm)
原水	7.9	64	0.36	0.37	167.4
O₃-生物炭出水	8.17	13	0.22	0.16	136.4
人工光源耦合沉水植物池出水	8.85	9	0.16	0.19	165.8
纳滤出水	8.50	9	0.05	ND	50.3

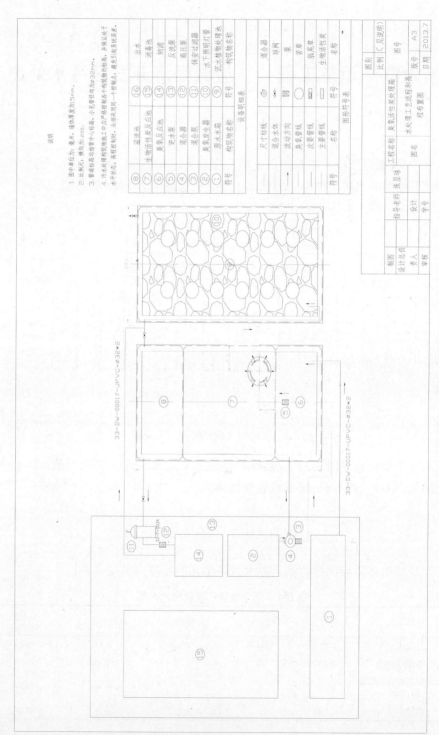

图 6-2 盐城高新技术产业园污水深度处理示范工程平面布置图

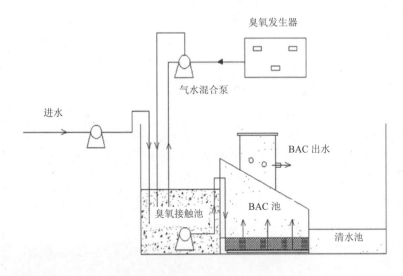

图 6-3 O$_3$-生物炭工艺流程图

图 6-4 人工光源(太阳能 LED 灯)耦合沉水植物净化池照片(1)

图 6-5 人工光源(太阳能 LED 灯)耦合沉水植物净化池照片(2)

图 6-6 人工光源(太阳能 LED 灯)耦合沉水植物净化池照片(3)

图 6-7 纳滤设备

处理出水效果显著，COD 等各项均达到理想要求，达到并超过国家标准。

6.3 问题及建议

1) 本示范工程臭氧为混合泵混合，敞口式，臭氧损失量较大，所以选用的臭氧发生器规模较大，建议今后改用管道混合式并将臭氧化池封闭，可显著降低臭氧发生器规模，减少动力消耗；同时臭氧氧化尾气用活性炭处理，防止对空气造成污染。

2) 生物碳池有机负荷不可过高，并考虑设立反冲洗措施，防止生物碳池中生物膜的堵塞。

3) 沉水植物换季时需及时清理残体，并引种当季生长旺盛的植物。

第三篇 淮河沿海支流村镇及农村污水与畜禽养殖污染物处理技术

(以通榆河为例)

第七章 通榆河流域污染治理的生态学措施

淮河流域沿海支流通榆河水污染严重的主要原因是因为排污量远远超过水域的纳污能力。解决通榆河流域水污染问题的根本措施是削减排污量，并辅以生态学手段，对进入水体的污染物进行强化处理，提高水域自恢复能力和自净能力，以达到恢复生态系统良性循环的目的。

7.1 采用生态学措施的重要性

人类在生产生活过程中必然会产生大量的污废水，若未经处理直接排入自然界，必然会对自然界生态系统和环境带来一定影响。如果排放的污染物量超出生态系统的自净能力或纳污能力，可能会对生态系统带来灾难性危害。因此，要求污废水在排放之前进行必要的处理，达到一定标准后再排放。

根据《污水处理厂排放标准》(GB18918——2002)，污水处理厂排入地表水域的常规污染物标准值分为一级标准、二级标准、三级标准，一级标准又分为 A 标准和 B 标准。一级标准的 A 标准是污水处理厂出水作为回用水的基本要求。当污水处理厂排出来的水被引入稀释能力较小的河湖作为城镇景观用水和一般回用水等用途时，执行一级标准的 A 标准。当污水处理厂排出来的水排入到地表水Ⅲ类功能水域(依据《地表水环境质量标准》GB 3838—2002，划定的饮用水水源保护区和游泳区除外)、海水Ⅱ类功能水域(依据《海水水质标准》GB3097——1997)和湖、库等封闭或半封闭水域时，执行一级标准的 B 标准。当污水处理厂排出来的水排入地表水Ⅳ、Ⅴ类功能水域或海水Ⅲ、Ⅳ类功能海域，执行二级标准。当非重点控制流域和非水源保护区的建制镇的污水处理厂，根据当地经济条件和水污染控制要求，采用一级强化处理工艺时，执行三级标准。但必须预留二级处理设施的位置，分期达到二级标准。污水处理厂排放标准和地表水环境质量标准见表 7-1 和表 7-2。

表 7-1 污水处理厂排放标准

基本控制项目	一级标准		二级标准	三级标准
	A 标准	B 标准		
化学需氧量(COD)	50	60	100	120
氨氮(以 N 计)	5(8)	8(15)	25(30)	-
总磷(以 P 计，2005.12.31 前建设)	1	1.5	3	5
总磷(以 P 计，2006.1.1 后建设)	0.5	1	3	5

引自：《污水处理厂排放标准》(GB 18918—2002)

表 7-2 地表水环境质量标准

指标	Ⅰ类	Ⅱ类	Ⅲ类	Ⅳ类	Ⅴ类
化学需氧量 (COD$_{Cr}$)	15	15	20	30	40
氨氮	0.15	0.5	1	1.5	2
总磷(以 P 计)	0.02(湖，库 0.01)	0.1(湖，库 0.025)	0.2(湖，库 0.05)	0.3 (湖，库 0.1)	0.4(湖，库 0.2)

引自：《地表水环境质量标准》(GB 3838—2002)

对比表 7-1 和 7-2 可以看出，无论是哪种类型排放要求，污水处理厂的出水按现有标准，即使均达标排放，也达不到地表水环境要求，必然会对环境增加污染负荷压力。特别是对于现在已经被污染的水域，地表湿地、挺水植物、沉水植物、浮水植物所组成的生态系统自净能力已大幅下降，因此仅靠现有生态系统的自然净化已很难达到良性循环。为此，必须建立人工干预系统或修复生态系统进行尾水和地表水的深度处理，才能进一步提高水环境的承载能力。为了实现这一目标，生态学措施具有重要的作用，也是提高水环境综合承载能力的重要手段之一。

7.2 生态学措施的基本原理

7.2.1 生活污水处理和资源化措施

(1) 城镇生活污水处理和资源化措施

对城市生活污水目前主要采用两种处理方式，即建立城市生活污水处理厂和由"城镇沼气化粪池"沼气化处理。

污水处理厂对污水分三级处理。一级是初步处理，主要采取过滤、沉淀等机械方法以去除污水中悬浮物或胶状物质，并中和酸碱度。经一级处理后，通常达不到排放标准要求。二级处理主要是采取生物处理方法，用以去除溶解性有机物，可达到去除 90%~95%的被生物分解的有机物，去除 90%~95%的悬浮物。污水经过二级处理后，大部分可以达到排放标准。三级处理则是将二级处理后的污水，进一步采取物理、化学方法去除可溶性有机物、难以生物降解的有机物、矿物质、病原体、氮磷和其他物质。通过三级处理后的废水可以达到工业用水要求，理想情况下可接近生活用水的标准。

沼气化粪池由多级厌氧消化池和好氧(兼氧)滤池组成，污水滞留期为 72h。粪便污水在池中经厌氧分解及好氧过滤处理。处理后经过监测 COD 去除率达 66%以上，氨氮达 68%，悬浮物达 80%，粪大肠菌群达 99%。悬浮有机物被池内填料拦截吸附，并逐渐被厌氧微生物消化，污水浓度逐级降低，最后再经好氧滤池过滤氧化。清掏周期一般为 12~60 个月。

一般而言，生活污水处理厂处理效果比较好，可根据排放情况采取不同的处理程序，达到不同的排放要求，但是占地面积较大，其造价也高，再加运行费用，因此一般贫困地区的小城镇因经济承受能力问题，多数不能推广运行。沼气化粪池比较符合当地情况，具有"造价低，基本无运行费用；采用生物降解法，无二次污染；适用性强，可广泛用于学校、宾馆、小区等；生产的沼气可用于家庭烧水、做饭，既节约了能源，又保护了环境，有推广价值"等优点。

目前在中国南方各省建造的以厌氧消化为主的地埋式城镇生活污水分散处理装置，是根据生活污水的特点，把污水厌氧消化、好氧过滤等技术进行有机结合而设计的处理装置，其性能明显优于普通化粪池。由于投资分散，可就近处理，易于建造；不专门占用土地；运行不耗能或低耗能；管理费用较低。处理效果经过改进后现在可达到环保一级和二级排放标准，比较适合于我国现有的除污承受能力，是当今适合我国国情的一条分散处理城市居民生活污水，提高生活污水处理率，创建生态城市的有效途径。

2000 年城镇生活污水净化沼气装置已建造 49322 处，总池容约 209 万 m^3，处理近 560 万人的生活污水，取得了巨大的社会效益和环境效益。

(2) 农村生活污水"厌氧+跌水充氧接触氧化+人工湿地"措施

针对小流量、高浓度的农村生活污水类型，实施"厌氧+跌水充氧接触氧化+人工湿地"生物生态组合型农村污水处理措施，以满足土地资源紧缺，污染物浓度偏高，必须进行除磷脱氮深度处理，同时运行稳定，维护简单，建造和运行费用适当的淮河流域河网区农村生活污水处理的需要。具体的思路为，以生物方法为主去除有机物，以生态方法为主去除氮和磷，生物生态优势互补。生态工程若采用水耕蔬菜型人工湿地还可以产生经济效益。

该工艺流程如图 7-1 所示，污水首先进入厌氧发酵池，进行厌氧发酵，以降低后续接触氧化反应的有机负荷，同时进行硝化液回流脱氮处理；经过厌氧处理的污水经泵提升进入接触氧化池，接触氧化池共分五格串联，充分利用污水提升后的部分水头，采用跌水充氧技术提供好氧反应的需氧量，以降低运行成本，实现低能耗污水处理。在接触氧化池内，对有机污染物进行好氧降解和充分硝化；接触氧化池出水部分回流到前端厌氧池进行脱氮，部分进入后续潜流式人工湿地或生态净化塘，进一步去除氮、磷等营养物质。

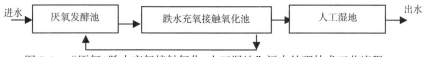

图 7-1　"厌氧+跌水充氧接触氧化+人工湿地"污水处理技术工艺流程

在土地资源稀缺的河网区单纯采用生态工程的方法处理农村生活污水，存在着占地面积大的弊端。另外，淮河流域有 3 个月的低温期，生态工程的净化效果在此期间会有所降低，因此不宜单独采用生态工程的方法处理生活污水。而单纯采取生物处理的方法也存在除磷工艺复杂，运行成本过高的缺点。因此，采用"生物＋生态"的技术思路，利用生物技术能有效去除有机物和部分氮磷，保证出水COD达标；利用生态技术能去除 N、P，进一步改善处理效果，使出水 COD、N、P 全面达标。这样，将生物技术与生态工程有机结合，充分发挥各自的优势，达到既节省成本和运行费用，又取得稳定的除磷脱氮效果的目的。

(3)农村生活污水"脉冲多层复合滤料生物滤池＋人工湿地"工艺

针对大流量、低浓度的农村生活污水类型，采用"脉冲多层复合滤料生物滤池＋人工湿地"生物生态组合型农村污水处理技术。该技术用于低负荷污水处理，具有良好的耐冲击负荷，并对 COD 有着较高的去除率；具有很好的充氧及硝化效果，加上前置的脱氮池和后续的人工湿地进行脱氮，能保证较高的总氮去除率。

该工艺流程如图 7-2 所示。生活污水由管网收集，进入脱氮池，然后由自吸泵将调节池内的生活污水提升到高位水箱，再喷洒进入脉冲多层复合滤料生物滤池，经反应后，出水由下部沟道排放到生态净化系统进行深度处理。生态净化系统结合当地可资利用的废弃池塘、低洼地，分别采用生态塘、人工湿地等生态工程工艺，还可以考虑将村庄地表径流接入，与污水尾水一起处理，在农灌期将处理水直接排入农灌渠进行农田回用。

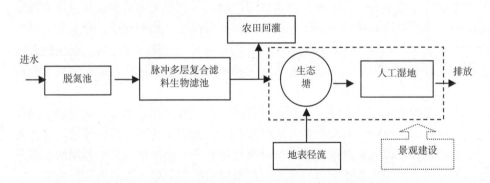

图 7-2　"脉冲多层复合滤料生物滤池＋人工湿地"污水处理技术工艺流程

7.2.2　河网水质强化净化与水域生态修复措施

针对不同尺度、不同污染程度的河道，采用适宜的生态河床和生态护坡重构组合技术，在河道的物理结构上进行修复，构建合适的河道断面形式、河床底质条件和河岸护坡形式，创造多样的、适宜生物生长的河道水生态环境；合理选取土著水生生物物种，重新构建水生生物系统，增强河道自身的净化能力；充分利用河道内外的水生植物湿地系统净化河道水体。

(1) 河岸污染截留技术

河岸污染截留技术主要包括景观型多级阶梯式人工湿地护坡技术、坡面构造人工湿地技术和河岸马蹄形湿地技术、河岸植被缓冲带技术等。

1) 景观型多级阶梯式人工湿地护坡技术

流域河网地区河道沿岸分布着大量的农田，在降雨的作用下，农田中的农药、化肥等污染物质将随着径流进入河道中，使河水受到污染。针对受此面源污染比较严重的河道，采用景观型多级阶梯式人工湿地护坡技术，可以达到截留净化沿河岸进入河道的面源污染的目的，同时还能起到美化河道的景观效果。

景观型多级阶梯式人工湿地护岸是以无砂混凝土桩板或无砂混凝土槽为主要构件，在岸坡上逐级设置而成的护岸形式。通过在桩板与岸坡之夹格或无砂混凝土内填充土壤、砂石、净水填料等物质，并从低到高依次种植挺水植物和灌木，从而形成岸边多级人工湿地系统。该系统能够稳定河道岸坡，同时具有良好的透水性，降雨径流进入河道边坡后，以下渗和溢流的方式，经过系统的逐级处理后进入河道。卵砾石、粗砂和土壤等填料和植物根系表面生长了大量微生物并形成生物膜，当降雨径流携带大量污染物进入河道岸坡时，径流中的 SS(固体悬浮物)被填料包括卵砾石、粗砂和土壤及植物根系阻挡截留，有机质通过生物膜的吸附及同化、异化作用而得以清除；植物根系对氧的传递释放，使其周围微环境中依次出现好氧、缺氧和厌氧现象和交替环境，因而保证了径流水中的氮、磷不仅能被植物及微生物作为营养成分直接吸收，而且还可以通过硝化、反硝化作用及微生物对磷的过量积累作用从径流中去除，达到截留污染物进入河道的目的和效果，对河道水体也同样具有一定的净化效果。对填料进行定期更换和收割芦苇、灌木等植物，可以最终把污染物从河道系统中清除掉。

2) 坡面构造人工湿地技术

流域沟渠河网接纳的面源污染物，主要是来自沟渠侧面经地表径流与潜流(地下径流)输入沟渠河网的污染物质，其主要来源为农田退水、雨水、生活污水等，污染物主要有悬浮物、富含 N、P 的地表及地下径流等。针对面源污染物侧向进入河道的特点，采用坡面构造人工湿地系统，可以有效阻隔侧向面源输入并进行净化。

该技术是在坡顶设置截水横沟，岸坡上叠堆复合基质滤床(基质为砾石、蛭石、泥炭、粉煤等)，至坡顶横沟处放置渗滤坝，横沟与渗滤坝之间铺设多孔弹性材料制成的可再生滤垫，同时在坡脚铺设多孔水泥板，沿岸坡设置挺水植物带和沉水植物带。面源污染物质流向河道时，以潜流的形式依次由横沟、滤垫、渗滤坝、滤床、多孔水泥板向河道内渗流。在此过程中，填料基质和水生植物将发挥净化作用，截留进入河道水体的污染物质。以表面流形式带入的面源污染物，主要通过水生植物及其根系系统截留。

3) 河岸马蹄形湿地技术

河网区农田排水多经过排水管或排水沟收集后直接排入河道中，形成了大量的营养物污染点源。为解决此类农业点源污染问题，可在每个排水入河口处建立一个小型湿地，称之为马蹄形湿地，使排水从马蹄形湿地上漫过，可以减少入河氮磷营养物的输送量。

马蹄形湿地是在河岸缓冲带内挖一个半圆形凹坑，暴露出每个排水口，形成至少 10m 宽、8m 长的马蹄形湿地。马蹄形湿地与农田间留出 2m 宽的地带，并建一个小土塄，以防止农田的径流直接进入湿地。这种河岸湿地面积大约 80m^2，与河流直接相连，水位相同。农田排水经过沉降、水生植物的吸收和微生物降解等作用，将显著减少氮磷的输入，按湿地吸收氮 750kg/(hm^2·a)计算，每个马蹄形湿地每年能减少 4kg 氮。

4) 河岸植被缓冲带技术

河岸植被缓冲带是指邻近受纳水体，有一定宽度，覆盖植被，在管理上与农田分割的地带。缓冲带可以减少营养物质进入河道，并和生长的植被稳定河岸，形成一个具有截留和拦截来自农业区泥沙和污染物的复杂生态系统。

N 在缓冲带内的截留机理主要有：随泥沙沉降、反硝化作用、植物吸收。P在缓冲带内的截留机理主要有：随泥沙沉降、溶解态 P 在土壤和植物残留物之间交换。缓冲带在控制非点源污染的同时，还可改善区域环境，增加生物多样性，增加植被覆盖率，提高抗灾能力等。

(2) 水体强化净化技术

对于污染较严重的河道水体，需要采用人工强化净化技术。

1) 应用于航运河道的仿生植物强化净化技术

针对有航运功能的污染河道，可采用仿生植物强化净化技术，将仿生植物布置于河道中，其柔韧的材料结构不会影响行船，通过其表面的生物膜达到直接净化河水水质的目的。

仿生植物强化净化技术，是在河道开辟一处生化反应区作为接触氧化池，直接将仿生植物布置在河道内，利用河流内原有的生物群落进行仿生植物表面的生物富集形成生物膜，然后利用河流的单向流动性，使污染水体缓缓流过填料，水体中的污染物质通过与生物膜的接触，进行物质和能量的转换，从而实现对河流污染水体的强化净化。同时，仿生植物技术还具有不影响河流的航运和行洪功能，不破坏河流生态系统，适合河流复杂多变的水流条件，性能稳定，价格便宜等特点。

2) 生物栅系统与无动力复氧组合净化技术

生物栅是利用悬浮或悬挂的填料负载生物进行水质净化的方法。该法根据生物膜净化原理和填料的整流与截留作用，增加水流与微生物载体的接触时间，使水中污染物与填料上的生物膜充分接触，提高净化效率。

此外，再结合太阳能水处理器，通过高效率的水泵系统来形成水体内部自上而下的循环，使表面的富氧水体和底部的缺氧水体得以交换(即无动力复氧过程)，改善水体缺氧环境，促进水体与生态护岸的接触，提高生物栅的净化效能，增加生物栅体上的生物膜活性，防止淤泥腐化，加速生物净化的过程。

3) 强化氧化塘技术

淮河河网区存在着许多废弃的河沟，以这些废弃的河沟为主体，采用新型阿科蔓生态基，构建藻菌混生系统，增加水体的透明度，促进沉水植物生长，形成强化净化的稳定塘系统。

稳定塘主要是利用菌藻植物的协同作用，人工控制污染物生物氧化过程，采用阿科蔓生态基作为强化氧化塘的填充系统。该系统能够为系统微生物群落的生长和繁殖提供巨大而适宜的附着表面积(每 m^2 阿科蔓产品能够提供约 $245m^2$ 的表面积)，从而实现对系统中污染物的高效降解。阿科蔓的外形设计类似水草，一方面使得水体中溶解性有机物可以最大限度地与阿科蔓上的生物膜接触，另一方面起到均匀布水的作用，从而可以更有效地使这些有机污染物得到被降解机会。

4) 生态浮岛修复技术

在排污口附近以及河岸较陡的部位，布设生态浮岛($1m×1.5\ m$)，生态浮岛由框架、锚体、微生物及载体、水生高等植物组成。水生高等植物可以选用具有经济价值和观赏价值的挺水植物、漂浮植物等，如水芹、鸢尾、美人蕉、风车草、水鳖、水龙等，密度约 $25\sim36$ 株/m^2。根据植物的生长繁殖季节以及景观要求等，合理配置浮岛内植物种群组成。

(3) 河道生态修复技术

生态修复是为了加速受损生态系统的恢复，以人工措施为辅助，并最终实现生态系统良性循环。生态修复的指导思想是协调人与自然的关系，以生态系统的自然演化为主，同时进行人为引导，加速自然演替过程，遏制生态系统的进一步退化。

对河道生态系统进行修复的首要条件是切断污染源(点源控制、面源截留)，然后实施生态修复，这样能显著缩短水域生态系统自然恢复的时间。水生态系统的生态修复实际上是对整个河流廊道自净能力和自我恢复能力的一种强化。它利用自然生态系统的自净能力和食物链的原理，通过构建生态河床与生态护岸，同时对污染水体进行强化净化等措施，以恢复水生态系统的良性循环。在河道生态修复中，必须首先保证河道的行洪安全，并保障河道的航运功能，在生态修复的同时也要尽量满足景观的要求。

河道纵横空间形态的多样性与生物群落多样性有着密切的关系，河道纵向上的蜿蜒性，横向断面上的多样变化，深潭和浅滩的交替出现，急流和缓流的变化，均为生物创造了多样的栖息环境，适宜不同生物生存，增加了生物群落的多样性。

河床是水生态系统的重要载体，是各种水生生物生存和繁衍的主要空间。但由于人类认识上的不足，采取了"裁弯取直"、"渠系化"、"硬质化"等破坏河相多样化的人工措施，致使自然河床消失，水域生态系统严重退化，水资源的使用功能被弱化。因此，应采取生态工程技术，根据河道的断面形式，重新构建和修复受损河床。

生态护岸技术是利用天然材料作为河岸保护的材料，结合工程、生物与生态，进行生态型护岸建设，不再仅仅强调护岸的抗冲刷力、抗风浪淘蚀强度等，而是强调安全性、稳定性、景观性、生态性、自然性和亲水性的完美结合。

1) 运用于浅小河道的抛填式生态河床技术

将块石、卵砾石和碎石以一定方式抛填于河道中，由于石块之间具有较大空隙，可以为底栖动物、虾、蟹等提供适宜的栖息场所。同时这些石块具有较大比表面，生物容易聚集生长而形成黏液状的生物膜，可以吸附降解水体污染物质，强化水体的自净能力，使水与生物膜的接触面积增大数十倍甚至上百倍，从而使水中污染物在石间流动过程中与石块上附着的生物膜接触、沉淀，进而被生物膜作为营养物质而吸附、氧化分解，从而使水质得到改善。河底铺石还可以有效地抑制底泥污染物的释放，同时，还创造了适宜生物生长的底栖环境。该技术主要运用于浅小河道中，污染物去除的主要机理是附着微生物的作用，可以较好地提高河道的净化能力。

2) 运用于农田灌溉渠系的植生型防渗砌块生态河床技术

流域河网地区，分布着大量的灌溉渠系，对于这些用于灌溉输水渠道的生态河床建设，一方面要保证其输水效率，防止下渗引起水资源损失，因此有必要对河道进行不透水性全衬砌；另一方面也要创造适宜的水生生物生长环境，维持河道内的生态系统完整性，保持一定的自净能力。应用植生型防渗砌块技术可以较好地解决这一矛盾，在保持高效输水的同时维持渠道的生态功能。

植生型防渗砌块由不透水的混凝土块体和供水生植物生长的无砂混凝土框格组成。在对河道进行防渗衬砌时，砌块之间通过凸块和凹槽的联结紧密地排列于河床底部，可以有效地防止渗漏；无砂混凝土框格中填土，种植适宜的水生植物，水生植物的生长又为其他微型生物提供了生长环境，构成的水生生物系统还可以吸收降解水体中污染物质，提供水体的自净能力。

3) 应用于控制河岸挺水植物生长的滨水带生态砼净化槽技术

河网区河道滨水带生长着大量挺水植物，如芦苇、茭草等，它们在河流水体系统中起着重要作用，具有减轻流水对岸坡的侵蚀，利用其根系稳定边坡，为水生动物提供栖息场所，吸收水中污染物质净化水体等功能。但由于其根系发达，生长迅速，在不加以限制措施的情况下，往往比较容易迅速蔓延，侵占河道，影响航运和行洪，对河道功能造成不利影响。在此情况下，可以运用滨水带生态砼净化槽技术，将挺水植物限制在一定范围内生长，从而达到不影响河道行洪和航运的目的，所构成的滨水带湿地系统也保持了对河水较高的净化功能。

河流滨水带生态砼净化槽通过沿河流滨水带设置生态砼槽，将挺水植物限制在槽内生长，形成河流滨水带水生植物湿地净化系统。首先在坡脚打桩，之上铺土工布，土工布上有碎石垫层，垫层上设置生态砼槽，在槽内植物种植区内设置土壤、砂石等填料。河流滨水带生态砼净化槽能够起到挡土作用，保护河岸稳定，防止河岸侵蚀和水土流失，同时具有良好的净化污染水体的性能。生态砼本身具有大量的连通孔，容易附着大量的微生物，土壤、砂石等填料和植物根系表面也生长了大量微生物并形成生物膜，当污水进入河道滨水带时，径流中的固体悬浮物被填料及植物根系阻挡截留，有机质通过生物膜的吸附及同化、异化作用而得以清除；植物根系对氧的传递释放，使其周围微环境中依次出现好氧、缺氧和厌氧现象和交替环境，多层次截留净化污染物；通过对填料进行定期更换和收割植物，最终把污染物从河道系统中清除掉。

4）应用于居民区河道的木栅栏砾石笼生态护岸技术

针对流经居住区的河道挡土功能要求高、土地紧张等特点，可以采用木栅栏砾石笼生态护岸。在土地资源比较紧张的地区，两岸紧靠房屋的河段一般采用直立混凝土挡土墙的护岸形式，此种硬质护岸会破坏河岸生态系统，不利于水生生物的栖息繁殖，而木栅栏砾石笼生态护岸可以在稳固河岸、节省用地的同时，创造出适宜于水生生物生长的栖息环境。

木栅栏砾石笼生态护岸为砾石笼和木桩挡板组合结构，通过沿河岸按照一定间距打入木桩，在木桩上使用木条与木桩组合而成木栅栏结构，然后在木栅栏内填入砾石而形成。该护岸结构稳固，挡土功能强，由于采用了直立形式因而节约了用地。同时，该护岸木质和石材的材料符合亲自然的要求，栅栏空间和石笼空隙是水生生物栖息的较佳场所，从而丰富了河道的生物多样性，提高了水体的自净能力。

5）应用于城镇河道的景观净污型组合砌块生态护岸技术

针对城镇河道具有景观要求的特点，采用结构紧凑的景观净污型组合砌块的生态护岸形式，在稳定岸坡、防止冲刷和节省用地的同时，为城镇增添了良好的河道生态景观效果，其多级的植物生长系统对城镇降雨面源污染还有较好的截留净化作用。

景观净污型组合砌块由预制的主体砌块和槽体砌块两部分组成。主体砌块主要起着稳定的作用，槽体砌块设有植物种植槽，槽内可以填土种植绿色植物，主体砌块和槽体砌块通过预设的结合部件组合起来形成景观净污型组合砌块。各个砌块上均设有凸块和凹槽，砌块之间通过凸块和凹槽的水平连接和上下连接可以形成一排排的景观净污型组合砌块护岸形式。其结合度好，结构紧凑，可以节省用地。通过在槽体内种植植物，形成的植物 – 土壤 – 微生物系统可以起到截留去除入河面源污染物的效果，并形成了多层次的"生态景观"。

当面源污染物从河道两岸向河道流经时，从上向下先进入第一排槽体构件中，槽体构件内种植的植物吸收污染水中的富营养成分，土壤表面生成生物膜吸附降解污染物；经过此级初步处理的污水溢流进入第二排槽体构件，依次逐级下去，经过多级吸收、吸附和降解，最后污水得到较大程度的净化后流入河道，从而达到截留入河污染物质并进行净化的目的。

7.2.3　人工湿地

(1) 人工湿地类型

1) 三级处理污水复合湿地

采用浮游植物作为污水的初级处理设施，污水的二级处理采用湿地植物，在工程尾段采用沉水植物作最后的处理。共有三级处理，在正常运转的情况下，对污水中的悬浮物、有机物和营养盐类都有较大的净化能力。

第一级：浮游植物区。可挑选适宜的浮水植物(如小叶浮萍)，一般要求具有很强的生长适宜性，而且有一定的经济价值。浮水植物对污水起到粗滤作用。浮水植物的光合作用很强，产生大量的氧气，提高水体中氧气的含量，为下一级挺水植物区的去污净化作用提供丰富的氧气。此外，浮水植物(如小叶浮萍)还有阻滞水中漂浮物，吸附水中悬浮颗粒的作用。

第二级：挺水植物(如芦苇)区。这是该系统净化污水最主要的区域，利用湿地的自净能力将大部分污染物去除，主要去污功能有：悬浮颗粒的沉降；溶解营养物质，扩散并进行沉积；有机物矿质化；营养物质被微生物和植物吸收。

第三级：沉水植物区。这是对水体作最后的净化处理，也对系统起到缓冲调节作用。采用扎根沉水植物，以增强湿地容积，增加系统滞留时间，滤去大颗粒悬浮物，增加水中氧气量。此外沉水植物也为鱼类提供了丰富的饵料资源，在该区内可大力发展网箱养鱼，具有一定的经济效益。

2) 廊道湿地

其工艺是通过使用廊道来增加水流长度，提高水流停留时间，使污水中的污染物在湿地被更好地降解。

3) 垂直流人工湿地

整个系统可分为 4 个部分：第一部分为曝气沉淀池；第二部分为处理池，前半部垂直流，后半部潜流；第三部分为集水池，底层以砾石铺垫，预留为漂浮植物处理区；第四部分为养鱼塘，此部分可以比较直观地显示处理后的出水与进水在透明度上的差别，并可以增加景观效应。

4) 河道湿地

利用河道的特征，通过一定的人工工程措施，适度整理河道，在合适位置搭配栽植不同的沉水植物、挺水植物和浮叶植物等水生植物，构建河道污染物吸附降解长廊，使河道内污染物质的吸附利用和降解达到最大化。

5) 表面流人工湿地

污废水在填料表面漫流，水位较浅，多在 0.1~0.6m 之间，形式接近于天然湿地，绝大部分有机污染物的降解由浸没在污水中的植物茎基部生物膜上的微生物完成。

6) 潜流式湿地

污废水在填料表面以下渗流，可充分利用填料表面及植物根系上的生物膜，表层土和填料起到截留污染物的作用。此外，由于水流在地表下流动，保温性好，处理效果受气候影响较小，是应用较广的一种湿地处理系统。

(2) 人工湿地填料选择

人工湿地中的基质又称填料、滤料。一般由土壤、细沙、粗沙、砾石、碎瓦片或灰渣等构成。基质在为植物和微生物提供生长介质的同时，通过沉淀、过滤和吸附等作用直接去除污染物。表面流湿地多以自然土壤为基质，潜流式和垂直流湿地基质的选择因污染物的不同而异，同时应考虑便于取材、经济适用等因素，可以选用土壤、细沙、粗沙、砾石、碎瓦片、灰渣、石灰岩、页岩、铝矾土和膨润土中的一种或几种。

(3) 人工湿地植物选择

在人工湿地净化污水过程中，植物具有重要的作用，归纳如下 4 方面：①直接吸收利用污水中可利用态的营养物质，吸附和富集重金属和一些有毒有害物质；②为根区好氧微生物输送氧气；③植物庞大的根系为细菌提供了多样的生境，根区的细菌群落可降解许多种污染物；④通过光合作用为污水净化作用提供能量来源。

从提高处理效率的角度看，选用植物的根系越长、越发达，处理效果就越好。从行洪的要求来看，选用的植物植株不能太高。然而，根系发达的植物一般植株都比较高，植株较低的植物根系一般又不发达。因此，选用植物时必须尽量兼顾两方面的因素，选用的植物最好是植株较矮而根系又较发达的水生植物。

芦苇的根系较发达，是具有较大比表面积的活性物质，生长可深入到地下 0.6~0.7m，且具有良好的输氧能力，应用较广泛。但是，芦苇植株可高达 1.5~4.0m，且是一种蔓延速度特别快的物种，一旦蔓延开将很难得到控制，因此，在有行洪要求的湿地，不能选择芦苇作为湿地植物，可以考虑选择千屈菜、花叶芦竹和水葱等，根系均较发达，高度不超过 2.0m。

7.2.4　人工浮岛

　　人工浮岛是一种无基质型人工湿地系统,利用植物根系吸收、过滤及共生生物的降解作用对水质进行净化。即在一种像筏子似的人工浮体种植多种食用或观赏植物,通过植物过滤、微生物降解、水生植物吸收及清除底泥来去除水体中的污染物。其特点是:首先通过水生植物发达的根系有效地将水中的悬浮污染物和藻类截留,一部分通过过滤作用去除,一部分由微生物对被截留的污染物通过生物降解作用去除;原水中及代谢产物中的有机物和氮磷营养物又成为植物生长的营养来源。这样就形成了一个由水生植物、水生动物及微生物构成的生态净化系统,实现了物理过滤和生物处理相结合的污水处理方式。另外,它又为生物(鸟类、鱼类)创造了生息空间,营造水上景观,同时其消波效果对岸边又具有保护作用。

　　一般情况下,人工浮岛分为干式和湿式两种。水和植物接触的为湿式,不接触的为干式。湿式浮岛又分有椎架和无椎架,椎架一般可以用纤维强化塑料、不锈钢加发泡聚苯乙烯、特殊发泡聚苯乙烯加特殊合成树脂、盆化乙烯合成树脂、混凝土等材料制作。

7.3　淮河沿海支流通榆河等流域骨干生态工程规划

　　针对淮河沿海支流通榆河等流域水生态系统及保护情况,结合河湖形态及污染物入河量等具体特征,建议对江苏省淮河入海水道以及洪泽湖、新沂河等纳污湖泊,通过滩地改造、建立湿地处理系统,恢复和改善湖泊生态系统;对入海水道、新沂河、新沭河等入海河流建设人工湿地处理系统,使水污染物在入海之前得到一定的处理,减少对近海海域水环境的影响;通过建设生态护坡、滨水带生态、河湾湿地漫流系统以及人工浮岛等景观措施,减少水污染对河湖水生态影响。

　　(1) 江苏省淮河入海水道湿地水生态处理工程

　　淮河入海水道始自洪泽湖,途经淮安市所属青浦、楚州区、盐城市所属阜宁、滨海四县(区)入海,全长 163.5km。

　　为保证南水北调江苏出省水质标准,解决大运河淮安段水质污染问题,淮安市制定了《南水北调东线工程淮安段治污方案》,将大运河沿线的城市污水进行截污,送入污水处理厂处理达标后,通过清安河将尾水输送至淮河入海水道南泓。清安河尾水加入后,必将进一步增加入海水道南泓的污染负荷,污水入海也会引起近海岸的污染问题。COD 污染负荷为 7220.0t/a。为保护入海水道水质,需要建设湿地生态处理工程。

　　考虑淮河入海水道滩地资源的限制,同时入海水道洪水漫滩的概率较低(大约12 年一遇),故选用占地较小,投资运营费用较低的潜流人工湿地处置淮河入海水道南泓污水。人工湿地处置工程布置在截污导流尾水进入淮河入海水道南泓的源头——淮安段南北泓之间的滩地上。根据该规划，系统设计进水水量为：2.29m³/s，约合 19.8 万 m³/d。

根据设计的水力负荷，潜流人工湿地占地面积 39.6 万 m²。在清安河建橡胶坝，枯水期坝体升起挡水，将城市尾水逼向泵站。汛期坝体落下，城市混合尾水沿着河道进入南泓。建设泵站提升尾水入配水渠。进水系统采用沟渠三角堰方式进水，排水系统采用沟渠底部出水。植物系统种植芦苇、香蒲等。处理效果有望能达到年去除 COD 污染负荷 1000t。

通过该潜流人工湿地工程，能对服务区域的城市达标尾水进行进一步处理，保证了南水北调东线淮安段水质达标，同时改善入海口近海生态环境。

(2) 洪泽湖溧河洼湿地生态治污工程

在位于江苏省泗洪县境内，老濉河、新濉河和新汴河三条河流汇入洪泽湖的河口地区，兴建溧河洼湿地生态修复工程。

溧河洼位于洪泽湖西岸，老濉河、新濉河和新汴河等河流来水通过溧河洼进入洪泽湖，受上游城镇排污的影响，溧河洼水质较差，对洪泽湖水质构成威胁。为了修复溧河洼湿地系统，改善溧河洼水质，开展溧河洼水生态系统保护与修复工程是非常必要的。

主要通过滩地改造，建立地表漫流系统，地表上种植植物，以供微生物栖息并防止水土流失；营造人工湿地和恢复自然湿地，投放各营养级生物，营建新的水体生态系统，以对地表漫流的污水进一步净化；软化、绿化河岸，配合护岸措施确保河流的防洪功能；实施重点城镇的截污导流工程，对老濉河、新濉河和新汴河的底泥进行清淤。建设溧河洼生态保护工程面积约 20km²。

工程建成后，预计污染物年削减量约为 COD 8000t/a、氨氮 1500t/a。除具有改善水质、恢复生态等显著的环境效益和生态效益外，还具有一定的经济效益，通过营建新的生态系统，借助植物种的选择和功能优化，为地方经济服务，此外，还可配合洪泽湖自然保护区建设，营造生态旅游环境等。

(3) 新沂河滩地水生态处理工程

由于上游及沿程市县污水治理相对滞后，进入北泓污水尾水严重超标，水质有明显恶化趋势，对新沂河沿程生态环境，特别是对入海口近海生态环境的影响非常显著，给当地居民和养殖户带来了重大损失。

利用新沂河可利用的滩地，建设沭阳段和入海口段人工湿地生态处理工程。考虑各种类型人工湿地对河水污染物去除的有效性、行洪影响及新沂河沿线大量的可利用滩地资源条件，选择在新沂河沿线滩地建设自由表面流人工湿地工艺，来处理污染河水。

场地平面布置：大马庄地涵人工湿地布置在大马庄地涵附近的南北两堤之间

的滩地上，占地宽约 400m，长 23km 左右，沭阳段人工湿地布置在新沂河大桥附近，南北两堤之间滩地，占地宽约 1000m，长 13.5km。大马庄地涵附近滩地、沭阳新沂河大桥附近滩地，在新沂河大马庄地涵段和沭阳段建立表面流人工湿地，实行两级串联控制，总有效面积约 20km^2。大马庄地涵段设计水量：取该段总过流量，为 3.01 m^3/s(约 26 万 t/a)。沭阳段设计水量:取该段总过流量，为 9.19 m^3/s(约 79.45 万 t/a)。工程建成后，预计污染物年削减量约为 COD 8000t/a、氨氮 1500t/a。

滩地表面流湿地的建设，不仅能使沿线污水得到处理，而且滩地上将生长大面积的湿生、水生植物，野生动物也将重新栖息此处，形成良好的湿地生态、景观环境。

7.4 淮河沿海支流通榆河生态学措施的实施建议

针对淮河沿海支流流域一些典型地点，综合考虑现有研究成果和河段污染物入河等具体特征，建议建设主要生态学措施如表 7-3 所示。

表 7-3 淮河沿海支流通榆河生态学措施实施建议清单和预计效果

分类	位置	生态学措施	规模	预计效果
入海河流	入海水道	潜流人工湿地	39.6 万 m^2	COD 1000t/a、氨氮 200 t/a
	新沭河	临洪口入海口滩涂湿地	20km^2	COD 8000 t/a、氨氮 1500 t/a
	新沂河	主要通过滩地改造，建立大马庄地涵湿地和沭阳新沂河大桥附近湿地地表漫流系统	9.2km^2 和 13.5km^2	COD 9000 t/a、氨氮 1700 t/a
		人工湿地	20 km^2	COD 8000 t/a、氨氮 1500 t/a
		人工浮岛	3km^2	COD 8000 t/a、氨氮 1500 t/a
	通榆河	流域村镇生活区污染物控制		
		农业面源污染防治		
		畜禽养殖面源污染控制		
		流域内主体、共生、循环性生态农庄建设		

第八章　通榆河流域村镇生活区污染控制技术研究与示范

　　淮河流域沿海支流处在流域的末端，主要位于江苏东部沿海区域(连云港市、盐城市和南通市)，随着国务院批复《江苏沿海地区发展规划》，这一地区的发展已经上升为国家战略。目前，对该区域水生态系统特征缺乏全面系统的认识，对水生态系统结构和功能把握不到位，导致了制定有关管理方案存在一定的盲目性。大部分区域水生态系统存在无节制的过度开发，水生态系统健康存在着不同程度的问题。农业面源污染防治和水资源管理尚未纳入淮河流域水污染防治计划，区域上下游之间、各部门之间缺乏有效的协作控污机制。这表明该流域的水利工作还有诸多需要解决的问题。

　　本项目选取通榆河盐城段作为工作范围，可促进地方政府对水环境工作计划的制定与实施，引导政府企业向水利相关行业投资；实现政府责任目标断面水质达标，改善流域水环境质量，提升人民生活质量，保障人体健康，改善居民生存条件。项目的实施环境效益具体表现为流域水质明显改善，河流水生态系统向良性健康的方向转变，促进沿海支流流域社会经济可持续发展和水生态系统的持续改善。

　　本项目通过开发村镇生活污水处理工艺，开展污染防控关键技术研究与示范，做到减量化、资源化处理，统筹考虑区域内污染物处理、排放和利用，形成通榆河流域村镇生活区水污染控制适用技术体系。

8.1　概　　述

8.1.1　农村生活污水概述

　　农村生活污水种类繁多，成分复杂，主要有厨房洗涤水、洗衣污水、洗浴污水、清洗农具污水、冲洗卫生间的粪便污水、生活垃圾堆放渗滤产生的污水、人畜混居产生的禽畜粪便以及部分降水等。同时，由于农民生活水平的提高，肉类食品及油类使用的增加，农村生活污水组成成分正在朝不利于净化处理的方向发展。

　　农村生活污水由于其来源复杂，因而水质差异大，一般具有以下特征：

(1) 面广、分散。由于农村面广且一般没有固定的污水排放口，生活污水排放比较分散，缺乏排水收集系统，收集难度大，生活污水的处理率低。

(2) 来源多，总量巨大，逐年增加。随着农民生活水平的提高以及农村生活方式的改变，生活污水的产生量也随之增长。

(3) 水质、水量波动大。由于受到农业生产结构、农民种养习惯、村落分布、地理生态特征、社会经济发展水平等影响，农村污水还具有分布不集中、局部污染程度较高、不可定量性和不可预知性等特点，并且其所含有机物浓度相对偏高、日变化系数大、呈间歇排放趋势。

8.1.2　农村生活污水处理的必要性

江苏地区作为我国区域经济最为发达的地区之一，近年来，农村居民生活水平迅速提高，生活方式日益城市化。但农村污水治理没能跟上生活发展的速度，大量未经处理的生活污水和生活垃圾无序排放，导致农村环境污染日趋严重，农村生活污染源已成为农业面源污染的重要污染源之一，造成农村河道水体变黑发臭、鱼虾绝迹、蚊蝇孳生。生活污水中病菌虫卵引起疾病传播，使群众的身体健康受到极大的影响。尤其是江苏省太湖周围农村地区不合理的生产生活方式引起的富营养化等环境问题引发全国乃至全球瞩目。因此，对农村生活污水的处理显得十分必要。

8.2　农村生活污水处理技术国内外发展现状

农村生活污水主要包括厕所冲洗水、厨房洗涤水、洗衣机排水、洗漱排水及其他排水等。目前全国农村每年产生活污水约 90 亿吨，全国 1.6 万多个建制镇和 1.4 万多个乡对生活污水进行处理的占全部的 8%左右，57 万多个行政村对生活污水进行处理的不到 3%。我国大部分农村尚无完善的排水系统，污水常常通过边沟或路面直接渗入地下。雨天，渗入地下的污水通过地表径流或地下径流排入河流，污染河流水质，对河流的自净能力造成了破坏，破坏了农村现有的生活环境，并且对村民的身体健康造成极大的伤害。随着农村的快速发展和生活水平的逐步提高以及生活条件的明显改善，我国农村生活污水排放量日益增加。

国外在农村生活污水处理技术方面研究较早，目前已有较完善的农村生活污水处理技术和工艺。澳大利亚科学和工业研究组织(CSIRO)研究出一种土地处理、过滤与暗管排水相结合的污水再利用系统即"FILTER"污水处理新技术。其原理是用污水进行灌溉，污水通过土地处理降低氮、磷等元素的含量，再用地下暗管将其汇集排出。该技术对农村生活污水的处理效果好且运行费用低，也实现了污水再利用，特别适用于土地资源丰富、可以轮作休耕的地区或以种植牧草为主的地区。

　　日本在 1977 年实行了农村生活污水处理计划，成立了农村生活污水处理协会，负责研究适用于农村生活污水处理的设备。该协会研制的 JARUS 模式共有 15 种不同型号，其可分为两大类。一类是使用生物膜技术，利用微生物氧化分解有机物使其转化为无机物，农村生活污水通过生物膜的降解作用可使出水 BOD≤20mg/L，SS≤50mg/L，TN≤20mg/L；另一类是使用浮游生物技术，利用漂浮在污水中的微生物氧化作用降解有机物，出水 BOD10~20mg/L，SS 15~50mg/L，TN10~15mg/L，TP1~3mg/L，COD ≤5mg/L。该小型生活污水净化装置又称净化槽，其优点为：耗能少；实现了污水和污泥一体化，常年不排泥，脱氮除磷效果好；管理运行简单方便；运行期间不需专业人员看管，造价低；不受地形限制，工期短，设计灵活多变，抗冲击负荷能力强，去除效果显著等。其在国内推广和应用还存在一定的问题：研发过程中还需要大量的实践来确定其设计参数；出水 TP 未达到城镇污水处理厂一级排放标准；未建立健全维护管理系统等。

　　韩国针对农村居住分散的特点，研究出一种新型湿地污水处理系统，使农村生活污水中的污染物经湿地过滤后一部分被土壤吸收，一部分由微生物转变为无害物，对病原体也有较好去除效果，经其处理后的农村生活污水可直接进行灌溉。湿地的植被一般为芦苇、灯芯草和香蒲等，该系统具有耗能少、维护费用低等特点，缺点是占地面积大，并需要解决水和土壤中的供氧充分问题，受温度和季节条件影响较大。

　　在美国、加拿大、英国、澳大利亚等国家还出现一种活化器生态系统，该技术基础是活化技术，在利用动植物和细菌的同时对农村生活污水进行处理。其处理过程是：农村生活污水流入封闭在地下的无氧箱，空气从底部孔吹入，污水在氨氮和细菌的共同作用下分解为硝化物；再进入生物综合池，在池内的藻类、单细胞有机体等一系列生物混合体的作用下继续被分解；最后进入湿地，通过植物根系的吸收及沙石的过滤作用，硝化物被转化为氮气，从而使污水得到净化。该过程基本上是模拟自然的过程，适用于有河滩、池塘或者沼泽等地，实现废物循环利用，具有占地面积小，运行维护费用低，美观耐用等特点。

　　挪威有约 25%的人生活在没有任何集中污水收集管网的农村，根据挪威环境局规定，1~7 户家庭组成的小区可使用自己的就地处理系统。这些就地处理系统通常为预制的集尘式微型处理设备，其原理为化粪池预处理，然后再进行生物处理或化学处理或两者联合处理。

　　在 20 世纪 90 年代末美国加州大学伯克利分校的 Oswald 和 Gotass 提出并发展了 "high rate algal pond" 即高效藻类塘技术。高效藻类塘是在传统稳定塘的基础上的改进工艺，通过强化利用塘内藻类的增殖来产生有利于微生物生长繁殖的环境，从而形成藻类-细菌共生系统，能对有机物尤其是氮磷有效地去除。高效藻类塘既有传统稳定塘的特点，即投资少，运行管理费用低，易管理等，又克服了传统稳定塘停留时间过长，占地面积大等缺点。目前该技术在美国、德国、法国、南非、菲律宾、新加坡等国都有广泛的应用。

由于我国农村人口众多，经济欠发达，农村缺乏污水处理专业人员，结合农村生活污水规模小且分散、区域差异大、日变化系数大、间歇排放和水质水量变化大等特点，发现城镇生活污水的处理模式不适于农村生活污水处理，需结合当地农村情况及其生活污水特点进行分析选择生活污水处理技术。在选择具体处理技术时，应遵循因地制宜、运行管理费用低、工艺简单及便于维护管理等原则。我国目前较为常用的农村生活污水处理技术主要有：净化沼气池技术、无动力生化处理技术、人工湿地技术、蚯蚓生态滤池技术以及土地处理技术等。

净化沼气池技术是一种适用于处理农村生活污水的技术，它采用生物厌氧消化和好氧过滤相结合的办法，集生物、物理和化学处理于一体的处理装置，采用"多级发酵、多种好氧过滤和多层次净化"技术，使农村生活污水中多种污染物逐级去除，同时还产生沼气，可作为农户能源，使污水得到资源化利用。由于其投资少、效果好、易管理、运行不耗能等优点，得到了国家住建部的肯定和认可。其缺点是生活污水属于低负荷污染型，采用沼气池处理必须与其他污染物处理相结合，在实际操作过程中有一定的难度。

无动力生化处理技术类似于 A2/O 技术，是由水解酸化池、生物滤池及接触氧化槽组成，接触氧化槽采用氧化沟结构，通过左右流动和上下翻转增加污水搅动从而提高水中的溶解氧。其优缺点为造价低，几乎不耗能，剩余污泥少，可置于地下，但处理水量不宜过高。浙江大学沈东升等采用地埋式无动力厌氧处理技术对其实验农庄内的实际污水进行处理，取得了良好的效果。

人工湿地技术是利用微生物、植物、土壤组成的复合生态系统的化学、生物和物理三重协调作用，通过过滤、吸附、离子交换、植物吸收和微生物分解等来降解污水中的有机物和氮磷，完善水环境的修复，同时促进了绿色植物的生长，实现了污水资源化无害化利用。目前，在我国人工湿地已被广泛应用于农村生活污水处理。

蚯蚓生态滤池技术最早是由智利大学 Jose Toha 教授在 1992 年提出并发展的。近年来，该技术在我国得到了充分的发展和改进，例 1998 年同济大学用蚯蚓生物滤池处理技术在上海曲阳水质净化厂进行了运行研究。其原理是蚯蚓以滤床中微生物形成的生物膜为营养源，经蚯蚓吸收消化来对污水的有机物和氮磷进行消解。蚯蚓在滤池生物处理系统中与微生物协同共生，蚯蚓粪为微生物的生长繁殖提供良好的基质，并且蚯蚓在觅食时疏松土壤，使滤池保持良好的通风环境，为污染物的降解提供良好的条件。其具有运行管理简单方便，能承受较高的冲击负荷，耗能少等特点，实现了废物零排放，有效解决了环境卫生问题，并且有一定的经济效益。

8.3　通榆河流域农村生活污染现状调查

随着我国社会经济的稳步前进，农村生活环境逐渐改善，尤其是在进入 21 世纪以来，建设社会主义新农村，要把"生产发展、生活宽裕、乡风文明、村容整洁、管理民主"二十字方针作为新农村建设的总体目标和任务要求。现如今，农村全面小康和现代化建设步伐正处于加速阶段，农民生活水平大大提升。通榆河流域农村地区，村民住户"四旁"绿化，林木覆盖率基本达到40%，自来水使用率逐年上升，家庭卫浴、户用水冲厕所也开始有所普及，这些都极大方便了农民的日常生活，也促进了村内环境容貌的整洁。但随着生活水平的提高，生活用水量日益增大，造成该流域农村生活污水大量增加，近年来新农村、生态文明村建设过程中，出现了对生活污水处理重视不够和流域内农村存在着生活污水虽有输送却未处理等问题。如何有效控制乡村生活污水的污染，已经成为通榆河流域面源污染控制的主要内容之一。目前，国家对淮河流域的水污染问题十分重视，其中通榆河流域面源污染控制是淮河流域沿海支流水污染治理的重要组成部分，这对通榆河流域的水污染综合治理有着重要的现实及长远意义。

农村生活污水面广量大，是目前通榆河流域水污染的主要来源之一。因此从源头控制面源污染是通榆河水质治理和面源污染控制的重点，是解决通榆河流域水污染问题的重要措施之一。

8.4　农村生活污水的处理技术和工艺

由于农村生活污水中的污染物是以有机物为主，其生化性较好，所以通常情况下生活污水的处理都是采用生物处理的方法。生活污水的处理方法从处理工艺上分为：厌氧生物处理和好氧生物处理；从处理方式上分为：集中处理和分散处理。

从 20 世纪 80 年代开始，我国开始开展生活污水分散处理技术的开发和研制工作，许多形式各异的无动力或微动力的低能耗型一体化污水处理装置得到应用。但是，这些分散技术的使用率较低，还存在许多问题。其一，生物处理效率较低，尤其表现为氮磷去除率很低。氮磷污染是导致水体富营养化的主要原因，如果在此技术上不能取得突破，这类技术的应用前景必然会受到限制；其二，目前实施的分散污水处理技术只是初步实现了分散污水的收集、处理和排放，远未实现分散处理的真正目的——再利用，即将污水就地处理和就地回用，实现污水资源化。鉴于农村生活污水的问题日益严重，迫切需要采取积极的措施。近年来，随着地方经济实力的增强，尤其是发达省份在经济发展到一定阶段以后，逐步认识到农村生活污水处理问题的重要性，并开始采用一些实用、合理、低能耗和低运行费用的技术来处理污水。

农村生活污水处理应重点考虑以下因素：一是满足达标排放与再生利用的需要；二是处理技术经济适用；三是运行操作简便，日常维护管理简单。以下将对目前满足此要求的处理技术进行一一介绍。

8.4.1 MBR 污水处理技术

膜生物反应器(MBR)处理技术是一种将膜分离技术与生物处理技术相结合的新型高效水处理技术。MBR 工艺依靠膜组件替代传统二沉池，显著地缩小了装置的占地面积；实现了反应器水力停留时间(HRT)和污泥龄(SRT)的完全分离，使运行控制更加灵活，有利于增殖缓慢的硝化细菌的截留、生长和繁殖，系统硝化效率较高；同时膜生物反应器便于维护管理，以出水水质稳定优良为其优势，但一次性投资成本稍高。随着膜材料价格的稳步下降，对于我国废水的处理和回用，MBR 已成为一种很有吸引力和竞争力的技术选择，并逐渐进入大规模商业化应用阶段。尤其是农村生活污水要求处理出水用作回用水时，不能影响周围人们的身体健康，故对出水水质要求较高，且要求有较高的稳定性，则推荐选用膜生物反应器工艺作为首选处理工艺。

8.4.2 厌氧生活污水处理技术

厌氧生活污水处理技术是微生物在无氧气供给的情况下将污水净化的过程。厌氧生物处理技术将污水的处理与合理利用有机结合，实现了污水的资源化，污水中的大部分有机物经厌氧发酵达到净化目的。早期的厌氧消化，主要处理 BOD_5 浓度 1000mg/L 以上或固体含量为 2%~7%的污水、污泥、粪尿等。随着厌氧微生物和厌氧工艺的不断发展，在近 20 年，对各种低浓度污水，以及有机物含量高达 40%的麦秆、作物残渣等，都可以采用厌氧工艺进行处理。厌氧生物处理后的污水可用作浇灌用水和观赏用水，处理中产生的沼气可作为家庭炊用和浴室能源。将厌氧分解过程产生的甲烷加以资源化利用就是常说的生活污水净化沼气池技术，是目前畜禽养殖排泄物无害化处理、综合利用的最有效方法。并且在我国农村生活污水的处理实践中，最通用、节俭、能够体现环境效益与社会效益相结合的生活污水处理方式就是厌氧沼气池技术。

8.4.3 好氧/兼氧生活污水处理技术

好氧生物处理技术是微生物在有氧气供给的情况下将污水净化的过程，兼氧生物处理中的溶解氧浓度介于好氧和厌氧生物处理之间。目前常用的生物滤池技术是由土壤净化原理发展起来的一种普通生物膜处理法，由于生物膜厚的影响，生物膜会形成外部好氧、内部兼氧甚至厌氧的情况，使该技术兼有好氧和兼氧处理的特点。生物膜内低溶解氧状况会导致反硝化作用去除氮污染，能适应污水浓度、水量的突变和成分复杂的污水。

8.4.4　人工湿地生活污水处理技术

　　人工湿地(constructed wetlands，CW)是一种为处理污水而利用工程手段模拟自然湿地系统建造的构筑物，在构筑物的底部按一定坡度填充选定级配的填料，如碎石、沙子、泥炭等，在填料表层土壤中种植一些对污水处理效果良好、成活率高、生长周期长、美观以及具有经济价值的水生植物，如香蒲、芦苇等。人工湿地的显著特点之一是良好的污水净化能力。它不仅可以处理以好氧有机物和 N、P 等营养物质为主的生活污水，对重金属、酸性有机物及无机矿物等工业废水也具有良好的去除效果。低投资、低运行费用、低维护技术是人工湿地的又一优点。由于人工湿地的土建施工比较简单且基本不需要耗能，其造价和运行费用均远比传统的二级生物处理工艺节省；人工湿地基本上不需要机电设备，故维护上只需清理进、出水渠道及管理作物，对运行人员的技术要求不高。人工湿地具有的诸多特点决定了它特别适合于地理条件比较宽裕的广大农村、中小城镇的污水处理，尤其适合于经济发展水平不高、能源缺乏、技术含量相对缺乏的地区，这在我国当前的现实条件下更具有特别重要的意义。

8.4.5　稳定塘生活污水处理技术

　　稳定塘又名氧化塘或生物塘，其对污水的净化过程与自然水体的自净过程相似，是一种利用天然净化能力处理污水的生物处理设施。稳定塘的研究和应用始于 20 世纪初，50~60 年代以后发展较迅速，目前已有 50 多个国家采用稳定塘处理技术处理城市污水和有机工业废水。我国也有城市也早在 50 年代开展了稳定塘的研究，到 80 年代进展才较快。据统计，1985 年我国有稳定塘 38 座，至 1990 年已有 118 座，处理水量约 $189.8×10^4$ m³/d。目前，稳定塘多用于处理中、小城镇的污水，可用作一级处理、二级处理，也可以用作三级处理。在我国，特别是在缺水干旱地区，稳定塘技术是实施污水资源化利用的有效方法。与传统的二级生物处理技术相比较，高效藻类塘具有很多独特的性质，对于土地资源相对丰富，但技术水平相对落后的农村地区来说，是一种较具推广价值的污水处理技术。

8.4.6　三格式化粪池

　　目前农村很大一部分厕所卫生情况差，敞开的(粪缸)厕所既臭又会滋生苍蝇、蚊子等，对周围环境产生极大的影响。结合农村改厕进行污水处理，既可解决农村生活污水污染环境的问题，又能改善农村家庭厕所卫生差的状况，对村庄环境质量的提高有非常重要的作用。具体来说，可将厕所改为三格式化粪池。三格式化粪池厕所是集粪便的收集和无害化处理于一体的装置，它具有结构简单、易施工、流程合理、价格便宜、卫生效果好等特点。

8.4.7　土地渗滤处理技术

土地渗滤处理是将污水投配到天然土壤或种有植物的天然土壤表面，污水垂直入渗地下，因为土壤—植物—微生物系统包含了过滤、吸附和微生物降解等十分复杂的综合过程，使得污水得以净化的土地处理工艺。因其运行成本低、操作运行简单，目前在国内得到了广泛的关注。根据土地渗透能力不同，土地渗滤分为慢速渗滤和快速渗滤。

8.4.8　农村生活污水处理的基本工艺

总结目前农村的特点，可以概括为分散、无序，基础设施落后，卫生条件较差，水量集中排放，管理水平差，支付能力弱。在选择或应用污水处理模式时就应该充分考虑目前农村的特点。农村生活污水处理中难点主要表现为：分布广，地区差异大，污水水质、水量波动性大，排水管网不健全；经济力量薄弱；缺乏污水处理专业人员；雨污水资源化利用率低等。而农村生活污水处理技术的共性需求就是，因地制宜采取多元化处理模式，污水处理工艺应抗冲击符合能力强；造价低，运行费用少、低能耗或无能耗的工艺；工艺运行管理简单，维护方便；污水回用和雨水资源化利用。

针对以上特点，并结合文献资料及实地调研情况表明，江苏省农村生活污水处理设施大多采用生物-生态耦合(或生物-物化耦合) 处理技术，即一系列的优化和组合工艺，不仅抗冲击负荷能力强，脱氮除磷效果好，且可以充分利用村庄现有的河塘、水网，克服了单一处理技术出水达标率低、氮磷去除效果差等缺点。具体处理过程是首先通过强化预处理(如三格式化粪池、生物滤池、沼气池、MBR等)提高污水可生化性和降低污染物浓度，然后再进行二级处理(如人工湿地、稳定塘、土地渗滤和接触氧化技术)，从而保证农村污水处理出水水质实现全面稳定达标。

根据调研情况，对目前适宜江苏省农村地区生活污水处理几种生物-生态组合工艺分别做如下介绍。

(1) 微动力生化-景观绿地

该组合工艺由微动力生化池和景观绿地组成。生活污水经格栅/集水井自流进入厌氧水解池；微动力好氧池利用微动力设备引入空气，在池内形成好氧状态，利用好氧微生物的净化功能，实现对污水中小分子有机物以及氨氮的去除，大幅降低废水中的 COD、BOD、NH_3-N 等指标；微动力生化处理系统后设置景观绿地，其填料床内科学配置过滤层及土壤层，充分利用植物根系的吸附、拦截、吸收、降解等功能，实现对污水的精细处理，有效降低污水的各项污染指标，确保全面稳定达标排放。

(2) 厌氧池-脉冲多层复合滤池-人工湿地

该组合工艺由厌氧池、脉冲多层复合滤池和潜流人工湿地三个处理单元组成。污水先经缺氧池降低有机物浓度后，由泵提升至脉冲滴滤池，与滤料上的微生物充分接触，进一步降解有机物，同时可自然充氧。滤后水部分回流反硝化处理，以提高氮的去除率。其余流入人工湿地或生态净化塘进行后续处理，滤料为珍珠岩、废石膏等材料，水泵及滴滤池布水均可实现自动控制。有地势落差的村庄可利用自然地形落差，减少或不用水泵提升设备；主要处理构筑物基本为封闭式，卫生条件较好。

(3) SBR-人工湿地-化学除磷

该组合工艺由 SBR、人工湿地、化学除磷三个单元组成。每个住户的粪便污水、厨房污水及其余生活污水，经三格式化粪池处理后自流进入调节池，进行水质水量均化调节，调节池进口设置格栅，池内设置提升泵，由水位控制器根据池内水位高低自动控制，经泵提升进入 SBR 池进行生化处理。SBR 出水辅以化学除磷或进人工湿地，以保证出水总磷稳定达标。该系统产泥量较少，沉积于池底的剩余污泥可用吸粪车定期吸出外运；生化处理后若采用化学除磷工艺，除磷药剂可定期补充，通过计量泵投加；占地面积小，抗冲击负荷强、运行方便灵活，分散处理系统可采用钢筋混凝土构筑物，便于推广。

(4) 一体化高效滤池

污水经粗格栅后进入预沉调节池，预沉调节池前端设沉淀区，通过沉淀去除污水中的部分悬浮物和砂粒，在调节池中调节均质后(将好氧滤池混合液回流至调节池) 经提升泵进入缺氧滤池进行反硝化，再自流进入除磷滤池，污水中的磷与除磷滤料中的化学物质进行反应而去除，污水再自流进入好氧滤池，为进行反硝化，混合液回流至调节池，出水经生物滤池过滤后达标排放。定期对各滤池进行空气反洗，反洗后滤池内的污水重力排至预沉调节池沉淀段，沉淀污泥定期外运。流程中各工艺单元集成于一体化设施，布置较紧凑；脱氮除磷效果较好；可采用先进可靠的现场 PLC 控制，运行管理简单，只需简单的现场维护。本技术适用于排放要求较高的分散处理系统。

(5) 生物接触氧化-人工湿地-生态塘

污水自流进入集水井，经泵提升至生物接触氧化池，微生物在有氧条件下大幅度去除污水中的 COD、BOD_5、$NH_3\text{-}N$ 等，接触氧化后设置人工湿地(或生态塘)，充分利用湿地的吸附、拦截、吸收、降解作用，实现对污水的深度处理，进一步降低污水中的各项污染物浓度，确保污水达标排放。系统产泥量很少，运行方式灵活，管理维护简便，如有合适的洼地或塘可以利用则更佳。

(6) MBR-人工湿地

该组合工艺由 MBR 池和人工湿地组成。污水经管网先进入预处理池进行预沉降，出水经格栅截留污水中的较大悬浮物后进入调节池，再经泵提升至缺氧池和膜池进行生化处理。膜池的污泥一部分回流到缺氧池，剩余污泥泵至预处理池，预处理池沉淀污泥定期清掏并外运处置。膜池出水自流进人工湿地进行生态处理，进一步去除污染物并稳定水质。该工艺适用于对排放水质要求较高且有经济承受能力的地区，并且目前已有工程应用实例。

8.5　淮河沿海流域农村生活污水处理工艺的选择

根据农村生活污水污染源分散、日变化系数大、有机物和营养盐含量高等特点，要经过综合技术经济比选，采用投资少、运行费用低的分散处理工艺。分散处理可以节省污水输送管网费用，降低投资成本。

针对淮河沿海流域赣榆河的水体功能，该流域内对排放水质的要求比较高。同时由于农村地区水量变化较大，故必须设计调节池；随着水体富营养化越来越严重，本项目设计出水用于补给通榆河水，因此，在常规降解 COD_{Cr} 和 BOD_5 的同时，更应注重对 N 和 P 污染物的去除。因此采用 A/O(脱氮的缺氧-好氧) 工艺，为降低占地面积,减少污泥产量，同时保证出水水质，采用膜生物反应器(membrane bioreactor，MBR)工艺；膜生物反应器是由膜分离和生物处理组合而成的一种新型、高效的污水处理工艺，特别适合分散性污水处理的需要。膜生物反应器与其他污水处理工艺相比，具有出水水质优良稳定，容积负荷高，占地面积小，系统流程紧凑，剩余污泥量少，运行管理方便，易于实现自动控制，污泥停留时间与水力停留时间分离等特点。除磷一般有生物除磷和化学除磷，单独采用生物除磷工艺，难以达到出水含磷浓度低于 0.5 mg /L 的排放要求，可采用化学法进一步除磷(作为辅助除磷)；为保障出水水质，同时出于景观效果考虑，后面增设潜流人工湿地。潜流人工湿地具有处理效果好、工艺简单、运行管理方便、生态环境效益显著、投资少等特点，适合于农村生活污水的处理，被认为是控制面源污染的有效方法。

8.5.1　MBR 工艺的处理原理

(1) MBR 的脱氮原理

缺氧池和 MBR 池组合起来亦称两级脱氮 MBR 工艺，类似于传统的 A/O 脱氮工艺。不同之处在于，在好氧池中加入膜组件形成一体式 MBR 或在好氧池后单独加膜组件池形成外置式 MBR，通过膜的截留在反应器内形成高浓度污泥，保证硝化菌的生长，达到硝化目的。前置反硝化在缺氧条件下进行，含碳有机物的去除、氮有机物的氧化和氨氮的硝化在好氧条件下运行，以膜代替重力沉淀池进行固液分离。该工艺对 TN 的去除效率多数在 60%~80% 之间，并且由于泥龄长，对 NH_3-N 的去除效果非常好，多数情况下出水 NH_3-N 低于 1mg/L，去除率大于 90%。

(2) MBR 的除磷原理

1) MBR 中的生物法除磷。生物法除磷主要通过聚磷菌一类的微生物超量地从污水中摄取磷，将其以聚合态储藏在菌体内，形成高磷污泥，通过排出剩余污泥到系统外，从而达到从污水中除磷的效果。可见，泥龄短的系统由于剩余污泥量较多，可以取得较高的除磷效果。但是对于 MBR 工艺来说，一般具有很长的泥龄，因此从这个意义上将不利于磷的去除。为此，多数 MBR 工艺还是采用投加絮凝剂的化学除磷法，并取得了满意的效果。

2) MBR 中的化学法除磷。在 MBR 系统中，高的污泥龄不利于对磷的去除作用。一般情况下，只采用生物法除磷时，出水的磷浓度仍难以达标。因此，在 MBR 工艺中常常采用化学除磷方法，即通过投加絮凝剂以共沉淀模式来提高对磷的去除效果。在 MBR 中一般投加铝盐，因为磷酸铝溶解度最低时的 pH 为 6.5，为使反应器中的微生物能正常降解有机物和除氮，其中的 pH 不能太低，一般应维持在 7 左右。

8.5.2　潜流人工湿地的处理原理

潜流型人工湿地(subsurface flow wetland，SFS)又称渗滤湿地系统。在 SFS 系统中，污水在湿地床表面下流动，一方面可以充分利用填料表面生长的生物膜、丰富的植物根系及表土层和填料截留等作用，以提高处理效果和处理效率；另一方面，由于水流在地表下流动，故保温性好，处理效果受气温影响小，卫生条件较好，是目前国际上研究和应用较多的一种湿地处理系统。潜流人工湿地又包括水平潜流人工湿地、垂直潜流人工湿地和潮汐潜流人工湿地。本次设计采用垂直潜流人工湿地，如图 8-1 所示。

(1) 人工湿地对有机物的去除

人工湿地显著特点之一是对有机物有较强的处理能力。有机物通过植物根际微生态环境吸附，经过同化及异化作用而得以去除，同时，植物根系对氧的传递释放，使污染物不仅被植物、微生物吸收，还可以通过硝化、反硝化、积累、降解、络合、吸附等作用而显著增加去除率。

(2) 人工湿地对氮的去除

人工湿地处理系统对氮的去除作用包括基质的吸附、过滤、沉淀以及氨的挥发、植物的吸收和微生物硝化和反硝化作用。湿地植物对各种形式的氮，尤其是

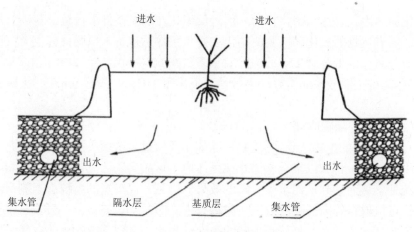

图 8-1 潜流人工湿地示意图

硝态氮的吸收利用占很大比例；植物庞大的根系表面附着大量微生物，并创造了利于微生物生长的微环境；植物通过光合作用产生氧气，部分传输至植物根系，在根系周围形成有利于硝化作用的好氧微区；厌氧区内富含的枯枝碎叶及底质层内含有大量可利用碳源，提供了反硝化条件；此外，植物根系的生长增大了土壤空隙率，使得水分蒸散和 NH_3 挥发作用加强。由此可见，湿地植物在 TN 的去除中起到十分重要的作用。

(3) 人工湿地去磷的去除

磷是人工湿地中主要的限制性营养成分之一。磷在人工湿地中的去除主要依靠三方面的作用：基质的物理化学作用，植物的吸收作用，微生物正常的同化及聚磷菌的过量摄磷作用。

8.6 处理工艺流程及主要构筑物

8.6.1 进出水质及水量

(1) 设计进水水量

该农村位于淮河沿海支流通榆河流域，村内居民为 200 户，常住人口为 750人。根据《村镇供水工程技术规范》(SL310——2004)，处理量为 200 m^3/d。

(2) 设计进、出水水质

根据调查，该农村排放的污水基本为洗浴水、冲厕水、厨房水等生活污水，无有毒有害工业废水，处理出水按《城镇污水处理厂污染物排放标准》(GB18918——2002)的一级 A 标准执行，具体设计水质见表 8-1。

表 8-1 设计进、出水水质(除 pH 外，各项目的单位均为 mg/L)

项目	COD$_{Cr}$	BOD$_5$	SS	TN	NH$_3$-N	TP	pH
进水浓度	400	200	200	40	30	5	6~9
出水浓度	50	10	10	15	5	0.5	6~9

8.6.2 工艺流程

8.6.2.1 工艺流程图(图 8-2)

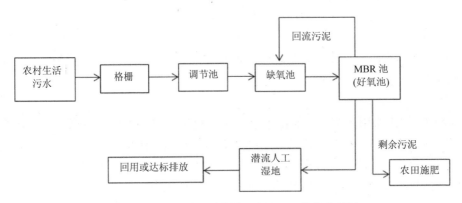

图 8-2 通榆河流域农村污水处理工艺的流程图

8.6.2.2 工艺流程描述

(1) 格栅

格栅是由一组平行的金属栅条或栅网制成，用以截留污水中较大的悬浮物及漂浮物，如纤维、碎皮、毛发、木屑、果皮、蔬菜、塑料制品等杂质，以便减轻后续处理构筑物的处理负荷，并使之正常运行。被截留的物质称为栅渣，栅渣的含水率约为 70%~80%，容重约为 750kg/m^3。

(2) 调节池

因为本设计是农村生活污水，设计调节池的作用有三个：一是需设计调节池来均匀水质水量，为后期污水处理工艺正常运行做准备；二是调节池同时又可以做事故池来用，如果后面污水处理设备在维修检查过程时，调节池可以暂时储存工艺污水；三是农村不同来源的污水水温不同，调节池可以调节水温，使水温处于一个恒温状态，有利于后面生物处理。

(3) 缺氧池

经调节后的污水再由泵提升到缺氧池和 MBR 池进行生化处理，缺氧池和 MBR 池构成反硝化生物脱氮系统，主要作用为脱氮，同时辅以化学除磷。污水与从 MBR 池(好氧池)回流的含大量硝酸盐、亚硝酸盐的混合液混合，反硝化菌利用污水中的有机物作为碳源，发生生物反硝化反应，从而达到脱氮效果，同时去除部分 COD。

(4) 膜生物反应器

膜生物反应器即 MBR，作为污水处理系统的核心部分，利用膜对混合液进行过滤，实现泥水分离。一方面，膜的截留作用可大幅增加活性污泥浓度使生化反应进行得更迅速、更彻底；另一方面，膜的高过滤精度可高效降解 COD，N，P 等污染物，从而保证出水的高品质。MBR 的回流污泥通过污泥泵回流到缺氧池，剩余污泥较少，可直接由污泥泵排出就地用于农田施肥。

(5) 设备间

设备间与控制室合建，其主要作用是安装鼓风机、提升泵、污泥泵以及化学除磷装置等设备。

(6) 潜流人工湿地

MBR 池出水引入潜流人工湿地进行生态处理，进一步去除污染物并稳定水质。潜流湿地是目前较多采用的人工湿地类型，在潜流湿地系统中，污水在湿地床内部流动，一方面，可以充分利用填料表面生长的生物膜、丰富的根系及表层土和填料截留等的作用，以提高其处理效果和处理能力；另一方面，由于水流在地表以下流动，具有保温性能好、处理效果受气候影响小、卫生条件好的特点。

8.6.3 各构筑物处理效果

该工艺流程的各处理构筑物的处理效果预测如表 8-2 所示。

表 8-2 各构筑物进、出水水质(单位：mg/L)及处理效率

构筑物	项目	COD_{Cr}	BOD_5	SS	TN	NH_3-N	TP
预处理	进水浓度	400	200	200	40	30	5
系统	出水浓度	370	200	180	40	30	5
	处理效率	7.5%	—	10%	—	—	—
缺氧池 MBR 池	进水浓度	370	200	180	40	30	5
	出水浓度	50	30	20	20	7	2
	处理效率	86.5%	85%	88.9%	50%	76.7%	60%
人工湿地	进水浓度	50	30	20	20	7	2
	出水浓度	20	5	5	8	3	0.3
	处理效率	80%	83.3%	75%	60%	57%	85%
	标准	50	10	10	15	5	0.5
	总去除率	95%	97.5%	97.5%	80%	90%	94%

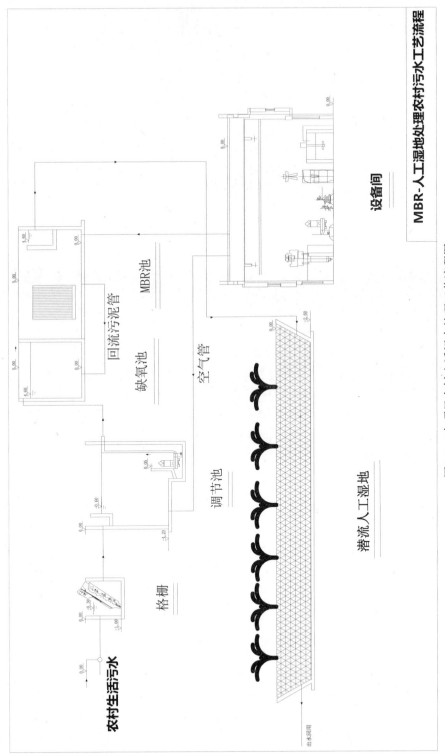

图 8-3 本项目农村生活污水处理工艺流程图

图 8-4　课题组成员在本项目农村生活污水处理示范工程现场

图 8-5　本项目农村生活污水处理后出水口池

8.6.4　经济效益分析

水价按江苏省居民生活用水价格 3.20 元/m³，那么，该工艺的经济效益分析见表 8-3。

表 8-3　工艺经济效益分析

工程总投资/万元	水量/(m³/a)	节约的自来水费用		投资回收期/年
		单价/(元/ m³)	万元/年	
109.33	78840	3.20	25.23	4.3

由上表可以看出，该工艺的工程投资大约在 4~5 年内回收，如果按中水价格回收则需要 13~14 年。虽然与常规污水处理相比，投资回收期相对偏长，主要是由于膜组件的设备投资较高。但是该工艺处理出水至少可以达到中水回用的目的，相信随着膜制造技术的进步，膜质量的提高和膜制造成本的降低，MBR 工艺的投资会随之降低，从而使该组合工艺的总投资降低。因此，从长远来看，回用水处

理所带来的节水效益和经济效益也是相当可观的。

8.7　通榆河流域农村生活污水生物脱氮技术

(1) 生物脱氮的基本原理、影响因素

在新鲜的生活污水中，有机氮占60%左右，氨氮占40%左右。生物脱氮是指污水中的含氮有机物(例如蛋白质、氨基酸脂类、尿素、硝基化合物等)，在生物处理过程中被异养型微生物氧化分解，转化为氨氮；然后由自养型硝化菌将其转化为硝态氮；最后再由反硝化菌将其转化为N_2，从而达到脱氮的目的。

氨化作用是指含氮有机物经微生物降解释放出氮的过程。含氮有机物一般指动、植物和微生物残体以及它们的排泄物、代谢物中所含的有机氮化物。例如蛋白质的氨化过程首先是在微生物产生的蛋白酶作用下水解，生成多肽和二肽，然后再由肽酶进一步进行水解生成氨基酸。氨基酸被微生物吸收，在体内以脱氨和脱羧两种基本方式继续被降解。以氨基酸为例，其反应式为：

$$RCHNH_2COOH + O_2 \xrightarrow{\text{氨化菌}} RCOOH + CO_2 + NH_3 \quad (8\text{-}1)$$

氨化作用无论在好氧还是厌氧条件，中性、碱性还是酸性环境下进行，都有发生作用，只是作用的微生物种类不同和作用的强弱不一。由于硝化反应速度很快，在一般的生物处理设备中均能完成，故一般不做特殊考虑。

硝化作用是由两种自养型硝化菌(亚硝酸盐细菌和硝酸盐细菌)，将氨氮转变为硝态氮的生化反应过程。硝化菌和亚硝化菌都有很强的好氧性，不能在酸性条件下生长。这两种细菌的生活都不需要有机物作为养料，它们是通过氧化无机的氮化合物得到生长所需的能量，使二氧化碳成为细胞有机物质，故它们是化能自养型细菌。

其硝化反应步骤为：在硝化细菌的作用下，氨态氮进行分解、氧化，就此分两个阶段进行。首先，在亚硝化细菌的作用下，使氨(NH_4^+)转化为亚硝酸氮，反应式为：

$$NH_4^+ + 3/2O_2 \xrightarrow[(\Delta F=2.78.42kJ)]{\text{亚硝化菌}} NO_2^- + 2H_2O + 2H^+ - \Delta F \quad (8\text{-}2)$$

亚硝酸氮在硝酸菌的作用下，进一步转化为硝酸氮，其反应式为：

$$NO_2^- + 1/2O_2 \xrightarrow[(\Delta F=72.27kJ)]{\text{硝化菌}} NO_3^- - \Delta F \quad (8\text{-}3)$$

硝化反应总反应式为：

$$NH_4^+ + 2O_2 \xrightarrow[(\Delta F=351kJ)]{} NO_3^- + H_2O + 2H^+ - \Delta F \tag{8-4}$$

硝化反应的适宜温度为 20~30℃，pH 为 7~8，DO ≥2mg/L。

影响硝化反应的各项因素：

1) 溶解氧：在进行硝化反应的曝气池内，溶解氧含量不能低于 1mg/L；

2) 温度：硝化反应的适宜温度在 20~30℃以下，当温度下降至 15℃时硝化速度下降，5℃时硝化反应完全停止；

3) pH：最佳 pH 在 8.0~8.4 之间；

4) 生物固体平衡停留时间：一般取值至少为硝化菌世代时间的 2 倍以上，温度低，取值应明显提高；

5) 重金属及有害物质：重金属、高浓度的 NH_4^+、NO_x-N 有机物及络合阳离子等对硝化反应产生抑制作用。

反硝化反应是指在缺氧条件下，硝酸盐/亚硝酸盐作为反硝化细菌呼吸链的末端电子受体，被还原为气态氮化物或 N_2 的过程。按照营养类型，可将反硝化菌(适宜的温度为 5~40℃)分为两大类：异养菌(heterotrophic bacteria)和自养菌(autotrophic bacteria)。

异养型脱氮菌以有机碳作为其还原硝酸盐的电子供体，但是反硝化菌对有机物具有较强的选择性，有些有机物不能被反硝化菌利用。异养型脱氮菌反硝化过程可以通过下式表示：

$$6NO_3^- + 2CH_3OH \xrightarrow{\text{硝化还原菌}} 6NO_2^- + 2CO_2 + 4H_2O \tag{8-5}$$

总反应式为：

$$6NO_3^- + 3CH_3OH \xrightarrow{\text{亚硝化还原菌}} 3N_2 + 6OH^- + 3CO_2 + 3H_2O \tag{8-6}$$

$$6NO_3^- + 5CH_3OH \xrightarrow{\text{反硝化菌}} 3N_2 + 6OH^- + 5CO_2 + 7H_2O \tag{8-7}$$

影响反硝化反应的各项因素：

1) 碳源：一般认为当废水中 BOD_5/TN>3~5 时，即可认为碳源充足，无需外加碳源；

2) pH：反硝化反应 pH 控制在 6.5~7.5，在这个 pH 条件下，反硝化速率最高；当 pH > 8 或者 < 6 时，反硝化速率将大大下降；

3) 溶解氧：反硝化菌在厌氧、好氧交替的环境中生活为宜，溶解氧应控制在 0.5mg/L 以下；

4) 温度：反硝化反应的适宜温度是 20~40℃，低于 15℃时，反硝化菌的增殖速率降低，从而降低了反硝化速率。

(2) 生物脱氮的工艺概述

传统生物脱氮途径一般分为硝化和反硝化两个阶段，这两个阶段由于对环境条件的要求不同，不可能同时发生，而只能序列式进行，硝化阶段发生在好氧条件下，反硝化阶段发生在缺氧或厌氧条件下。由此而发展起来的生物脱氮工艺大多数将缺氧区与好氧区分开，形成分级硝化反硝化工艺，以便硝化与反硝化能够独立地进行。之后随着不断的创新又出现了各种改进工艺如后置反硝化(post-denitrification)、前置反硝化(pre-denitrification)、Phoredox(A2/O)、Bardenpho、AAA 工艺等，这些都是典型的传统硝化反硝化工艺。

前置反硝化能够利用废水中部分快速易降解有机物作碳源，可节约反硝化阶段外加碳源的费用，但是，前置反硝化工艺对氮的去除不完全，废水和污泥循环比也较高，若想获得较高的氮去除效果，则必须加大循环比，导致能耗相应也增加，从而增加运行费用。而后置反硝化则依赖于快速易降解有机碳源的投加，同时还会产生大量污泥，同时外加碳源和低水平的 DO 也会影响出水水质。

近年来，随着人们对生物脱氮过程的深入研究发现自养硝化-厌氧反硝化作用并不是唯一的一种生物脱氮方式，许多新型生物脱氮工艺逐步被研究出来，打破了传统的理论认识：硝化反应不只是自养菌可以完成，某些异养菌也可以进行硝化反应；反硝化菌不仅可以在厌氧或者缺氧条件下进行，某些细菌也可以在好氧条件下进行反硝化反应；并且许多好氧反硝化菌同时是异养硝化菌，能把 NH_4^+ 氧化成 NO_2^- 后直接进行反硝化，可以在好氧条件下直接完成硝化反硝化除去污水中的氮元素。短程(或简捷)硝化反硝化(short cut nitrification-denitrification)、同步硝化反硝化(simultaneous nitrification-denitrification, SND)和厌氧氨氧化(anaerobic ammonium oxidation, ANAMMOX)等这些工艺都是生物脱氮工艺在概念和工艺上的新发展。

在反硝化反应中当 NO_2^- 为电子受体时，生物脱氮过程则经过 NO_2^- 途径，称之为短程硝化反硝化。其生物脱氮原理是将硝化过程控制在亚硝酸盐阶段，阻止 NO_2^- 的进一步硝化，然后直接进行反硝化。影响 NO_2^- 生长的主要因素有温度、游离氨(FA)、溶解氧(DO)、pH、游离羟胺(FH)、水力负荷、有害物质以及污泥龄等。

与全程硝化反硝化相比，其优点为：硝化阶段减少了 25%左右的需氧量，从而降低了能耗；硝化阶段减少了 40%左右的有机碳源，从而降低了运行费用；硝化反硝化反应时间缩短，反应器容积可减小 30%~40%左右；具有较高的反硝化速率；污泥产量降低(硝化过程可减少 33%~35%左右的污泥，反硝化过程中可减少 55%左右的污泥)；减少了投碱量等。

传统生物脱氮技术认为硝化和反硝化反应不可能同时发生，但近年来的研究突破了这一认识，使得同步硝化反硝化变为可能。异养硝化菌和好氧反硝化菌的发展以及异养硝化、好氧反硝化和自养反硝化等技术的研究进展，奠定了同步硝化反硝化(SND)生物脱氮的理论基础。该技术的关键就是硝化和反硝化反应动力学平衡的控制。目前，对 SND 生物脱氮的机理还需进一步的认识与了解，但已在生物学、生物化学以及物理学的角度对其进行的解释。

与传统生物脱氮技术相比，其优点为：减小反应器的体积；缩短了生物硝化反硝化的时间；不需要酸碱中和。

厌氧氨氧化(ANMMOX)是指在厌氧条件下，微生物直接以 NH_4^+ 为电子供体，以 NO_3^- 或 NO_2^- 为电子受体，将 NH_4^+、NO_3^- 或 NO_2^- 转变成 N_2 的生物氧化过程。

与传统生物脱氮工艺、同步硝化反硝化工艺相比，厌氧氨氧化具有以下几个优点：

1) 不需要外加有机物作为电子供体，既节省费用又防治了二次污染；

2) 传统的硝化反应中每氧化 1 mol NH_4^+ 将消耗 2mol 氧，而在厌氧氨氧化反应中，每氧化 1 mol NH_4^+ 只需要消耗 0.75mol 的氧，耗氧量下降 62.5%(不考虑细胞合成时)，大大降低了氧耗能耗；

3) 传统的硝化反应氧化 1 mol NH_4^+ 可产生 2mol H^+，反硝化反应还原 1 mol NO_3^- 或 NO_2^- 将产生 1 mol OH^-，而厌氧氨氧化的生物产酸量小，产碱量为零，可以节省可观的中和试剂。

(3) 新型处理工艺

由于通榆河流域内农村地区生活污水规模小且分散、区域差异大、日变化系数大、间歇排放和水质水量变化大等特点，考虑到在农村地区建设和运行费用不能太高等因素，提出一种新型一体式 A/O 工艺，使沉淀区底部污泥自回流进好氧池，减少了传统 A/O 工艺中的混合液回流部分，省去了该部分的耗能，大大降低了污水处理系统中的运行费用。而且该反应器为一体式反应器，占地面积小，适用于土地面积缺乏的农村地区。

新型一体式 A/O 工艺流程图如图 8-6 所示。

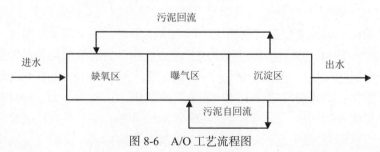

图 8-6 A/O 工艺流程图

流程说明：生活污水首先进入缺氧区，在降解进水的有机物浓度的同时，对回流进来的硝化液进行脱氮处理；经过缺氧区处理的污水自流入曝气区，通过异养菌和硝化菌及氨氧化菌的共同作用对有机污染物进行好氧降解及充分硝化；然后污水自流入沉淀区，在沉淀区底部，污泥自流入好氧区，增加了好氧区的污泥量，大大提高了好氧区的好氧降解及硝化效率，降低了污水处理运行成本，实现了低能耗污水处理。

该工艺的创新点为：使曝气区和沉淀区底部连通，射流曝气装置放置于曝气区靠近沉淀区部，射流曝气装置方向朝向缺氧区，装置运行后使曝气区内形成顺时针水流，底部水流向左，有利于沉淀区底部的污泥可自行流入曝气区，从而实现沉淀区污泥的自回流。

8.8　通榆河流域农村垃圾废物堆肥技术研究

随着我国农村城镇化和社会经济快速发展，产生了大量的生活垃圾，并呈逐年增加的趋势。目前农村生活垃圾人均产生量达 0.86 kg/ (d·人)，年产生总量约 3 亿 t/a，约 1/3 的生活垃圾未加处理、随意堆放，造成土壤、河流环境污染，成为农民健康的"隐性杀手"。因此，有效地解决农村生活垃圾污染问题对改善农村生态环境和提高农村群众生活质量具有重要意义。

生活垃圾一般指人类在日常生活及为日常生活提供服务的活动中产生的固体废物。其特点主要表现以下几个方面：

1) 产生量逐年增大。随着农民生活水平的不断提高，农村生活垃圾的产生量和堆积量均在逐年增加，目前农村生活垃圾年产生量接近 3 亿吨。

2) 农村生活垃圾的产生源分散，且不同地区的产生量差别也相对较大。这主要由农村分布特点所决定。

3) 农村生活垃圾的成分复杂，垃圾组分不固定。这主要受农民的生活习惯、经济收入、消费结构、燃料结构等因素的影响。

4) 垃圾产量受季节性因素影响较大。据调查，农村生活垃圾一般地在夏季产生量较大，主要是由于夏季高温炎热，瓜果蔬菜大量上市，农民消费量大，且瓜果蔬菜的废弃物水分含量大，随之产生的生活垃圾量也就多。

5) 农民环境保护意识薄弱，农民对垃圾处理的缺乏积极主动性，给垃圾治理带来了难度。

传统上，受经济条件限制，农村居民产生的垃圾量相对较少，垃圾成分简单，主要以厨余和灰渣为主，处理方式主要是简单填埋或还田，对环境影响较小。近年来，随着农村经济的快速发展，生活水平日益提高，农村生活垃圾产生量逐年增加，垃圾成分也发生了较大的变化，大量的垃圾未得到有效处理，随意露天堆放，或受雨水冲刷进入河流，导致水体富营养化，危害了生态环境，直接或间接地威胁了居民的身体健康。

农村垃圾危害生态环境主要表现以下几个方面：

1) 占用土地，污染土壤。农村生活垃圾未经过任何的处理随意堆放，不但侵占大量的土地，而且垃圾渗滤液中的有害物质渗入土壤中会杀死土壤中的微生物，妨碍土壤中各种元素之间的物质循环，降低土壤的物理性能，影响植物的生长发育，导致减产。

2) 影响农村的生活环境卫生。农村生活垃圾的随意堆放会产生恶臭，滋生苍蝇蚊虫，导致病菌繁殖，威胁居民的身体健康，影响了农村的生活环境卫生。

3) 造成水体和大气环境污染。一些农村生活垃圾被直接倾倒在河流、坑塘等旁边，受雨水冲刷进入河流水体，从而把有害物质带进了水中，造成水质污染，生活垃圾中的一些寄生虫、病毒、病菌等污染物就会通过水体危害人体健康，而且容易导致传染病的传播。另外，随意堆放的生活垃圾，其中的有机成分在适当的条件下会发生生物降解释放出沼气或硫化氢等气体，在一定程度上污染大气环境，危害人体身体健康。

(1) 农村生活垃圾处理技术概述

农村生活垃圾主要成分为厨余、瓜果皮、植物残体、砖瓦灰渣、纸类、布类、塑料、畜禽粪便等，其中有机物含量较高，约占为 60%~70%。目前人们常采用卫生填埋、焚烧、堆肥三种技术处理农村生活垃圾。

1) 卫生填埋。卫生填埋是在传统的垃圾堆放填埋的基础上发展起来的，到 20 世纪 90 年代已发展成为较成熟的技术。其原理是将垃圾在选定的场所，填埋到一定高度，加上覆盖材料，让其经过长期的物理、化学和生物作用达到稳定状态。其缺点是填埋场选址标准苛刻，易造成土壤和地下水污染，产生的沼气不易处理，易发生爆炸，必须采用先进的防渗、导气、渗滤液处理技术，这样增加建设和运行成本；旧场填满后，需再建新场，占用大量的土地资源，且填满后还需后期维护管理。近几十年来，世界各国都投入大量的人力、物力进行垃圾处理。据统计，英国垃圾填埋比例占 90%、美国 67%、加拿大 80%、德国 80%、中国 90%。然而随着经济发展，垃圾量的增多，采用卫生填埋技术处理垃圾最终会因投资大、占用大量土地、易污染环境而被边缘化。

2) 焚烧。焚烧是将垃圾作为固体燃料送入垃圾焚烧炉中，在高温条件下，垃圾中的可燃成分与空气中氧气进行剧烈的化学反应，放出热量，转化成高温的燃烧气和量少、性质稳定的固体残渣。其优点是减容化、无害化比较彻底，一般固体废弃物经过焚烧体积可减少 80%~90%，同时可破坏一些有害固体废弃物或杀灭病虫卵，达到解毒、除害的目的。缺点是对垃圾热值有要求，有机固体废弃物的低位热值应大于 5000kJ/kg、含水率≤54%、可燃物含量≥22%，而我国农村生活垃圾中可燃成分主要为生活厨余垃圾、塑料、废纸等，热量较低且水分含量受季节影响，因此焚烧中要消耗一定量煤、油等助燃能源，浪费大量的资源，投资和运行费较高,燃烧过程中产生各种大气污染物如 SO_2、NO_x、二噁英、气溶胶和飞灰等,造成二次污染,对人类的身体健康造成威胁。

3) 堆肥。生活垃圾堆肥法就是依靠垃圾中各类的微生物(如细菌、放线菌、真菌等),通过生物化学反应将可被生物降解的有机物转化为稳定的腐殖物质的过程。堆肥按有氧状态可分为好氧堆肥和厌氧堆肥。好氧堆肥是在有氧的条件下,利用好氧微生物对垃圾中的有机废物进行吸收、氧化、分解的生化降解,使其转化为腐殖质的一种方法;而厌氧堆肥是在无氧气条件下,将有机物料分解为甲烷、CO_2 和许多低分子量的中间产物(如有机酸)的方法。厌氧堆肥与好氧堆肥相比较,单位重量的有机质降解产生的能量较少,而且厌氧堆肥通常容易发出臭味。由于这些原因,几乎所有的堆肥都采用好氧堆肥。

从投资、用地、管理、产生污染方面来看,这三种垃圾技术各有利弊。其中,卫生填埋和焚烧技术处理垃圾成本较高,如一个日处理垃圾 100t 的焚烧炉,仅设备投入就要 1300 万元,而一座日处理垃圾 1500t 的卫生填埋场,使用 15 年的预计投资 1.5 亿元,且易造成环境二次污染,这与农村经济发展落后和提倡"绿色环境"相悖。农村生活垃圾有机成分含量高,可以作为资源重新被利用,堆肥技术可使垃圾减量化、无害化和资源化,且投资成本低,对周边环境无污染,堆肥产品能够作为有机肥肥料培肥地力,增产农作物产量,因此堆肥是农村生活垃圾资源化处理最有前景的发展方向。

(2) 有机生活垃圾好氧堆肥化的影响因子

农村生活垃圾进行堆肥化处理受堆肥的温度、水分、通气量、C/N 比、pH 等因子影响,它们是堆肥成功的关键因素。

1) 温度。温度是影响微生物活性和堆肥工艺过程的重要因素。堆肥过程中微生物分解有机物的同时,释放出热量而促使堆肥快速升温。堆肥达到高温期(55℃以上)保持 3 d 以上或(50℃以上)保持 5~7 d,能够杀灭堆肥所含致病微生物和害虫卵。堆肥发酵初期可分为几个阶段:堆肥初期常温/中温细菌比较活跃,在降解和代谢有机物的同时,释放部分热量,使堆层温度迅速上升,3 d 内达到 55℃,此时中温细菌受到抑制甚至死亡,高温菌开始受到激发。嗜热菌大量繁殖,温度明显升高,堆肥进入高温期(55℃以上),此时除了易腐有机物继续分解外,一些较难分解的有机物(如纤维素、木质素等)也逐渐被分解。此时,腐殖质开始形成,堆肥物质初步稳定化。堆肥高温期过后,堆肥需氧量逐渐减少,温度也持续下降,这时中温微生物又开始活跃起来,继续分解残余有机物,堆肥进入降温、腐熟阶段。

2) 通气。正确的通风是堆肥制作中的一个关键因素。许多微生物需要氧气。它们需要氧气产生能量,快速生长,并消耗更多的材料。生活垃圾堆肥过程中是以适宜的氧浓度为 14%~17%;过低(<10%),则用强制性通风,以不断补给氧气.激发好氧菌的活性;否则氧气不足将使好氧菌生长受抑制,使好氧发酵停止。

3) C/N。微生物的生长速度与堆肥物料的 C/N 比有关。作营养基的有机物 C/N 最好处于微生物自身 C/N 为 25：1~35：1 的范围内。过高、过低都不利于好氧菌的生长繁殖，C/N 若偏离正常范围，可通过添加含氮高(如粪便或肥水)或含碳高(锯末屑、秸秆等)的物料来加以调整，使碳氮比达到或接近 35：1。

4) pH。pH 是堆肥微生物生长的一个重要的因素，适宜的 pH 可使微生物有效发挥作用。有机废弃物发酵过程适宜的 pH 为 6.5~7.5，该值是细菌和放线菌生长最合适的酸碱度；但是它们可在 pH 为 6~8 范围内繁殖，一般不必调整 pH；pH 过高(pH > 9)或过低(pH < 4)会减缓微生物降解速度，需调整堆肥的 pH。

5) 水分含量。水分是影响堆肥腐熟速度的一个主要参数。在好氧堆肥中，有机生活垃圾分解是在垃圾颗粒表面的一薄层液态膜中完成的，水在微生物分解垃圾中起着媒介作用。其作用主要有：①溶解有机物，参与微生物的新陈代谢；②水分蒸发时带走热量，起调节堆肥温度的作用。水分含量影响堆温变化，进而影响堆肥微生物的活性及有机垃圾分解速度，甚至关系到好氧堆肥工艺的成败。若水分含量低于 10%~15%，细菌的代谢作用会普遍停止；否则含水量过高，堆体空隙较小，通气性较差，形成厌氧状态，产生臭味，分解速度变慢，堆肥腐熟周期延长。研究表明，水分含量在 55%~65%最有利于微生物分解。因此，在堆肥中，水分调控十分重要。

农村生活垃圾中主要成分为可降解有机物质，无机成分较少，易采用堆肥技术处理生活垃圾，该技术是今后农村处理垃圾的主要方式。合理调控影响堆肥工艺的参数(如水分、温度、C/N、pH 等)，通过微生物强化堆肥技术如外援高温分解菌接种技术、功能性微生物接种技术及微生物除臭技术等能有效地使生活垃圾达到无害化、减量化和资源化，合理地将废弃物变废为宝，实现社会主义新农村建设的生态环境和经济社会的可持续发展。

(3) 微生物在农村有机生活垃圾堆肥中的作用

目前处理生活垃圾的技术主要有卫生填埋、焚烧和堆肥等，其中堆肥技术是有机垃圾无害化、减量化和资源化的关键技术，而微生物是堆肥发酵的主体，其种类和数量变化对有机垃圾的发酵影响很大。因此，探讨微生物在堆肥发酵过程中的作用对指导和促进有机垃圾发酵具有重要意义。

堆肥是利用自然界广泛分布的细菌、放线菌、真菌等微生物，人为地促进可降解的有机物向稳定的腐殖质生化转化的微生物学过程。微生物在堆肥过程中扮演着重要角色，随着堆肥化过程中有机物的逐步降解，堆肥微生物的种群和数量也随之变化。因此，了解微生物在堆肥过程中的变化规律有利于人为调控堆肥、加快有机物质的降解速度、提高堆肥温度和缩短堆肥发酵周期。

堆肥原料中含有大量的细菌，如一般农村垃圾中含有细菌数量在 10^{14}~10^{16} 个/kg 之间(赵由才等，2007)，其中以中温细菌的数量居多，嗜热细菌较少；随着堆肥化的延续、堆肥温度的升高，中温细菌逐渐被嗜热细菌代替，堆肥进入高温阶段，此时高温细菌占绝对优势，其代表细菌主要有枯草芽孢杆菌(*B. subtils*)，地衣芽孢杆菌(*B. licheniformis*)和环状芽孢杆菌(*B.circulans*)等芽孢杆菌属，但细菌总数量减少；当堆肥进入降温阶段时，嗜热细菌数量减少，中温细菌开始增多。总体来讲，细菌数量呈现高—低—高的变化趋势。

在垃圾堆肥进程中放线菌数量的变化规律与细菌大致相似，也呈现高—低—高的变化趋势。在这期间放线菌对复杂有机物(如纤维素、木质素和蛋白质等)分解发挥着重要的作用，因为它们分泌的酶有助于分解诸如树皮、报纸类的坚硬有机物。在堆肥高温阶段主要代表的嗜热放线菌是诺卡氏菌(nocardia)、链霉菌(streptomyces)、高温放线菌(thermoactinomyces)和单孢子菌(micromonospora)等，这些菌在堆肥降温和熟化阶段也能够活跃地分解垃圾中的纤维素和木质素。

在堆肥过程中，真菌对堆肥物料的分解和稳定起着重要作用。真菌几乎能利用堆肥原料中所有的木质素，尤其是白腐菌，这些真菌利用其分泌的胞外酶和具有机械穿插能力的菌丝共同来降解堆肥中难降解有机物(如纤维素、半纤维素和木质素等)。真菌主要分为中温真菌和高温真菌，以中温真菌居多，生长温度范围在5~37℃，最佳温度在 25~30℃；而高温真菌的最佳生长温度在 40~50℃，当温度达到 60℃时，真菌几乎消失。真菌数量在整个堆肥过程中一直呈下降趋势。

总之，有机垃圾堆肥过程是一个动态过程，各阶段内不同种类的微生物之间也是一个动态平衡协调过程，了解它们的变化规律对筛选微生物菌剂和人工控制堆肥发酵起着至关重要的作用。

(4) 农村有机生活垃圾堆肥处理技术

传统堆肥腐熟过程主要是一个由自然微生物参与的生理生化过程，并常伴有恶臭、污水、苍蝇等污染物。而在垃圾中接种微生物菌剂可以促进生活垃圾快速腐熟、增加垃圾中的微生物数量、调节微生物结构、提高堆肥品质等。有研究表明接种外源微生物菌剂明显影响堆肥不同时期的细菌群落结构组成，且能加快堆肥的腐熟速度。因此，加强微生物对垃圾堆肥的影响研究具有重要意义。

1) 发酵微生物菌种的选育及应用。生活垃圾如稻草、谷物秸秆、水稻壳、甘蔗渣、动物粪便及废纸等的纤维素含量较高，加速这些物质转化为腐殖质是堆肥充分腐熟的关键。据报道分解纤维素较强的菌株多为真菌如木霉属(*Trichoderma*)、曲霉属(*Aspergillus*)、青霉属(*Penicillium*)、枝顶孢霉属(*Acremonium*)等菌株，细菌较少。研究表明垃圾中纤维素的降解是多种微生物的协同作用，如研究者在堆肥中加入固氮菌和纤维素分解菌，其中固氮菌利用纤维素分解菌分解纤维素所生成的各种碳化物作为碳素养料和能源，在大量繁殖的同时，也有效地进行固氮作用，且也为纤维素分解菌的生长繁殖提供氮源，加速生活垃圾的降解，提高垃圾中的含氮量，从而提高堆肥的肥效。

目前应用较为广泛的微生物菌剂主要有日本的 EM 菌、酵素菌，美国的 B 系列菌群(以芽孢杆菌为主)，中国台湾地区的光合细菌(photosynthetic bacteria，PSB)及澳大利亚的奥尔尼克生物菌种等。这些菌剂能够加速垃圾中有机废物降解、缩短堆肥的发酵时间，提高了堆肥的腐熟度。研究表明在浒苔与秸秆混合堆肥中添加 EM 菌剂可以使堆肥维持高温(50℃以上)时间达 19d，堆肥效果最好；在木屑堆肥中添加酵素菌可使堆温快速升高，即 24 h 可达 56℃，60 d 可腐熟，有效地缩短了堆肥发酵时间；在畜禽粪便中添加光合细菌能够减少铵态氮、硫化物等污染物的排放。因此，在堆肥中添加微生物菌剂可缩短堆肥腐熟周期，有利于人为调控堆肥，提高堆肥品质。

2) 微生物除臭菌的选育与应用。传统垃圾堆肥过程中往往产生难闻的气味(如 NH_3、H_2S 和易挥发性小分子有机物 VFA)，影响周围居民的身心健康。处理方法主要有物理、化学和生物方法，其中生物法以除臭效果好、材料易得、设备投资和维持费用低而受到人们的青睐。日本学者筛选出一株放线菌株并将其接种于畜禽粪便中，能够使 NH_3、H_2S 和 VFA 等物质很快消失，之后各国学者对生物除臭做了大量的研究，我国已报道筛选出的除臭菌有松鼠葡萄球菌、巨大芽孢杆菌 CCW-Yl 菌株、灰色链霉菌 CCW-Y2 菌株、绿色木霉、细黄链霉菌、热带假酵母 CCW-Y3 菌株等，这些菌株对消除垃圾中的臭气效果良好，除臭效果按微生物种类排序为真菌>细菌>放线菌。

3) 功能性微生物的选育及应用。有机垃圾堆肥能够改良土壤，促进作物生长，但往往由于垃圾堆肥本身的附加值低而限制了其广泛应用和发展。为提高堆肥产品品质或增加其附加值，研究者利用富集、分离筛选法从畜禽粪便、土壤、腐熟堆肥中筛选出一些提高堆肥肥效的微生物如固 N、溶 P、解 K 菌和抑制植物病害的微生物如肠杆菌属、黄杆菌、假单孢杆菌属，其他细菌类和链霉菌属、青霉菌属、木霉菌属和绿色粘帚霉等。在堆肥过程中适当地加入这些有益微生物能够让其大量繁殖，这样可增加垃圾堆肥肥效，有利于提高土壤肥力和促进农作物生长或抑制一些土传病害如植物细菌和真菌性病害，从而可以开拓垃圾堆肥应用前景，达到农村有机垃圾处理的减量化、无害化和资源化。筛选出的拮抗烟草青枯病的细菌添加到牛粪堆肥中制作成生物有机肥，能够使烟草青枯病发病率比对照降低50.65%、病情指数降低 71.09%，有效地防治了烟草青枯病发生；研究表明光合细菌与有机肥混用，与单施有机肥相比，可使土壤中微生物总量增加 13.7%，光合细菌增加 118.9%，固氮菌增加 14.6%，增加了土壤肥力和提高土壤生物活性。因此，筛选功能性微生物对提高堆肥品质、拓宽堆肥应用范围具有重要意义。

(5) 农村垃圾堆肥处理技术存在问题及展望

微生物不论在传统自然堆肥和生物有机堆肥中都起着重要作用，因此弄清微生物在堆肥过程中的活动规律对选育高效的微生物菌种、最佳接种时间和菌种复配至关重要。近年来，研究者在菌种选育方面做了大量的工作，但由于微生物种类繁多和遗传多变性等原因，筛选高效的菌株仍需要大量研究工作；同时，由于农村生活垃圾成分复杂，如何对各菌种合理复配，使其功能最强、活性最大是堆肥微生物研究的一个难题；另外，尽管我国在生产优质有机肥方面的技术日益成熟，但要将筛选出的高效功能性菌种引入有机肥生产过程中，并生产具有特种功能的有机肥生产技术方面尚很困难。这主要在于：①不同微生物生长所需的适宜条件有所差异，因此有机肥的生产工艺需要依不同的有益微生物进行调整；②在功能性堆肥生产过程中接种有益微生物的时间需要探索。因为如果将菌种过早接入，在堆肥过程中产生的高温(60~75℃)将会杀死接入的微生物。如果接种过晚，则会因堆肥内其他微生物的大量存在和盐分浓度高等原因使接入的菌无法大量繁殖。因此，今后应进一步加强微生物菌种的选育、菌种复配、功能性有机肥工艺等方面的研究，不断地完善堆肥工艺技术。可以预见，利用外援微生物处理农村生活有机垃圾生产生物有机肥是农村生活垃圾变废为宝的有效途径之一，具有良好的发展前景。

第九章 通榆河流域内畜禽养殖污染物
综合控制技术与示范

《全国畜禽养殖污染防治"十二五"规划》中指出"2010 年，全国畜禽养殖业的化学需氧量、氨氮排放量分别达到 1184 万吨、65 万吨，占全国排放总量的比例分别为 45%、25%，占农业源的 95%、79%，畜禽养殖污染已经成为我国环境污染的重要因素源。"《规划》提出了重点治理单元和治理目标："重点治理单元是规模化养殖场(小区)、污染严重的养殖密集区域，重点区域是养殖总量大、污染负荷重、国家水污染防控重点流域和区域等。到 2015 年，全国畜禽养殖污染状况基本摸清，畜禽养殖污染防治法规标准体系基本健全，畜禽养殖环境监管和污染防治科技支撑能力明显提升，畜禽养殖废弃物综合利用和污染治理设施建设得到加强，严重危害群众健康的突出畜禽养殖污染问题基本解决，全国畜禽养殖化学需氧量、氨氮排放量较 2010 年分别减少 8%、10%以上，分别新增削减能力 140 万吨/年、10 万吨/年。"

国家、省、市三级层面已相继出台相关规划、实施方案、指导意见等，均指出畜禽养殖业污染治理的重要性和迫切性。《全国畜牧业发展第十二个五年规划》第一大战略重点加快推进畜禽标准化生产体系建设中指出："按照'畜禽良种化、养殖设施化、生产规范化、防疫制度化、粪污处理无害化'的要求，加大政策支持引导力度，加强关键技术培训与指导，深入开展畜禽养殖标准化示范创建工作。进一步完善标准化规模养殖相关标准和规范，要特别重视畜禽养殖污染的无害化处理，因地制宜推广生态种养结合模式，实现粪污资源化利用，建立健全畜禽标准化生产体系，大力推进标准化规模养殖。"

9.1 养殖场污水的处理方法

近年来，随着农业结构调整和农业产业化进程的逐步推进，中国集约化、规模化养猪场发展迅速。由于大多数养猪场的污水处理系统并不完善，产生的大量粪便污水排入周围的水系中。养殖污水属于高污染废水，含有大量有机物、悬浮物、氮磷等营养元素和病菌等，如果不经处理，就直接排入水体，极易对地表水、地下水及土壤造成严重的污染，同时污染大气，引起传染病和寄生虫病的蔓延，威胁人类的健康。因此，加强集约化、规模化养猪场污染防治及资源化利用已成为目前我国环境保护中亟待解决的问题。

目前，国内外对养殖污水的处理方法很多，按照原理可以分为生物、物理和化学方法；按照处理形式可分为还田利用、自然处理、工业化处理等。自然处理和工业化处理都应用了厌氧和好氧机理；还田利用和人工湿地处理应用了植物氮磷吸收转化的机理。

养殖场污水的生物处理主要是利用微生物新陈代谢的生理功能来分解环境中的有机物并将其转化为稳定的无机物，从而使废水中的有机污染物得以降解去除。与物理、化学方法相比，生物处理法具有节约成本、不产生二次污染等特点，在畜禽养殖污水的处理中是比较常用的。生物处理按照其形式可分为自然生物处理、好氧处理和厌氧处理。

9.1.1　自然生物处理

自然生物处理法是指利用天然的水体和土壤中的微生物来净化废水的方法，主要包括水体生物处理和土地处理两类。氧化塘(好氧塘、兼性塘、厌氧塘)和养殖塘等属于生物处理系统。土地处理慢速渗滤、快速渗滤、地面漫流和人工湿地等属于土地处理系统。自然生物处理法具有能耗低、投资小等优点，对难生化降解的有机物、氮、磷等营养元素和细菌的去除率都高于常规二级处理，其建设费用和处理成本也比二级处理低得多。

9.1.1.1　氧化塘

氧化塘是一种利用天然净化能力对污水进行处理的构筑物的总称。其净化过程与天然水体的自净过程十分相似。通常是将土地进行适当的人工修整，建成池塘，并设置围堤和防渗层，依靠塘内生长的微生物来处理污水。主要利用菌藻的共同作用处理废水中的有机污染物。其具有基建投资和运转费用低、维护和维修简单、便于操作、能有效去除污水中的有机物和病原体、无需污泥处理等优点。我国南方地区如福建、广东等省多采用厌氧预处理后再进入氧化塘进行处理。

9.1.1.2　人工湿地

人工湿地是由人工基质和生长在其上的微生物、水生植物组成的一个独特的(土壤—植物—微生物)生态系统。通过沉淀、吸附、阻隔、微生物同化分解、硝化、反硝化以及植物吸收，去除污水中的悬浮物、有机物、氮、磷和重金属等，实现对污水的高度净化。实际生产中，较多的规模养殖场利用现成的水塘、湿地种植一些既耐高浓度有机物污水，又有经济价值的植物，如茭白、水芹，或直接生长野草和水花生等水生作物，发挥湿地和水生植物降解、转化氮、磷等有机物的作用，净化污水。欧美国家较多采用人工湿地处理养殖畜禽污水。墨西哥湾项目(GMP)调查收集了 68 处共 135 个中试和生产规模的湿地处理系统约 1300 个运行数据，并建立了养殖废水湿地处理数据库，发现污染物平均去除效率生化需氧量(BOD_5)为 65%，总悬浮物为 53%，$NH_3\text{-}N$ 为 48%，总 N 为 42%，总 P 为 42%。人工湿地存在的主要问题是堵塞，而引起堵塞的主要原因是悬浮物，微生物生长的影响却很小。避免堵塞的方法主要有加强预处理、交替进水和湿地床轮替休息等。

9.1.2 厌氧处理法

集约化的畜禽养殖场污水产生量多，并且处理难度大。厌氧技术在养殖场废水处理领域中是较为常用的。对于养殖场高浓度的有机废水，采用厌氧消化工艺能将可溶性有机物大量去除(去除率可达 85%~90%)，并且可以杀死大量病原菌，有利于防疫，这是固液分离、沉淀、气浮工艺不可取代的，已成为畜禽养殖场污水处理工艺中重要的处理单元。

厌氧降解是由多种微生物共同作用的生化过程，可分为水解、发酵(酸化)、产乙酸和产甲烷四个阶段，最终被转化为甲烷、二氧化碳、水、硫化氢和氨气(图9-1)。同时在缺氧状态，还存在硝酸盐和亚硝酸盐的脱氮过程。

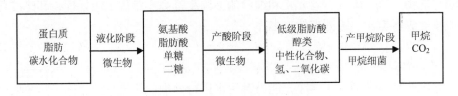

图 9-1　厌氧降解过程示意图

目前用于处理养殖场粪污的厌氧工艺很多，其中较为常用的有：全混式厌氧反应器(CSTR)、上流式厌氧污泥床(UASB)、HCF 厌氧消化装置、升流式固体反应器(USR)、污泥床滤器(UBF)等。常用厌氧消化装置的适用见表 9-1。

表 9-1　常用厌氧消化装置类型及其适用性

装置类型	适宜养殖场类型	适宜消化浓度	备注
USR	猪场、鸡场、牛场	≤6	无机械搅拌、可增加水力搅拌
CSTR	猪场、鸡场、牛场	6~8	有机械搅拌
UASB	猪场	<2	无机械搅拌
HCF	牛场、猪场	6~8	有机械搅拌

(1) USR 厌氧消化装置

升流式固体反应器(USR)是一种结构简单、适用于高悬浮固体原料的厌氧消化装置。原料从底部进入消化器内，在与消化器内的活性污泥充分接触后，原料得到快速消化。未消化的生物质固体颗粒和沼气发酵微生物靠自然沉降滞留于反应器内，上清液从消化器上部溢出，这样可以得到比水力滞留期高得多的固体滞留期(SRT)和微生物滞留期(MRT)，从而提高了固体有机物的分解率和消化器的效率。单体池容可达3000m³，进料的干物质浓度(TS%)为4%~6%。反应时需要对来料进行预处理，防止固体堵塞水泵和管道。

(2) CSTR厌氧消化装置

全混式厌氧反应器(CSTR)是在常规厌氧消化装置内安装了搅拌装置，使发酵原料和微生物处于完全混合的状态，其效率比一般消化器明显提高。该消化器常采用恒温连续投料或半连续投料运行，适用于高浓度及含有大量悬浮固体原料的处理。在消化器内，新进入的原料由于搅拌作用很快与消化器内的全部发酵液混合，使发酵底物浓度始终保持相对较低状态。

(3) UASB厌氧消化装置

上流式厌氧污泥床(UASB)反应器主体是内装颗粒厌氧污泥的厌氧消化装置，技术关键是三相分离器、布水系统及该装置的运行条件，特别是形成颗粒污泥的工艺条件是确保该反应器处理效果的关键。废水被均匀地引入反应器底部，污水向上通过包含颗粒污泥或絮状污泥的污泥床。厌氧反应发生在污水与污泥颗粒的接触过程中，在污泥层形成的一些气体附着在污泥颗粒上，附着和没有附着的气体向反应器顶部上升，在厌氧状态下产生的沼气引起了内部循环，其上部设置专用的气、液、固三相分离器，可使反应器中的厌氧微生物保持高活性及良好的沉淀性能，该装置不适宜高悬浮物液体原料，在处理养猪场污水时，应尽量先进行粪污水的固液分离。

杨朝晖等提出沉淀—UASB—SBR工艺处理猪场废水，经厌氧消化可除去大部分的有机质，在SBR工艺中的曝气过程分为2个阶段，中间添置闲置阶段，既防止产生过多泡沫，又增强反消化作用。经过稳定运行，UASB反应器COD有机负荷稳定在8~10kg/(m³·d)，COD去除率达到70%左右，BOD_5去除率80%左右，经SBR处理可去除氨氮95%~98%，最终出水COD为186~412mg/L，BOD_5为78~146mg/L，氨氮为20~60mg/L，出水仍残留部分生化处理难以去除的难降解有机物，这是因为厌氧消化较完全，消化液COD较低，而氨氮很高，导致后续生化处理碳源的不足，影响了后续的处理效果。

(4) 污泥床滤器(UBF)

UBF反应器是由上流式厌氧污泥床(UASB)高效反应器与厌氧滤器(AF)结合研制而成的。反应器下部为厌氧污泥床，可形成厌氧颗粒污泥，颗粒污泥具有很高的产甲烷活性和良好的沉降性能。因此，它可以承受较高的负荷，是去除污水中污染物的主要部分。UBF反应器上部为填料过滤层，滤料为厌氧微生物附着生长提供了很大的表面积。厌氧微生物大部分存在于滤料表面的生物膜中，少数以厌氧污泥的形式存在于滤料的间隙中。污水以升流式从下部进入 AF 段后向上流经滤料，其中的有机污染物与床中附着有厌氧生物膜的载体不断接触反应，达到厌氧反应分解、吸附和去除的目的，处理后出水从上部流出。由于反应器的上下部均保持很高的生物量浓度，提高了反应器的除污能力和抗冲击负荷能力。

(5) HCF 厌氧消化装置

HCF 是一种塞流、混合及高浓度特点相结合的厌氧发酵装置，内设机械搅拌，以塞流方式向池后端不断推动。HCF 厌氧反应器的一端顶部有一个带格栅并与消化池气室相隔离的进料口，在厌氧反应器的另一端，料液以溢液和沉渣形式排出。HCF 厌氧工艺发酵料液干物质含量可达 8%。

厌氧消化装置的选择对猪场污水的处理目标起到了决定性的作用，所以在选择厌氧消化装置时，要根据猪场污水排放的情况、猪场所需沼气的数量、周边环境与水体和土壤承载力的情况，因地制宜地选取适宜的厌氧消化装置和粪污水处理模式。

9.1.3　好氧处理法

废水的好氧处理是在有氧的情况下，借好氧微生物的作用来进行的。好氧处理工艺根据微生物的生长状态的不同可分为附着生长型和悬浮生长型两类。好氧处理中附着生长型以生物膜法为代表，悬浮生长型以活性污泥法为代表。

成文采用接触氧化水解(酸化)—两段接触氧化—混凝工艺处理猪场废水，水解对 COD_{cr} 有较高的去除率，效果稳定在 60%~70%，接触氧化对 COD 的去除效果在 50%左右。整个工艺对氨氮去除效果较好，出水氨氮在 13~15mg/L，COD_{Cr} 在 200~250mg/L，经过聚合氯化铝混凝沉淀后，最终出水 COD_{Cr} 稳定在 100mg/L 以下，出水达到污水综合排放一级标准(GB8978——88)。但该工艺程序复杂，占地面积大，对氨氮的去除效果还有待进一步研究。

9.1.4　组合处理法

养殖场污水为高浓度有机污水，若是单独使用某一种方法处理很难达到预期的效果。厌氧、好氧、化学等方法各有优缺点，在污水处理的过程中，可以根据实际情况将几种方法联合起来使用。

厌氧发酵需求能量低、污泥产量低，而且产生的沼气还可以用来发电或作为能源使用，厌氧发酵法可对好氧性微生物不能降解的一些有机物进行降解。但是，经厌氧发酵处理后的污水中有机物浓度仍比较高，一般不能达到污水排放标准，因此还需要进行进一步的好氧处理。厌氧发酵处理一般不能去除污水中的氮和磷等营养物质。含氮和磷的有机物通过厌氧发酵后除很少的一部分被细胞合成利用外，绝大部分以氨氮和磷酸盐的形式随出水排出。一般说，活性污泥好氧处理法，其 COD、BOD、SS 去除率较高，可达到排放标准，但 N、P 去除率低，且工程投资大，运行费用高处理。好氧处理早期主要采取活性污泥法、接触氧化法、生物转盘、氧化沟和厌氧-好氧法等工艺。Bortone 等研究表明采用间歇曝气处理养殖废水，有机物与氮、磷去除效果较好，此后以间歇曝气为特点的序批式反应器广泛应用于猪场废水处理中。NG 采用序批式反应器工艺处理猪场废水，其氨氮的去除率仅为 68.7%。SU 等采用序批式反应器厌氧消化也得出同样的结果。

厌氧-好氧联合处理，既克服了好氧处理能耗大与占地面积大的不足，又克服了厌氧处理达不到要求的缺陷，具有投资少、运行费用低、净化效果好、能源环境综合效益高等优点，特别适合产生高浓度有机废水的畜禽场的污水处理。

重庆合川某规模化养猪场中温(UBF-SBR)工艺废水处理系统中配套了 UBF 反应器布水装置。该养猪场的养殖规模为 1 万头，采用水冲清粪工艺，平均日产废水 $120 m^3$。经计算设计出 UBF 反应器的主要参数为：反应器有效容积 V=144 m^3，反应器有效高度 H=5.1 m，反应器底面积 A=28.2 m^2，底面直径 D=6m，布水装置出水口数目为 12 个。反应器每天的进水时间 5 h，白天每隔 3 h 进水 1 h，进水上流速度为 0.85 m/h。经过处理后，出水的水质见表 9-2。

表 9-2　UBF-SBR 工艺处理养猪场的效果

项目	BOD_5/(mg/L)	COD/(mg/L)	SS/(mg/L)	NH_3-N/(mg/L)
进水	8500	16000	9500	800
出水	100	200	150	45

9.2　畜禽粪污处理主要模式

对于畜禽养殖场粪便污水的处理模式主要有三种：还田模式、自然处理模式和工业化处理模式。

9.2.1　还田模式

粪便污水还田作肥料是一种传统的、经济有效的处置方法，可以实现养分循环利用，达到污染物零排放。粪尿、冲洗水施于土壤中，在土壤微生物和植物的作用下，粪便污水中有机物质被分解转化成腐殖质和植物生长因子，有机氮磷转化成无机氮磷，供植物生长利用，不但可以减少化肥的使用，还能维持并提高土壤地力，减轻风蚀和水蚀作用，改善土壤通透性，促进有益微生物的生长。

自 20 世纪 70 年代中期以来，围绕科学、合理利用畜禽粪便污水，国外主要进行养分供需平衡、粪污施灌方法、粪便精准应用、安全性以及减少风险的措施等方面的研究。

国内研究主要着眼于粪便污水厌氧消化液(沼液)还田的正面影响，即对改良土壤及作物增产的效果，而对其副作用——长期施用的危害还没有引起足够的重视。

在还田利用模式中，关键问题是土地对粪便污水的承载能力。整个欧洲都采取了类似的法律、法规。意大利规定每公顷耕地可施用 4 吨畜禽粪便。英国建议的粪便污水最大用量为 50m³，且每 3 周不超过一次。德国对耕地使用氮、磷、钾总量进行了限制，如氨的最大用量为 240kg。也对每公顷耕地承载的家畜(禽)量进行了限制：牛 3~9 头，马 3~9，羊 18 只，猪 9~15 头，鸡 300~900 只，鸭 450 只。挪威规定：1 头牛，8 头猪，67 只蛋鸡应有 0.4hm 的土地消纳粪污。

我国在这方面没有明确的限制，若按照每公顷(ha)耕地的氮肥施用量 150~400kg(以 N 计)(李家康等，1997；尹崇仁，1993)计算，则万头猪场(年出栏商品猪 10000 头)的粪污需要 90~235ha(相当于 1350~3500 亩)的土地消纳，这在农村土地联产承包的经营条件下存在实施困难。

还田模式的另一个问题是粪污的储存。既要有足够的容积来储存暂时没有施用的粪污或其厌氧消化液，同时又不能闲置太多的空容积，造成浪费。对畜禽粪便污水的储存时间，意大利规定为 180 天；丹麦规定不少于 9 个月；美国地广人稀，其粪污的储存时间长达 1 年。而我国上海地区采用储存时间一般在 60 天以上。需要较大的土地。

尽管还田模式具有投资省、不耗能，毋需专人管理，运转费用低，营养物质资源化，污染物零排放等优点，但也存在以下一些问题：

1) 需要大量土地，因此受条件限制，适应性不强；

2) 雨季以及非用肥季节还须考虑粪污或沼液的出路；

3) 存在传播畜禽疾病和人畜共患病的危险；

4) 不合理的施用方式或连续过量施用会导致硝酸盐、磷及重金属的沉积，从而对地表水和地下水构成污染；

5) 降解过程产生的氨、硫化氢等有害气体会污染大气。

上海地区经过 7~8 年的畜禽粪污还田利用实践后，已呈现出了一些问题：绝大多数养殖场周围没有足够的土地，粪污很难完全还田利用。我国是一个人多地少、居住稠密的国家，特别是在农村土地联产承包的经营条件下，采用还田利用的模式处理畜禽养殖污水还受当地土地状况的限制。

9.2.2　自然处理模式

该模式主要是采用氧化塘、土壤低处理系统或人工湿地等自然处理系统对养殖场废水进行处理。工艺流程如图 9-2。

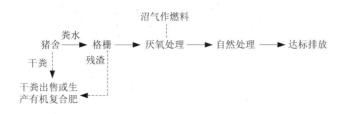

图 9-2

自然处理模式的主要优点包括：投资比较省，运行管理费用低，不耗能，污泥量少，不需要复杂的污泥处理系统，地下式厌氧处理系统厌氧部分建于地下，基本无臭味，没有复杂的设备，管理方便，对周围环境影响小，无噪声，可回收甲烷。

缺点是：土地占用量大，受季节温度变化影响，冬季处理效果差，不能保证稳定的处理效果，负荷低，产气率低，甲烷回收量少，建于地下的厌氧系统出泥困难，维修不方便，有污染地下水的可能。

9.2.3 工业化处理模式

这种模式下，粪污处理系统由预处理、厌氧处理、好氧处理、后处理、污泥处理及沼气净化、储存与利用等部分组成。工艺流程如图 9-3。

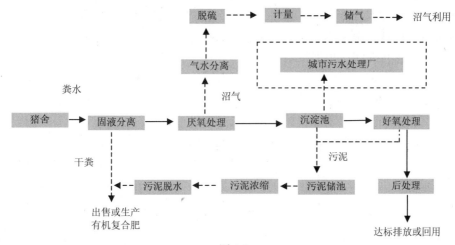

图 9-3

厌氧处理系统为高效厌氧反应器，一般分为两级，第一级为全混式厌氧反应器，第二级为复合式厌氧污泥床或上流式厌氧污泥床反应器。

好氧处理系统有活性污泥法、接触氧化法、间歇式活性污泥法。间歇式活性污泥法是在一个构筑物中完成生物降解和污泥沉淀两种作用，减少了全套二沉池和污泥回流设施，在缺氧混合与曝气反应反复交替运行的系统中能降解有机物同时脱氮除磷，因此优于前两种处理系统。

工业化处理模式的优点在于：占地少，适应性广，不受地理位置限制，容积负荷高，容积产气率高，甲烷回收量多。缺点是：投资大，能耗高，运转费用高，机械设备多，维护管理工作量大，需要专门的技术人员进行运行管理。

尽管工业化处理模式的投资及运行费用均很高，随着我国土地的日益紧缺，将会有更多的规模化猪场不得不选择这种处理模式。

9.3　通榆河流域畜禽养殖及污染治理现状

根据材料分析及我们实地调查，通榆河流域畜禽养殖及污染治理存在问题主要有以下几点。

(1) 污染治理基础设施严重不足

虽然部分规模化养殖场根据自身需要已经配备了污染治理基础设施，特别是近年来，已有多家养殖场通过申报中央或省级专项资金建设了污染治理设施，但与实际需求相比，污染治理设施仍然严重不足。从粪便存储设施来看，规模养殖场粪便存储设施配套容积为 $0.5m^3/10$ 头，与每 10 头猪(出栏)粪便堆积场所需容积 $1\ m^3$ 的环保要求上存在较大的差距。从污水存储设施来看，现状规模养殖单位生猪配套污水存储池容积为 $0.074m^3/$头，与每出栏 1 头生猪存储池体积不少于 $0.3m^3$ 的标准要求还存在很大的差距。而畜禽散养户除少数建有化粪池外，绝大部分散养养殖户将畜禽粪尿简单堆积后直接还田利用，相当一部分散养户基本没有任何污染治理设施，畜禽粪尿随意丢弃排放，对周边环境造成了比较严重的污染。

(2) 污染治理设施建设标准偏低

虽然已有相当比例的养殖场配备了粪污存储或处理设施，但按照标准建设的比例较低，主要体现在容积量不够、非防雨防渗、处理达标率低等方面。从粪便存储设施看，现有规模化畜禽养殖场大都已采取干清粪工艺，并配有粪尿储存场所，但有的场所没有采取防止粪尿渗漏、溢流措施，有的堆积池容积与养殖量不匹配，若不及时清运容易发生露天随意堆放的现象；从污水存储设施看，现有污水储存设施部分未采取防渗措施，存在跑、冒、滴、漏现象，已建成的雨污分离设施有 50%以上采用敞开式沟渠模式，特别在雨季容易外泄造成二次污染；从处理设施看，部分养殖场的污水处理设施和沼气池容积小、处理能力弱，与养殖场的粪污产生量不配套，由于处理能力不足致使粪污处理不到位，最终导致达标率低。

(3) 污染治理设施重建设、轻管理

畜禽养殖污染治理设施的运行费用和维护费用存在缺口，导致重建设轻管理的现象普遍存在，甚至存在部分养殖户对治理设施建而不用的现象。由于运营维护成本较高，影响了污水处理设施的连续运转，出水水质也得不到有效保证；部分沼气工程建成后管理不到位，没有发挥应有的效益，沼渣和沼液随意排放、沼气浪费、沼气发电运转不畅等；虽然已建成多个有机肥加工中心，但由于各地的后续服务组织建设尚不完善，运输车辆、人员配备等方面没有完全到位等，粪污收集体系亟待加强。总之，确保污染治理设施正常运行的机制有待探索和加强。

(4) 养殖排泄物综合利用尚不到位

一是畜禽粪尿还田达不到相应标准，堆肥还田是江苏省畜禽粪便的主要处理模式，养殖场通过干清粪工艺将粪便收集后用于农田、果园等，但部分未经过堆肥发酵等无害化处理措施，没有达到《粪便无害化卫生标准》、《畜禽粪便无害化处理技术规范》等相应的标准；相当量的畜禽养殖污水被用来进行农田灌溉或者水塘养鱼，污水进入农田和池塘前并未经过无害化处理，容易造成疾病的传播。二是粪污综合利用率有待提高，江苏省规模养殖粪便处理率现状仅为77.36%，污水由于养分含量较低，其利用率更低，实行沼气发酵处理的养殖场，部分存在没有对发酵后的沼渣、沼液充分利用，外排周边水体，造成沼渣、沼液污染环境的现象。

(5) 畜禽养殖污染防治的思想认识有待提高

主要体现在两方面，一方面是部分养殖场户和农民群众的主体意识和责任意识不强，主动治理和配合治理的积极性不高，大部分养殖场把主要精力放在如何提高畜禽产量和质量上，对经济效益非常重视，而往往忽视了畜禽养殖产生的污染物对环境的影响，从而导致污染防治措施滞后的现象；另一方面，部分镇(街道)对畜禽养殖污染的严重性认识不够，对污染治理工作的紧迫感和使命感认识不强，治理方案和责任制还停留在表面，治理责任未能真正落实，使准入监管和治理工作出现漏洞，影响了畜禽养殖污染防治的有效开展。

(6) 畜禽养殖污染监管机制尚不健全

《畜禽养殖污染防治管理办法》明确规定："新建、改建和扩建畜禽养殖场，必须按建设项目环境保护法律、法规的规定，进行环境影响评价，办理有关审批手续。畜禽养殖场污染防治设施必须与主体工程同时设计、同时施工、同时使用；畜禽废渣综合利用措施必须在畜禽养殖场投入运营的同时予以落实。在依法实施污染物排放总量控制的区域内，畜禽养殖场必须按规定取得《排污许可证》，并按照《排污许可证》的规定排放污染物。"虽然法律法规已对畜禽养殖场的污染防治进行了明确的规定，但地方环境保护行政主管部门在实际执行过程中缺乏有效的监管，督查和执法力度不够，致使环境影响评价等相关制度得不到有效贯彻和执行。

通榆河流域畜禽养殖业发展虽然取得了一定的成绩，但在日益变化的国内外市场环境下，仍面临严峻挑战。总体来说，大中型养殖比例相对较低，小型及散养仍占有相当的比例，基础设施薄弱，生产方式比较落后，尚未形成规模效应。与此同时，通榆河流域的一些地区畜禽产品流通成本高，且由于地域的限制，畜禽产品流通不畅。从全流域范围来看，畜禽养殖业中的科技水平还有待提高，有知识、懂技术、会经营的农民绝大部分都已转移到二、三产业中，畜禽养殖生产中老龄化现象已相当突出，其文化层次参差不齐，信息闭塞并缺乏专业指导，对于养殖技术和规范化、科学化养殖的知识掌握不足，养殖技术水平相对较低，且对于疾病的信息认知、预防和抑制都没有合理有效的措施和方法。劳动力整体结构和素质已越来越难以适应现代畜禽养殖业发展的需求。

9.4　通榆河流域畜禽养殖及污染治理需求分析

(1) 养殖特点分析

未来相当长一段时间内，通榆河流域畜禽养殖将呈现规模化集中饲养与分散家庭饲养并存的局面。一般来说，畜禽分散养殖分布在各乡村周边地区，主要为农户以家庭为单位生产。分散养殖的特点主要为：一是由于住房条件的改善、土地流转城市化进程加快、市场环境常年大幅波动、畜禽疫病反复无常、养殖成本逐年提高、禁养区拆迁等因素的影响，已有大量散户选择弃养，加上政府对规模化养殖的大力扶持，也使散养比例逐渐下降；二是散养主要集中在经济欠发达的地区，从事畜禽散养的主要是年老闲散的农村劳动力；三是从畜种来看，生猪、蛋禽散养的比例高于肉禽和奶牛，主要原因是，蛋肉兼用的草鸡，农户自给自足，生猪以养殖年猪自食为主；四是饲养方式是圈养，种养结合、粪便还田，这些散养户的畜禽粪便基本采取的是农牧结合的方式，简单堆肥后全部施入农田。限于各种条件，分散养殖户不可能建立粪污处理设施进行处理。

关于规模养殖场，大部分养殖场还没有配备足够的粪污处理能力。针对这种情况，按照"人畜分离，集中管理"的原则，在存栏量小的养殖专业户相对密集的区域，建设养殖小区，配套建设废弃物处理利用工程，开展生态健康养殖技术。而大中型养殖场布局时多从生产、销售、运输等经济利益的角度出发，而较少考虑其对周围生态环境的影响。在今后要加大力度，建设污染物处理设施和再利用设施。与此同时，现有的养殖场要积极推行农牧结合生态养殖模式，推广应用"三分离一净化"(雨污分离、干湿分离、固液分离、生态净化)粪污处理系统，实施污染综合治理，使之具备与其饲养规模相适应的场所、设施及污染防治措施，实现畜禽排泄物无害化处理和资源化利用,使养殖环境得到全面改善,还要达到"种养平衡"的发展要求。在耕地较多的地方，遵循生态学的原理，通过按土地规模确定畜禽养殖规模，以土地消纳畜禽粪便，制定并实施科学规划，用畜禽粪便作为种植业有机肥料供应源，将畜禽粪便密闭存放腐熟后就地还田。再利用天然或人工的湿地、厌氧消化系统对污水进行净化处理，通过资源化处理畜禽粪便和污水，实现畜禽养殖环境效益和经济效益的双赢。

(2) 治理需求分析

长期以来，各级政府和有关部门一直将畜禽养殖业污染防治作为环境治理的重点，但是一些小养殖户对此缺乏足够的重视，并且一些污染治理技术和设备还不到位。要加强养殖污染的科普知识宣传，让人们了解养殖业可能造成的环境污染和对人类的危害。要把养殖污染纳入法制轨道，依法治理，虽然国家环保部已经公布畜禽养殖业污染物排放标准，用于监督管理畜禽粪便的排放，但是在具体实施过程中难度较大，需要不断创新畜禽污染排放的监管模式，加强环保意识的引导，完善监督管理机制。

近20年来，江苏省农业种植业中化肥日渐代替有机肥，造成禽畜粪便的浪费并污染环境，形成了化肥与畜禽粪便双重污染。出现这一现象，一方面是由于随着经济发展和产业结构的调整，以有机肥投入为主的传统农业逐渐被以机械化为特征的现代农业所取代。从事农业特别是传统种植业的人口大量减少，有机肥使用量也逐渐减少，取而代之的是容易进行大面积机械化播撒、肥效快的化肥。另一方面，在比较利益的驱动下，农村劳动力投向耕地的也明显减少，缺乏有力机构将农民组织起来施用畜牧场的畜禽粪便。这样，在很大程度上改变了传统的种植业生产方式，农民主要施用方便干净的化肥，单位耕地上有机肥的施用量大幅度减少。畜禽粪便最终将通过农田来消纳，一方面需加强畜禽养殖场与种植户的对接，实现农牧结合，发展循环农业；另一方面需完善粪便收集体系，加强粪便处理中心建设，提高畜禽粪便的资源化利用率。

规模畜禽养殖场特别是养猪场和养牛场每天排放的废水量大而集中，并且废水中含有大量污染物，虽然已有相当比例的养殖场配备了废水存储和处理设施，但与养殖量相比，整体废水存储和处理的容积量严重不足，存在着建设标准低、处理达标率低等问题，若直接排放进入水体或存储方式不合适，受雨水冲洗进入水体，将可能造成地表水或地下水水质的严重污染。因此，提高畜禽养殖废水处理能力已成为解决养殖业污染的关键所在。目前，大多数畜禽养殖场的饲养管理仍采用传统方式，常使畜禽废水在处理利用的过程中产生许多问题，对于养殖废水处理，国内外所用的工艺流程大致相同，即通过"固液分离-厌氧消化-好氧处理"工艺流程提高废水的处理达标率。

不同区域的养殖规模、养殖结构和治理现状均有所差异，尤其是少部分地区集中了大量的畜禽养殖量，规模化养殖场过于集中，使得这些地区产生过量的畜禽粪污污染物，超过了区域的环境承载能力，如果这些大量的畜禽粪污处理不当，大多数污染物均直接或间接地冲刷进入地表水环境，就有可能导致这些地区的环境受到污染威胁。根据江苏省通榆河流域畜禽养殖的空间分布特点，尤其是畜禽养殖密集的区域，应针对性地采取合适的污染治理措施，建设污染治理工程，完善粪便收集体系，提高畜禽养殖场/户治理覆盖率。

9.5 通榆河流域畜禽养殖及污染总体治理思路

(1) 因地制宜实施畜禽污染物治理技术

按照"减量化、无害化、资源化、生态化"要求，进一步提高畜禽养殖污染治理的技术水平，重构养殖业发展和废弃物综合利用模式，推进农牧结合，逐步建立和完善农业产业结构的可持续循环生态链。

根据通榆河流域不同地区畜禽养殖业特点，分析不同种类、不同规模畜禽养殖业污染治理存在的问题，结合相应的畜禽污染物治理技术，因地制宜采取不同治理技术及措施。畜禽污染物治理技术主要包括种养结合堆肥直接还田技术、畜禽场沼气工程处理技术、畜禽粪便集中处理中心建设、发酵床生态养殖技术及"三分离一净化"粪污综合处理技术等。

(2) 引导推广生态型畜禽养殖模式

针对畜禽养殖业不同种类及不同规模，引导推广合理、生态的畜禽养殖模式，从源头上减少污染物产生量。对生猪养殖鼓励生态发酵床养殖模式，通过试点采用发酵床技术进行生猪养殖，推广生态发酵床养殖技术规范，降低养殖成本，实现畜禽养殖场零排放；按照市场机制，坚持自愿原则，以经济效益为基础，推广"畜-沼-粮"、"畜-沼-果"等生态循环养殖模式，实现农牧结合、干粪作有机肥、肥水还田园、污水零排放。

(3) 按规模对畜禽养殖场废弃物进行分类综合治理

不同规模养殖场的企业经济技术水平、污染物产生量、管理难易程度不一致，应分类进行综合治理。对大中型规模以上养殖场，坚持"谁污染、谁治理"的原则，列入畜禽养殖重点污染源控制清单进行规范管理；针对大中型规模养殖场养殖集中、污染物排放集中等特点，积极推广"三分离一净化"粪污综合处理、畜禽场沼气工程处理技术，确保对畜禽污染物进行全面处理；同时，根据大中型规模养殖场不同养殖种类，推广生态发酵床养殖、种养结合等生态养殖模式。对小型及分散养殖场，根据区域环境和养殖特点，大力推动公共收运体系、畜禽废弃物集中处理等模式进行治理；并结合宣传教育等，加强小型及分散养殖户环保意识，达到对小型及分散养殖业污染物排放的控制。

(4) 建立完善的污染治理管理运行体系

污染治理的工程项目建设应和管理运行体系相结合，完善的管理体制机制能够保障治污工程的长效运行。严格按照污染防治设施建设的设计要求规范施工，做到设计、施工、监理规范，确保安全施工、达标排放、长效治理。政府各相关部门和镇村要加强协作、齐抓共管、加强监督，镇村基层组织要把好第一关，在管理上、技术上以及养殖污染治理设施的建设上逐步深化畜禽养殖污染防治工作，完善畜禽养殖污染防治监测工作体制、机制和方法，建立健全的监测体系；环保部门要认真履责，强化畜禽养殖污染的源头防控，对违反畜禽养殖污染防治规定、污染和破坏环境的行为依法予以查处，对有较大影响的环境违法案件，在依法处理的基础上公开曝光，对不能达标排放的规模化畜禽养殖场挂牌督办、限期治理。

9.6　通榆河流域大中型畜禽养殖污染治理思路

大中型畜禽养殖指生猪出栏量 500 头以上、肉禽出栏量 20000 只以上、蛋禽存栏量 2000 只以上、奶牛存栏量 100 头以上的养殖场户。大中型畜禽养殖业存在养殖量大、养殖集中、污染物排放量大、污染物排放集中等特点，大中型畜禽养殖场户的污染治理对通榆河流域畜禽养殖业污染治理影响面广、至关重要。大中型畜禽养殖业污染治理路径主要如下。

(1) 推广生态养殖模式

根据大中型畜禽养殖场经济实力、发展基础、配套条件等因素，引导推广发酵床生态养殖和种养结合循环处理等模式。大中型规模畜禽养殖对环境的污染，是当前制约生产发展的瓶颈，特别是在人居密集的地区，矛盾尤为突出。发酵床养殖作为一种无污染、无排放、无臭气的新型环保养殖技术，符合生态农业发展方向，具有节本增效的优点。发酵床无污水排放，垫料基本无臭味，蚊蝇极少，对周边居民生活基本无影响，可节省大量的冲圈水；发酵垫料还可作为优质的有机肥出售；随着国家对规模养殖排污收费政策的实施，发酵床养猪污水零排放的优势将更加显现。

"种养结合、以地定畜"，种养结合循环模式主要以生猪、奶牛养殖区为主导，养殖场周边消纳土地充足的，鼓励引导其通过自行配套土地或者签订粪污消纳利用协议的方式，采取堆沤、沼气处理等措施，将粪污处理后就近还田利用。通过沼气设施产生沼气、沼液和沼渣的，产生的沼气主要用于猪舍火焰消毒、猪场、牛场供暖等方面，沼液和沼渣成为特色水产品养殖区、茶园、蔬菜和果树等四大功能区的肥料，推广"厌氧发酵 + 土地吸纳"，通过肥水管网浇灌果树、茶叶、蔬菜等作物，形成"畜 – 沼 – 茶"、"畜 – 沼 – 果"、"畜 – 沼 – 鱼"和"畜 – 沼 – 菜"等循环发展模式。找到种养业上下游产业的链接扣，促进养殖废物的资源化和能源化利用，建设废弃物资源化、能源化利用工程，打造立体、生态、种养结合的养殖模式。

(2) 配套相应污染治理设施

不具备进行发酵床养殖条件、缺少配套土地的，强化工程处理措施，要求建设规范有效的废弃物综合处理系统。鼓励大中型规模畜禽场自身流转承包周边农田林地，通过建设畜禽粪污还田工程，就地消纳粪污循环利用。畜禽场须采用干清粪工艺，内部同样须建有完善的粪污预处理设施设备，包括畜禽场内部的防雨防渗粪便堆积场、污水收集处理池；农田林地内的肥料还田及沼渣沼液利用设施设备，重点建设寿命长的经济型喷灌、微喷灌设施；配套农田林地生态隔离措施等。

对处于环境敏感或周边种植业资源较为紧缺区域内的大中型养殖场，自身无法流转承包土地消纳畜禽粪污的，首先要采用干清粪工艺，提高干粪收集处理水平，重点通过建设"三分离一净化"工程，实现畜禽场固体粪便和污水处理与利用率分别达 90%~95%和 80%~85%，污水、粪便经处理后达到《畜禽养殖业污染物排放标准》(GB18596——2001)要求，处理后的污水能保证用于养殖场内循环利用。

根据大中型畜禽养殖场区域分布特点及区域产污总量，合理布置建设有机肥厂，有效实现资源化利用。

严格环境影响评价和"三同时"制度，大中型畜禽养殖场，参照工业点源监管模式，逐步纳入重点污染点源管理范畴，实现规范治理和考核监督。规模以上畜禽养殖废弃物处理全过程备案，建立流向档案。

到 2020 年，规划区域规模化畜禽养殖场都要配套建设畜禽养殖场粪便和污水储存处理设施，逐步推进规模化养殖企业安装粪污废水处理在线监测、养殖场粪污处理设施视频监控等设备，并与市级以上环保部门联网，保证设施正常运行。

9.7 通榆河流域小型及分散畜禽养殖污染治理思路

小型畜禽养殖指生猪出栏量 50~499 头、肉禽出栏量 2000~19999 只、蛋禽存栏量 500~1999 只、奶牛存栏量 20~99 头的养殖场户。分散畜禽养殖指生猪出栏量 50 头以下、肉禽出栏量 2000 只以下、蛋禽存栏量 500 只以下、奶牛存栏量 20 头以下的养殖场户。小型及分散畜禽养殖业存在养殖分散、污染物排放分散、污染物集中治理难度大、污染治理率低等特点。小型及分散畜禽养殖场户的污染治理仍存在量多、污染隐蔽、难以治理等问题，对通榆河流域畜禽养殖业污染治理的推进非常重要。

(1) 建立小型及分散畜禽场粪污收集体系

通过政府部门统筹推进，整合、引导地方各类"以奖促治"资金、综合整治资金及社会资金投入，鼓励社会企业(种植大户)积极参与，推动小型及分散养殖场(户)主动配合，统一指导建设标准化、规范化的粪污存储设施，并配套建立畜禽粪污专业化收运体系，同时引导分散养殖户密集的村庄建立粪污公共堆放点和简易处理设施，或者依托现有大中型规模养殖场的治污设施，实现分散养殖废弃物的统一收集和集中处理，实现对多、小、散、少的畜禽养殖废弃物进行综合回收利用，实现对小型及分散养殖场(户)分片区、分阶段综合整治。

畜禽粪污收运体系建设中，要配备粪污运输车辆、施肥一体机、配套管网等，将畜禽粪污集中运送至农田、果园、菜地使用，或运送至畜禽粪便处理中心加工商品有机肥。该体系要建立政府主导、社会参与、市场运作、行业监管的机制，初期可委托有基础条件的粪便处理中心、农业企业及合作社等进行探索试验，后续要加快建设畜禽粪污收集转运专业化合作组织。

(2) 建设畜禽粪便集中处理中心

在小型及分散养殖较为集中的区域，以区域综合治理为主要抓手，配套建设废弃物集中收运体系，建设畜禽粪便集中处理中心等集中处置利用的公益性污染治理设施。引导发挥市场化机制，探索建立农村乡镇畜禽养殖废弃物收运系统，鼓励个体经营者参与资源回收产业链条，对周边分散的中小型养殖场的畜禽粪便集中处理，通过生产商品有机肥提供给种植基地，既减少化学氮肥施用，又提升了土壤和农产品质量。

(3) 加强环保意识引导及政府监管

要加强对小型及分散畜禽养殖场污染规范治理的监管和技术指导，因地制宜采取合适的养殖模式和废弃物处理模式。以乡镇或村为单位，政府统一协调组织分散养殖户与种植大户、有机肥企业的供需对接，配套补助其建设规范废弃物存储、堆沤及部分收运设备；对于未达到集约化规模的畜禽养殖(散养、放养和小规模养殖)户，提倡农牧结合、种养平衡一体化，鼓励农村沼气池建设，做到沼气回收能源、沼渣和沼液还田利用，尽量消除畜禽养殖粪便产生的环境污染。鼓励以村为单位，对分散养殖废水或发酵沼液，建立集体综合利用、种养配套体系。

加大对分散养殖户的环保意识培训及简易存储、处理技术指导，鼓励分散养殖废弃物按照堆沤还田、沼气生产和存放收运等模式进行处理，以乡镇或村为单位建立监督管理档案。

9.8　通榆河流域畜禽养殖污染治理技术路线

畜禽养殖污染防治应贯彻"预防为主、防治结合，经济性和实用性相结合，管理措施和技术措施相结合，有效利用和全面处理相结合"的技术方针，实行"源头削减、清洁生产、资源化综合利用、防止二次污染"的技术路线。

本项目采用畜禽养殖污染治理主要技术路线如图 9-4~图 9-7。

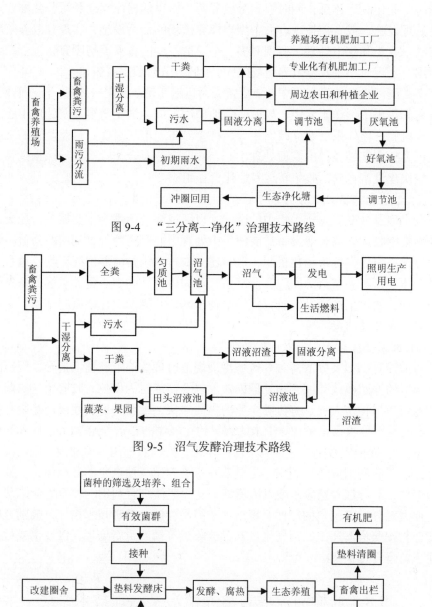

图 9-4 "三分离一净化"治理技术路线

图 9-5 沼气发酵治理技术路线

图 9-6 畜禽发酵床生态养殖技术路线

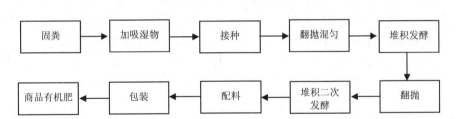

图 9-7　畜禽粪便有机肥加工技术路线

9.9　畜禽粪污集中处理示范工程处理工艺和效果

建立日处理 80t/d 的畜禽粪污处理中心,对当地畜禽粪污采用吸粪车收集后集中处理,解决农村畜禽养殖的环境污染问题。

9.9.1　处理工艺

主体生化处理工艺采用 IC+A/O,流程图如图 9-8。

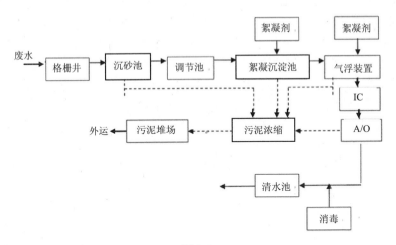

图 9-8

畜禽废水、粪便等先进入格栅井,去除大颗粒物质后进入沉砂池,进一步去除较大颗粒物。沉砂池出水再进入调节池,调节池起到调节水量、均化水质的目的。调节池出水经污水泵,提升至絮凝沉淀池,通过絮凝沉淀和气浮物化处理进一步降低废水中的细小悬浮颗粒和 COD,为后续生化处理创造良好条件。气浮池出水经污水泵进入 IC 反应器,反应器中利用厌氧微生物的新陈代谢作用,大部分有机物得到去除,COD$_{Cr}$ 去除可达 90%,同时产生大量沼气。IC 反应器冬天运行时，水温较低，需加热芯加热至适宜温度。废水在 IC 反应器内充分反应后进入A/O 生化池，对水中的有机物进一步的消化。好氧池工艺采用 MBR 帘丝膜，该工艺有较高的污泥负荷，对水中可生化物质处理能力较强。MBR 帘丝膜为中空膜，水从膜外侧进入膜中心，然后从膜中心收集到的处理水再进入清水池。MBR 帘丝膜起到了过滤作用，故省去了后续沉淀处理工艺，可直接进入清水池。清水池内的水经消毒后即可达标排放。

9.9.2　各单元处理效果

各单元处理效果见表 9-3，出水达到一级排放标准，大大减轻了畜禽养殖带来的污染，可为农村的畜禽养殖业的可持续发展提供支撑。

表 9-3

单元	COD$_{Cr}$			BOD			SS		
	进水/(mg/L)	出水/(mg/L)	去除率/%	进水/(mg/L)	出水/(mg/L)	去除率/%	进水/(mg/L)	出水/(mg/L)	去除率/%
格栅井	25000	22500	10%	10000	9000	10%	3000	2550	15%
沉砂池	22500	18000	20%	9000	7200	20%	2550	1785	30%
调节池	18000	14400	20%	7200	5760	20%	1785	1606	10%
絮凝沉淀池	14400	10080	30%	5760	4032	30%	1606	320	80%
气浮池	10080	6552	35%	4032	2620	35%	320	112	65%
IC 反应器	6552	655	90%	2620	262	90%	-	-	-
A/O 反应设备	655	98	85%	262	39	85%	112	28	75%

第十章 通榆河流域内立体、共生、循环性生态农庄建设

农业非点源污染控制与削减是通榆河流域管理亟需解决的问题。非点源污染同点源污染相比，形成过程受地理、气候、土壤等多种因素影响，具有随机性大、分布范围广、影响因子多、形成机理复杂、潜伏滞后性强等特点，使对其监测和治理都相对比较困难。且随着通榆河流域点源污染控制能力的提高，非点源已成为主要污染来源，因此，寻求经济、简便、科学、高效的非点源污染的控制途径已成为当务之急。改变传统的"一麦一稻"的平面种植模式，形成埂、沟、面相结合的立体种植模式；利用农作物秸秆开展畜禽养殖，粪便进入沼气池，发酵后产生的沼气供农庄生活使用，沼渣液作为有机肥返施农田后，被龙虾摄食，同时稻田杂草和沟渠水生生物也被龙虾摄食。因此，稻虾生态共育的生产过程不使用化学肥料、化学农药和养殖饵料，满足绿色、有机食品的标准要求。

10.1 典型区域目标污染物控制模式

国际上农田面源污染发生机制与控制的研究始于 20 世纪 70 年代，西方发达国家提出以"最佳管理措施(BMPs)"为核心的农田面源污染治理与控制技术，主要包括农田最佳养分管理、农业水土保持技术及其配套措施、等高线条带种植技术、在水源保护区因地制宜地制定和执行限定性农业生产技术标准等方面。美国的最佳管理措施(BMPs)提倡运用管理和工程措施防治非点源污染，并因其高效、经济、环保的特性，完全符合经济效益、社会效益和环境效益相统一的原则，在控制农业非点源污染中很快得到了重视和普遍的应用。美国国家环境保护局提出的 TMDLs 技术对包括农田面源在内的流域污染源及其日常负荷进行动态监测与调控，以明确区块并逐步削减的策略实现整个流域污染总量最小化。我国在农田面源污染控制与治理方面起步较晚，但在探索适合国情的控制技术方面取得了不少进展，例如：农田养分投入的减量化技术、农田地表径流渗漏养分的生态拦截技术、小流域面源污染控制的前置库技术和适合江南水乡的多水塘处理技术等。农业面源污染控制技术发展趋势是以数字化的土壤养分空间分布信息、智能化的施肥装备以及实时监控信息技术三位一体的精准农业技术为基础,通过精准施肥、多级原位截流等降低面源污染物发生，并匹配信息化管理平台，从源头降低面源

污染发生潜力的大小。

10.2   畜禽养殖面源污染控制措施

在研究流域内，对于养殖牲口(猪、牛、羊、马)总数超过 500 以上的养殖场和养殖区，在养殖场内实施前述畜禽养殖污水源头减排技术，减小粪污的排放量，然后实施畜禽粪便快速堆肥化处理技术，对粪便以及污水按照一定的工艺进行处理后，运入农田，按照畜禽粪便、污水农田消纳技术体系的要求和流程，转化为农田所需的肥料。

针对非规模化养殖中的畜禽排泄污染，农村户用沼气池是处理的最佳方式。与传统的堆沤造肥方法相比，该方法实施过程中畜粪便投入沼气发酵全氮保存率为 114%，氨态氮增加 20%以上，磷、钾等养分没有明显损失。沼气发酵全氮保存率比敞口池沤肥保存率增加 46 个百分点，敞口池沤肥中磷、钾保存率仅为63.36%和 66.67%。沼肥还可以促进作物增产，改良品种，有效地杀灭粪便中的的病原菌和病毒，减少寄生虫污染，改善空气质量。同时，农村实施"一池三改"基本单元后，厕所、圈舍、沼气池三位一体，人畜粪便和种、养殖业的残余物全部直接进入沼气池发酵，沼气发酵技术不仅可以有效控制畜禽污染，还可以将农村生活中的污水、垃圾通过微生物的作用转化为能被再利用的新能源，达到生活垃圾不再污染环境的目的。既提高了物质的利用率，又减少了环境污染。

10.3   农田面源污染控制措施

以区域内大型养殖场(存栏牲口大于 500 头)的中心，其周围的农田可以采用控氮减污增效技术，利用达标处理后的养殖粪便，通过有机、无机配合处理优化、再利用与田间净化相结合，研究旱作农田畜禽粪便、污水消纳技术，通过新型肥料、肥料施用方式改进、肥料配合及耕作方式优化，减少旱作农田氮肥施用量，同时增加粮食产量。

对于大型养殖场辐射不到的区域，可以利用沼肥作为有机肥来源，推广使用控氮减污增效技术，减少面源污染流失来源。1000 kg 沼肥相当于 2kg 硫酸铵，1.6kg过磷酸钙，0.6kg 氯化钾。一般 6~8m^3 的一口沼气池，需饲养 3~5 头存栏猪，才能满足沼气池发酵原料(指猪粪尿)的需要。

在对流域的非点源污染负荷统计中，发现耕地是土壤侵蚀类污染的主要来源。与其他土地利用方式相比，耕地型土地利用方式对流域氮、磷等养分的流失比较大，以氮为例，其流失约为草地的 2.3 倍，林地的 5 倍。根据研究区域地形及土地情况，与其他方法相比，通过改变土地利用方式，退耕还天然林或经济林，及在荒草坡上种植林地是两个最为简单可行的控制方法。同时，退耕还林政策有国家保障，国家按照核定的退耕地还林面积，在一定期限内无偿向退耕还林者提供适当的粮食补助、种苗造林费和现金(生活费)补助。这些都为该政策的顺利进行提供了良好的条件。而果园的种植也可为农民增加一部分收入，以补偿由于环境保护而放弃的耕地种植所得，有较好的适用性。

土壤养分流失中，固态氮、磷的输出和泥沙流失量主要受土壤侵蚀影响。我国关于保护性耕作的研究也已经有多年的积累，形成了一条适合我国的保护性耕作农艺技术体系。其技术稳定、增产幅度大，且适应性广。它不受投资能力及技术条件的限制，是一种低投入、高产出、高效益的新型农业技术，主要通过植物篱机械拦截，降低地表径流速度和改善土壤水分参数，增加水分的入渗量。

施肥次数增加会使得面源流失的风险降低。因而可根据土壤和植物的生长特性，加大速效性肥料的使用比例，并适当增加施肥次数，既可满足作物不同生育期对肥分的需要，又可减少流失，施肥时还应尽量避开暴雨期或泛水期，进一步降低肥料流失风险，另外，在不降低产量的前提下，可以根据当地实际情况，适当调整轮作结构，降低面源污染负荷。

10.4　立体、共生、循环性生态农庄建设措施

10.4.1　农庄建设基本条件

1) 领导重视，组织落实，配备专职环境保护工作人员。指农庄成立以主要负责人为组长的生态农庄创建领导小组，定期研究、会办创建工作，部门分工明确，任务落实。创建工作有组织、有计划、有布置、有检查、有总结。

2) 编制《生态农庄创建规划》，经所在县(市)人民政府审核报主管机构批准后实施。

3) 认真贯彻执行环境保护和生态建设的法律、法规、政策，近三年内未发生重大污染事故或重大生态破坏事件。指严格执行建设项目环境管理有关规定；工业污染源稳定达标排放；工业固体废物得到安全处置并无危险废物排放，执行《一般工业固体废物储存、处置场污染控制标准》(GB18599——2001)；农庄内无"十五小"、"新五小"等国家明令禁止的企业；近三年内没有发生过重大污染事故或重大生态破坏事件。

4) 生物多样性较好，无外来有害物种。"生物多样性较好"主要指有利于农庄生态系统稳定的动、植物丰富多样，执行《生态环境状况评价技术规范(试行)》(HJ/T192—2006)。"外来有害物种"，通常指人为引进来的，在新的环境，建立了种群，可以自我繁殖而不用人的帮助，对当地的生态系统和环境造成危害，带来

经济损失的物种。目前流域外来有害物种主要有紫茎泽兰、毒麦、假高粱、凤眼莲(水葫芦)、空心莲子草(水花生)、浮萍、大米草、一枝黄花、福寿螺等。

5) 布局合理，环境整洁，无脏乱差现象。"布局合理"，指企业向园区集中、人口向场部集中、居住向社区集中。"环境整洁，无脏乱差现象"，指场内道路和通往场外主要干道之间的道路平整，排水通畅，无污水溢流、无暴露垃圾；所有河沟(水塘)水面无漂浮杂物；无塑料包装袋、废弃农膜、一次性餐盒随意丢弃现象；有良好的感官和视觉效果。

6) 循环型农业生态模式明显。指农庄通过无公害农产品产地整体认定，至少形成一套农业生态工程体系(模式)，有明显的例证证实农庄生态农业建设初见成效。

10.4.2　农庄建设考核指标

1) 居民人均纯收入(元／年)，指常住居民家庭总收入中，扣除从事生产和非生产经营费用支出、缴纳税款、上交承包集体任务金额以后剩余的，可直接用于进行生产性、非生产性建设投资、生活消费和积蓄的那一部分收入。

2) 环保投入占农庄总收入的比例(%)，指农庄用于水、气、声、渣方面污染防治的资金投入占农庄总收入的比例。农庄总收入包括经营性利润和财政拨款等。

3) 生活饮用水卫生合格率(%)，指符合国家《农村实施生活饮用水卫生标准准则》的程度。

4) 地表水环境质量，指地表水水质达到功能区规划要求(按照苏环办〔2006〕34号文件执行)；没有进行功能区规划的，达到创建规划要求。

5) 生活垃圾卫生处置率(%)，指经卫生处置的生活垃圾数量占生活垃圾产生总量的百分比。生活垃圾卫生处置包括生活垃圾的定点投放、生活垃圾深埋覆土、焚烧、用作堆肥等。

6) 生活污水处理率(%)，指经过污水处理厂或其他处理设施处理的生活污水折算量占生活污水排放总量的百分比。污水处理厂包括一级、二级集中污水处理厂，其他处理设施包括氧化塘、氧化沟、生活污水净化(沼气)池以及(人工)湿地废水处理工程等。

7) 规模化畜禽养殖场畜禽粪便综合利用率(%)，指规模化畜禽养殖场综合利用的畜禽粪便量占畜禽粪便产生总量的百分比。畜禽粪便综合利用主要包括用作肥料、培养料、生产回收能源(包括沼气)等。

8) 可再生能源使用，可再生能源包括太阳能、生物质能、风能等。太阳能入户率指太阳能使用户数占农庄总户数的百分比；沼气入户率指沼气使用户数占农庄总户数的百分比，"十一五"期间，农庄20%以上的住户用上沼气。

9) 农林病虫害综合防治率(%)，指采用化学农药以外的综合防治作物病虫害面积占农作物病虫害总面积的百分比。主要防治措施如生物农药、天敌昆虫、栽培措施、育种措施及其他物理防治措施等。农药使用强度(折纯，公斤/公顷)应控制在 3.0 以内。

10) 有机肥使用量(吨/亩)，指一年内有机肥(包括沼液、沼渣、绿肥、秸秆等)使用数量与种植作物的总亩数的比值。

11) 绿色食品基地占农田总面积比例(%)，指按绿色食品标准生产并取得认证证书的食用农产品的面积占农田总面积的百分比。

12) 林木覆盖率(%)，指林木面积占农庄土地总面积的百分比。林木面积，包括郁闭度 0.2 以上的乔木林地和竹林地、国家特别规定的灌木林地面积、农田林网面积以及村旁、路旁、河旁、宅旁的林木面积。大力开展植树造林，建设绿色农庄，丰富林木(常绿)品种，扩大生态防护林和经济林规模。

13) 道路绿化率(%)，指道路两旁栽种行道树(包括灌木)的长度与道路总长度之比。辖区至少有一条景观道路(绿化、美化好)。凡涉及陈李公路和海堤公路的农庄，需将陈李公路、海堤公路过境段或农庄通往陈李公路、海堤公路的路段绿化、美化好。

14) 农田林网化率(%)，指达到国家农田林网化标准的农田面积占农田总面积的百分比。

15) 水土流失治理率(%)，指经过治理合格的水土流失面积占农庄内水土流失面积的百分比。河坡沟坡无裸露地表、无农作物种植，全部植树种草，植被覆盖度高。在强度水土流失区营造草、灌、乔等水土保持林(草)。

16) 秸秆综合利用率(%)，指综合利用的秸秆数量占秸秆产生总量的百分比。秸秆的综合利用包括：秸秆粉碎还田、秸秆气化、建材加工、饲料、户用沼气、食用菌生产、编织、用作燃料等。

10.5　生态农庄建设方案评估

评估方法主要有以下两种：一是对以下面源污染控制措施进行评估，包括：旱作农田控氮减污增效技术、改变土地利用方式以及调整施肥次数和轮作方式；二是利用文献中已有的研究数据或其他研究已获取的结论对面源污染削减效果进行评价。

流域的大部分磷流失关键源区都处于河道两侧，因此在河流及水库的敏感带地区设置河岸植被保护带，将污染物在进入水体前进行最后的拦截，将对非点源污染控制起到很好的辅助作用。河岸植被保护带并非针对单一的污染源或土地利用类型，而是设置在可能被污染水源周围的，防止非点源污染进入水源的最后屏障，是对整个流域的总污染物进行最后的综合污染控制措施。

水体岸边缓冲林带应是多层次的，并要与缓冲草地带相结合。最靠近河道水体宽约 8m 的林带是受保护的永久性植被；中间较宽的林带允许有规划地进行砍伐，提供有用的林产品；最靠近田地是宽约 4m 的缓冲草地带，这种缓冲模式在美国东南部平原上收到了很好的农业面源污染防治效果。

河岸缓冲带在减少耕地土壤侵蚀方面有很大的作用，它将增加地面的粗糙度，减少地表水流动速率，促进泥沙和营养物质的沉积，并且可以导致土壤地下水的富集，从而有利于反硝化反应的发生，使硝酸盐被转化为氮气去除。在植物生长期，氮能够被植物所吸收。比较挪威、瑞典和德国关于缓冲带的相似试验，一般情况下，缓冲带可以截留 3%~50%的氮、65%~95%的磷和 75%~90%的泥沙。从估算结果可知，植被缓冲带可以有效地拦截总氮、总磷入河量，对非点源污染削减效果明显，在污染控制中有非常重要作用。

对国内外文献的研究结果进行总结后，其他面源污染控制措施理论上的削减效果评估结果如表 10-1 所示，上述措施对整个研究流域面源污染物实际的削减效果，还取决于措施实施的程度以及工程的建设情况等因素。

表 10-1　污染控制措施及效果

措施类型	说明	经验控制效果
等高植物篱	宽度 4~6m，占地面积 10%~30%	1.减少地表径流量 26%~66%； 2.减少土壤侵蚀量 50%~97%
保护性耕作	提高粮食产量 13%~16%，降低作业成本 20%左右	1.减少地表径流量 50%~60%； 2.减少土壤侵蚀量 80%左右
户用沼气池	增产 5%~15%	1.氮、磷、钾回收率 90%以上。 2.年产沼肥相当于 50kg 硫酸铵，40kg 过磷酸钙和 15kg 氯化钾. 3.年可节约农药费 100 多元
入渗沟工程	对坡度、汇水面积、地下水埋深具有一定要求	1.总氮去除率 50%~80%； 2.总磷去除率 15%~45%； 3. 固体悬浮物去除率 50%~80%

针对通榆河流域面源污染控制的关键问题及生态农庄管理控制措施效应的评估，结合本课题研发的控氮减污增效技术效益，提出"减少化肥施用、有效组合河岸植被缓冲带及退耕还林与还园"的通榆河流域面源污染控制和生态农庄建设管理技术方案，据估测，该方案可达到农业面源入河负荷削减 20%以上的预期目标。

图 10-1 面源污染治理前的农村水环境

图 10-2 通榆河流域典型农村村庄污水处理厂

图 10-3 通榆河流域典型农村面源污染治理河塘管理制度

图 10-4 面源污染治理、控制后的农村水环境

第十一章　通榆河流域农村污水处理示范工程

11.1　工艺研究与分析

11.1.1　工艺研究

目前，对于新(改、扩)建及提标的污水处理厂主要的工艺思路有如下两种：

1) 通过强化二级生物处理+深度处理措施，把 COD_{Cr}、BOD_5、NH_3-N、TN 去除到一级 A，通过深度处理控制 SS 和 TP，适用于新建工程。强化二级处理的措施为：扩大池容降低负荷按一级 A(SS、TP 除外)标准设计或者在常规二级处理生化池内增加填料；深度处理工艺为常规混凝沉淀过滤处理。

2) 常规二级处理+深度处理：先把污水经过二级处理达到一级 B 标准，再通过深度处理把污水从一级 B 提高到一级 A，适用于提标改造工程。其中常规一级 B 处理为：A^2O、氧化沟、CAST 及其改良工艺；深度处理一般可采用高效混凝沉淀池+曝气生物滤池或反硝化滤池。

我们认为，一般采用第一种思路较好，按照一级 A 标准进行设计，充分挖掘内部碳源，满足脱氮除磷要求，并通过深度处理满足出水水质要求。具体工艺流程为：粗格栅→细格栅→曝气沉沙池→A^2O 生化池→二沉池→絮凝沉淀池→纤维滤池→紫外消毒池→尾水排放口。

11.1.2　污染物的去除机理及分析

污水处理的目的是去除水中的污染物，使污水得到净化，污水中的主要污染物指标为 BOD_5、COD_{Cr}、SS、N 和 P 等，本工程要求的污水处理程度较高。

(1) BOD_5 的去除

污水中 BOD_5 的去除是靠微生物的吸附作用和代谢作用对 BOD_5 降解，利用 BOD_5 合成新细胞，然后对污泥与水进行分离，从而完成 BOD_5 的去除。

活性污泥中的微生物在有氧的条件下，将污水中的一部分有机物用于合成新的细胞，将另一部分有机物进行分解代谢以便获得细胞合成所需的能量，其最终产物是 CO_2 和 H_2O 等稳定物质。在合成代谢与分解代谢过程中，溶解性有机物(如低分子有机酸等)直接进入细胞内部被利用，而非溶解有机物则首先被吸附在微生物表面，然后被胞外酶水解后进入细胞内部被利用。

(2) COD 的去除

污水中 COD 去除的原理与 BOD_5 基本相同。COD_{Cr} 的去除率取决于原污水的可生化性，它与城市污水的组成有关。

对于那些主要以生活污水及其成分与生活污水相近的工业废水组成的城市污水，BOD_5/COD_{Cr} 比值往往大于 0.4 甚至大于 0.5，其可生化性较好，出水 COD_{Cr} 值可以控制在较低的水平。而成分主要以工业废水为主的城市污水，或 BOD_5/COD_{Cr} 比值较小的城市污水，其可生化性较差，处理后污水中剩余的 COD_{Cr} 可能会较高。

(3) SS 的去除

污水中 SS 的去除主要靠沉淀作用。污水中的无机颗粒和大直径的有机颗粒靠自然沉淀作用就可去除，小直径的有机颗粒靠微生物的降解作用去除，而小直径的无机颗粒(包括大小在胶体和亚胶体范围内的无机颗粒)则要靠活性污泥絮体的吸附、网络作用，与活性污泥絮体同时沉淀被去除。

污水处理厂出水中悬浮物浓度不仅涉及出水 SS 指标，出水中的 BOD_5、COD_{Cr}、PO_4-P 等指标也与之有关。因为组成出水悬浮物的主要成分是活性污泥絮体，其本身的有机成分就高，而有机物本身就含磷，因此较高的出水悬浮物含量会使得出水的 BOD_5、COD_{Cr} 和 PO_4-P 增加。因此，控制污水处理厂出水的 SS 指标是最基本的，也是很重要的。

(4) 氨氮的去除

污水去除氨氮方法主要有物理化学法和生物法两大类，在市政污水处理行业中生物法去除氨氮是主流，也是城市污水处理中经济和常用的方法。物理化学去除氮主要有折点氯化法、选择性离子交换法、空气吹脱法等；生物去除氨氮工艺较多，但原理是一样的。

(5) 磷的去除

污水除磷主要有生物除磷和化学除磷两大类。城市污水采用生物除磷为主，必要时辅以化学除磷作为补充，以确保出水磷浓度满足排放标准的要求，并尽可能地减少加药量，降低处理成本。

11.2　污水处理厂进出水水质及规模

11.2.1　污水处理厂进出水水质

污水处理厂的进出水水质见表 11-1。

表 11-1 进出水水质

指标	BOD$_5$	COD	SS	NH$_3$-N	TP	pH
进水/(mg/L)	150	350	250	30~40	4	-
出水/(mg/L)	<20	<60	<15	<13	0.5	7~8.5

11.2.2 处理规模

农村乡镇污水处理厂总规模可为 5000m³/d，可分期实施，其中一期可实施规模 2000m³/d。

第四篇　淮河沿海支流通榆河流域经济与水环境协调发展研究

第十二章 水资源的经济属性分析

有人将水称为 21 世纪的石油,因为水作为人类生产的重要投入物,可以为人类带来巨大的经济价值。但是,对于人类而言,水比石油具有更为重要的意义。这是因为,水具有比石油复杂得多的资源属性。作为投入物,水是水经济的资源,但是它具有与一般产业投入物所不同的资源属性。水资源较之一般资源在属性上的差异,是水经济与一般经济系统存在较大差别的关键所在。

12.1 水资源经济属性的体现

12.1.1 水的资产属性

从资产角度看,水作为资产所具有的特点是:第一,水资源归国家所有,具有所有权主体,不像气候资源那样,没有所有权主体;第二,水资源已经为开发利用者、所有者产生了巨大经济利益,并正在产生着更大的经济利益;第三,水资源是指自然水中可被利用的水体,在被利用的过程中,通过一定手段能够"控制可预期的未来经济利益"。不像阳光、气温、风、微生物、某些动植物等一些自然资源那样,目前还没有能够控制其未来可预期的经济利益的手段。可见,水资源具备构成资产的条件,具有资产属性。

从资源资产角度看,水作为资产所具有的特点是:第一,水资源为国家所有并以自然形式存在;第二,水资源是一切有形资产创造财富的必需条件和必不可少且不可替代的自然物资基础,最具战略性,是最典型的战略性资产;第三,水资源具有市场价值和潜在交换价值,不存在折旧和贬值,且伴随其数量的短缺和经济的发展,不仅可以恒定保值,还将不断增值;第四,它既以存储方式而存在,又以流动方式而转移,兼有固定资产和流动资产的双重性质和成分。

12.1.2 水的环境资源属性

环境资源是指自然资源通过其物质实体所反映的环境整体的景观自然优美性、环境容量(或环境的承载能力)和自身的调节能力(或调蓄能力),即环境质量。环境的承载能力是一个国家或地区人口、环境与经济持续发展的一种基础支柱或支撑能力。所谓承载力是指在一定区域内,在一定物质生活水平下,能够持续供给当代人和后代人所需资源的规模与能力。水资源承载能力是当地的水资源能够支撑国民经济发展(包括工业、农业、社会、人民生活等)的能力。这种承载能力不是无限的。水环境承载能力指的是在一定的水域，其水体能够被继续使用并仍保持良好生态系统时，所能够容纳污水及污染物的最大能力。环境是持续生物和人类生命的基础，是提供人类活动和生产所需的各种物质资源的基地，同时也是人类活动废弃物的回归场所。环境资源是有限的。各地区的环境容量也因自然和社会的条件不同而异。各个地区的环境承载能力是有限的。尤其对于水资源，因水的时空分布特征不同而存在很大的差异。若水资源的开发利用程度不超过水的承载能力，能满足当代人的发展需要，就具备了持续发展的条件。

自然环境可以接受、分解、还原、转化人类活动所产生的废弃物和其他有害影响，从而满足人类的生产和发展的生态需求。这是环境作为一个系统所表现出来的资源特性，它已经超出了自然资源的范畴。自然资源所具备的这部分特性，环境和生态学家们称其为环境资源特性。它包括依托自然资源的物质实体产生的景观的可观赏性与舒适性(景观优美性)、环境容量与其自身的调节能力。

随着人类社会的发展，这一属性所具有的意义将显得越来越重要。在法学理论中，与其他环境资源一样，水资源的自然资源被确认属于财产范畴，其所有权和使用权作为财产权利已被认为并属于实体性财产权。然而，水资源具有的景观优美性、环境容量和环境调节能力都不是以实现价值，而是以其美学功能和生态功能直接为人类服务，具有实用功能(使用价值)并能产生价值。但是，因它们并无实体形态，长期未被承认为资源，被排除在财产之外。

水具有环境资源属性的意义在于它能为人类的生产和生活提供服务功能。如水的环境容量可以容纳一定数量的人类生产生活废弃物，而其自身的调节能力，则可以分解、转化废弃物。

12.1.3　水的生态资源属性

水以系统的组成要素和重要的资源形式存在于生态经济系统中，这被称之为水资源的生态资源属性。水的物质形态在常温和高温下是一种流体，总是从能量高的地方向能量低的地方流动，并且永无休止地流动着。自然界水的流动和流失，除受地形影响外，主要受水循环规律的补给和驱动；只要水循环过程畅通无阻，便可永续地周期性更新和再生，构成再生资源。再生资源具有可持续性，受生态学可持续发展法则支配。只要人们对再生资源的使用不超过它的恢复再生能力，便可持续不断的永存和补给。水循环过程具有随机性，所以水的可持续再生能力每年是不等的，其量有上下限度，但多年平均量基本是个常数。

水资源不仅具备与人类生产和生活环境直接相关的生态功能，还具备与人类生产生活间接相关或无关的生态功能。这部分生态功能表现为：水不仅是生命的构成要素，而且是包括生命系统在内的整个生态系统维持的必备要素。所有的自然生命体都包含水，所有的自然生命系统都需要水来维持，部分非生命系统缺乏水将会退化，如土地没有水就会退化成沙漠。在沙尘暴肆虐、土地大面积沙漠化、人类付出惨痛代价的今天，人们开始意识到水的生态资源特性对人类发展的重要意义。

12.2　水资源的经济学特性分析

水资源的以上三种基本属性，从经济学意义上研究，具有系统性、稀缺性、竞争性、公共物品和准公共物品等特性。

(1) 系统性

水资源的系统性主要表现在：水资源与其他自然资源、水资源与经济活动、地区水资源与流域水系等相互存在着内在联系，存在着相互影响、相互制约的关系。水资源状况(如形态、数量、质量、水事活动等)的重大改变将引起生物和非生物资源因子的相应变化；水资源的综合开发和利用，将大大促进社会、经济的相应发展；流域内不同水域的水事活动，对河流的干支流和上下游将产生一定的影响。以上使用特性不仅构成一个复杂的经济学系统，涉及经济学的供给、需求与市场、市场与政府的关系、均衡、边际效用等问题，还涉及目前的前沿学科和理论，包括资源环境经济学、可持续发展经济学等。水资源的系统性决定水经济理论研究与实践的复杂性。

(2) 稀缺性

经济学认为稀缺性是指相对于消费需求来说可供数量有限。从理论上来说，它可以分成两类：经济稀缺性和物质稀缺性。假如水资源的绝对数量并不少，可以满足人类相当长的时期的需要，但由于获取水资源需要投入生产成本，而且在投入某一定数量生产成本条件下可以获取的水资源是有限的、供不应求的，这种情况下的稀缺性就称为经济稀缺性。假如水资源的绝对数量短缺，不足以满足人类相当长的时期的需要，这种情况下的稀缺性就称为物质稀缺性。

经济稀缺性和物质稀缺性是可以相互转化的。缺水区自身的水资源绝对数量都不足以满足人们的需要，因而当地的水资源具有严格意义上的物质稀缺性。但是，如果将跨流域调水、海水淡化、节水、循环使用等增加缺水区水资源使用量的方法考虑在内，水资源似乎又只具有经济稀缺性，只是所需要的生产成本相当高而已。丰水区由于水资源污染浪费严重，加之缺乏资金治理，使可供水量不能满足用水需求，这也变成为水资源经济稀缺性的区域。

当今世界，水资源既有物质稀缺性，可供水量不足；又有经济稀缺性，缺乏大量的开发资金。正是水资源供求矛盾日益突出，人们才逐渐重视到水资源的稀缺性问题。稀缺性为发展现代水经济提供了基础。

(3) 竞争性

水资源的竞争性表现在同类厂商之间对水资源的竞争性使用和水资源在不同用途之间的竞争性，即水资源作为自然资源投入和作为资产、环境资源、生态资源投入之间的竞争性。水资源的竞争性特征决定了水资源产权理论与实践研究的必要性。

(4) 兼具公共物品和准公共物品的特性

所谓公共物品是相对于个人物品而言的，它指的是每个人对这种物品的消费，并不能减少或影响任何他人消费该物品。水是商品，但获得洁净和卫生的饮用水又是人的基本权利，是身体健康的基础和保障，水资源利用不仅关系到资源配置效率，还关系到社会公平，既不能完全由市场按照利益导向来配置水资源，又不能不考虑资源的高效利用。

水以流域为单元，地表水和地下水相互转化，上下游、左右岸、干支流之间的开发利用相互影响，水量与水质相互依存。水资源使用不仅会给使用者带来效益，还会给流域其他人产生影响。外部效应的存在决定了仅靠市场调节，生产者或消费者在用水决策时难以考虑经济活动的全部成本，其产出对于全社会而言往往是次优的。

水具有供水、发电、航运、旅游等多种功能，而防洪、水土保持和水资源保护又是典型的公共物品，属于市场失灵的领域；农业灌溉、大型水利工程基础建设虽有竞争性、但又有非排他性，属于公共财产物品，是准公共物品；城市供水和水力发电是私人物品，这里既有应该由政府提供的物品，又有应该由市场提供的，而实际上往往由一个工程提供。水作为生态环境资源的公共物品特性决定了政府在水经济系统中的地位是不容忽视的。而水作为自然资源和资产的准公共物品特性决定市场机制在水经济中的地位。

水经济就是建立在可持续发展的基础上，依托水资源，将治水、护水与开发水相协调而发展起来的经济。它包括水产业，指直接经营水的产业，如水上旅游、养殖、自来水；水相关产业，指因水一次间接受益的产业；水保护产业。由此可见，保护好水资源就是保护好通榆河流域的经济发展。

12.3　保护好水资源的社会经济效益

1) 改善投资环境，促进经济快速发展。通榆河流域污染得到控制后，投资环境得到改善，解除了水环境污染对经济发展的瓶颈制约，将会增加对投资者的吸引力度，促进经济继续快速发展。

2) 促进经济增长质量改善，实现经济可持续发展。流域内的工业污染控制和清洁生产工艺改造，符合产业政策和新型工业化道路；化肥、农药生态化提高农产品的竞争力；生态改造和环境的改善带来生态旅游和生态服务业的发展。通榆河流域的经济发展方式将发生转折性改变，经济发展潜力得到进一步增强。

3) 推进污染处理市场化，保证相关项目主体正常运转。城镇污水、生活垃圾集中处理工程，积极引进社会资金实行市场化运转；鼓励发展循环经济，采取资源特许权等方式可以保证污染治理业主的基本利益。

4) 保障通榆河流域供水安全，提升水资源利用率。通榆河水资源利用工程建设，保障了流域内城市供水安全，也带动了工业、航运、旅游等行业的发展；行蓄洪区的整治和矿区塌陷地的生态建设，一方面减少洪水暴发造成的人员健康损害和财产损失，另一方面也提高了水资源的利用率和区域生态景观，降低用水投入。

5) 减少生态环境破坏的损失和污染处理应急投入。环境质量的改善，将有效减少环境污染造成的人体健康损害和社会活动的损失。同时，将减少每年为应付水污染事故而增加城乡饮用水的处理投入。

第十三章 淮河沿海支流通榆河流域经济

与水环境协调发展模型

水是人类生存的根本，人水和谐，应该是我们的追求目标。在前文的分析中，我们看到近年来通榆河流域经济快速发展的同时，水质污染事件屡屡发生，在局部河段的某些时段甚至出现了 V 类水质。为了实现经济的长期可持续发展，按照水体的承受力，自觉调整经济发展的节奏及结构，维护经济与水环境的协调发展已成为亟待解决的问题。

13.1 经济发展与水环境协调发展的模型设计

国内外学者对于经济与环境协调发展进行了广泛深入的研究。对经济与环境协调发展的概念、衡量指标、研究方法等提出了众多观点，而近年来耦合模型被广泛地运用于考察经济发展与环境协调性的研究。本章将在参考马丽等(2012)、杨丽花等(2013)研究文献的基础上，建立耦合模型，对淮河沿海支流通榆河流域经济与水环境的协调发展进行实证分析。

耦合是一个物理学概念，指两个(或两个以上)体系或运动形式通过各种相互作用而彼此影响的现象。由协同学知，一个系统由无序走向有序的关键在于系统内部各要素间的协同作用，这种作用决定着系统的未来走向。耦合恰恰刻画了系统内部要素间的这种相互作用，这为我们借助于耦合的概念，来研究经济发展与水环境的协调关系提供了理论依据。具体耦合模型设计如下：

由前文的研究，我们知道经济发展与水环境变化都是一个非线性的过程，用非线性函数表示如下：

$$f(x_1, x_2, \cdots, x_n) = \frac{\mathrm{d}x(t)}{\mathrm{d}t}$$

$$g(y_1, y_2, \cdots, y_m) = \frac{\mathrm{d}y(t)}{\mathrm{d}t}$$

其中，f 是 x_i 的非线性函数，$i = 1, 2, \cdots, n$，代表着经济发展状况；g 是 y_j 的非线性函数，$j = 1, 2, \cdots, m$，代表着水环境的变化。对于上述非线性系统在均衡点的稳定性考察，可以通过考察该系统在均衡点的一阶泰勒展开的线性系统的稳定性来解决。显然，在原点处尚未存在人类的活动，我们可以认为此时系统均衡，选择在该点处进行一阶泰勒展开，可得经济发展和水环境耦合变化的线性系统：

$$f(x_1, x_2, \cdots, x_n) = \frac{\mathrm{d}x(t)}{\mathrm{d}t} = \sum_{i=1}^{n} \frac{\partial f}{\partial x_i} \cdot x_i$$

$$g(y_1, y_2, \cdots, y_m) = \frac{\mathrm{d}y(t)}{\mathrm{d}t} = \sum_{j=1}^{m} \frac{\partial g}{\partial y_j} \cdot y_j$$

其中，$\frac{\partial f}{\partial x_i}$ 代表了在经济系统中元素 x_i 的单位变化，对于经济系统的贡献；而 $\frac{\partial g}{\partial y_j}$ 则代表了水环境系统中元素 y_j 的单位变化，对于水环境系统的贡献；在一般文献中，多采用对各相应要素序列赋予权重的方法来表示其贡献，在本文中我们借鉴了马丽等(2012)的做法，将各系统选定的各要素指标进行主成分析，利用第一主成分系数代表其权重，由此得出的综合评价指数代表系统的整体变化，这样做的好处在于不仅考虑了单个指标的数据分布规律，还排除了指标之间的信息重叠与相互干扰造成的评估偏差。

利用权重表示要素对系统的贡献后，上式必然出现另一个问题，即各指标之间的单位不统一问题，在此我们对其进行指数化处理。由于各系统中的指标有的是越大系统功能越好(正指标)，有的是越小系统功能越好(负指标)；针对上述两类指标我们采用文献中常用的做法，用代表满意程度的指数化形式来表示，具体转化公式如下：

$$d_{ij} = \begin{cases} (z_{ij} - z_{ij\min})/(z_{ij\max} - z_{ij\min}) & \text{正指标} \\ (z_{ij\max} - z_{ij})/(z_{ij\max} - z_{ij\min}) & \text{负指标} \end{cases}$$

其中，d_{ij} 表示 i 系统中 j 元素的满意度指数，d_{ij} 越大表示对 j 元素表现越满意，由表达式易知：$0 \leqslant d_{ij} \leqslant 1$，且 $d_{ij} = 0$ 时，表示最不满意，$d_{ij} = 1$ 时，表示最满意；$z_{ij\max}$ 表示 i 系统中 j 元素的最大值，$z_{ij\min}$ 表示 i 系统中 j 元素的最小值，z_{ij} 表示 i 系统中 j 元素的值。

综合上述分析，我们可以得出经济系统和水环境系统的综合评价指标，即

$$f(x_1, x_2, \cdots, x_n) = \frac{\mathrm{d}x(t)}{\mathrm{d}t} = \sum_{i=1}^{n} a_i \cdot \mathrm{d}_{fi}$$

$$g(y_1, y_2, \cdots, y_m) = \frac{\mathrm{d}y(t)}{\mathrm{d}t} = \sum_{j=1}^{m} b_j \cdot \mathrm{d}_{gj}$$

其中，a_i 表示经济系统 i 元素的权重，b_j 表示水环境系统 j 元素的权重。

借助于物理学中的容量耦合的概念及其耦合度模型，建立如下经济发展与水环境体系的耦合模型[①]：

$$T = e \cdot f + h \cdot g$$

$$C = \frac{2\sqrt{f \cdot g}}{f + g}$$

$$D = \sqrt{C \cdot T}$$

其中，f 为经济系统的综合评价，g 为水环境系统的综合评价，T 为经济增长与水环境演化的综合发展指数，反映了经济增长和水环境的整体水平，由于考虑到在苏北沿海地区流传的"宁可毒死，不要穷死"的口号，我们认为政府在经济发展和环境保护上并非同等对待，在本文中我们取 $e=0.6$，$h=0.4$；C 为耦合度，介于 0 与 1 之间，当 $C=0$ 时，耦合度极小，系统及系统内的要素处于无关状态，系统将向无序发展；当 $C=1$ 时，耦合度最大，系统间或系统内部要素之间达到了良性共振耦合。国内有众多学者采用中值分段法，将耦合度值域区间划分为四段，按照此法，当 $0 \leqslant C \leqslant 0.3$ 时，表明经济发展与水环境处于低水平耦合阶段，此时两者表现极不平衡，其中一个很强，而另一个却很弱。它可能是经济发展水平较低，水环境容载力强，完全能够承载和消化经济发展带来的破坏，也可能是经济已经有了很大发展，而水环境却遭到了很大破坏，已不能承载和消化进一步的破坏；当 $0.3 < C \leqslant 0.5$ 时，表明经济发展与水环境处于拮抗阶段，这一阶段两者的地位开始转化，强者减弱，弱者增强。它可能是经济发展进入快速阶段，水环境的承载力有所下降，已不能完全消化经济发展带来的影响，也可能是经济增长开始减速，水环境质量开始得到一定修复；当 $0.5 < C \leqslant 0.8$ 时，表明经济发展与水环境处于磨合阶段，这一阶段经济发展由于受到前一阶段对水环境破坏的影响，开始将一部分发展资金用于水环境的修复之中，也可能是相反过程，总之，经济发展和水环境开始良性耦合；当 $0.8 < C \leqslant 1$ 时，表明经济发展与水环境进入高水平耦合阶段，这一阶段经济发展在量和质上都到达了一个更高的水平，水环境也得到

---

① 此处参考了宋雪峰等（2005）、杨丽花等（2013）、董沛武等（2013）的模型，发现前两者在模型设计上排除了系统间进入相互促进的高水平耦合阶段的可能性，因而在此借鉴董沛武等对于耦合的认识，以几何平均与代数平均值比来表示耦合度，可以看出此时当两个系统综合效应估计值一致时，也就意味着两者具有相同的满意度，此时的耦合效应最大。

了更好的修复，经济发展与水环境提高相得益彰，同步协调发展。D 为协调度，反映了经济发展与水环境承载力相互协调的程度，数值越大说明经济发展与水环境和谐度越高，经济与水环境的质量也就越好，类似地，对其值域进行分段，划分为 4 种类型：$0 \leqslant D \leqslant 0.3$ 为低度协调的耦合；$0.3 < D \leqslant 0.5$ 为中度协调的耦合；$0.5 < D \leqslant 0.8$ 为高度协调的耦合；$0.8 < D \leqslant 1$ 为极度协调的耦合。

13.2　指标体系构建及数据说明

(1) 指标体系构建

指标选择的合理与否直接决定着研究的结论，本书借鉴韩瑞玲等(2011)、李中杰等(2012)、杨丽花等(2013)研究的基础上，结合本研究区域的特点，对指标设计如下(表 13-1)：其中经济系统考虑到了经济规模、经济活力、经济效益三个方面，经济规模我们用经济变量的绝对数来表示，而经济效益我们采用经济变量的相对数来表示，经济活力我们采用了经济指标的增长率来分析；对于水环境质量系统而言由于数据的局限，在此仅考虑了资源条件、环境压力及经济结构三个方面，资源条件用总量资源和人均资源两个方面来解释，环境压力方面，主要是考虑了工业排污、污水处理及使用水量三个方面；在水环境系统中放入经济结构因素是因为人们的生产和生活方式的变化直接决定着污水的排放内容和方式，决定着水资源能否实现自净，在此我们用就业结构和产值结构来表示，以便体现生产和生活方式的改变对水环境质量的影响。

表 13-1　经济系统与水环境系统评价指标体系

分类	经济系统指标	属性	分类	水环境系统指标	属性
经济规模	地区 GDP(DG)	+	资源条件	人均水资源量(DRW)	+
	固定资产投资(DI)	+		水资源(DW)	+
	社会消费品零售总额额(DX)	+		降雨量(DRA)	+
经济活力	GDP 增长率(DGF)	+	环境压力	工业废水排放量(DIW)	—
	固定资产投资增长率(DIF)	+		污水处理率(DSW)	+
	社会消费品零售总额增长率(DXF)	+		生产用水量(DPW)	—
	公路货运量增长率(DYF)	+		生活用水量(DLW)	—
经济效益	人均 GDP(DRG)	+	经济结构	第一产业占 GDP 比重(DAG)	+
	万元工业产值耗水量(DGW)	—		第一产业就业比重(DAL)	+

(2) 数据说明

通榆河位于江苏沿海地区，是南北运输的"黄金水道"，主要连接了南通、如皋、海安、东台、大丰、盐城、建湖、阜宁、滨海、响水、灌南、灌云、连云港和赣榆等城市，基本涵盖了江苏沿海三市，出于研究数据的可得性考虑，在此我们将以江苏沿海三市来代替通榆河流域，文中各项指标出自历年《江苏统计年鉴》。其中，经济系统指标主要出自"三大区域经济社会基本情况"，人口指标是年末户籍人口，而对于水环境系统的指标由于农村数据的缺失，这里主要是指城市数据(资源条件指标除外)，其中工业污水排放量缺少 2011~2013 年的数据，这里通过 AR(1)模型获得。

13.3　模型的结果与实证分析

(1) 盐城情况

通榆河全长 415 公里，其中段 213 公里在盐城境内，占到了全长的 51.32%，可以说盐城境内的通榆河水环境对整个通榆河水环境有着决定作用。

将盐城市经济系统的各项指标按上文所述的方法去量纲化处理之后，进行主成分析。初步的研究发现，对于经济系统而言，盐城的情况与南通类似，在此我们做了类似的处理，对于代表经济实力及经济活力的地区生产总值及地区固定资产投资指标，仅保留了其绝对量，而对于已不能体现经济变化的运输变量进行了排除，新的主成分析结果如表 13-2 所示。

表 13-2　盐城经济体系主成分析

变量	第 1 主成分	第 2 主成分	第 3 主成分	第 4 主成分	第 5 主成分
DG	0.453793	−0.122532	−0.143876	−0.110143	0.372483
DGW	0.397166	0.034375	0.908575	0.112818	−0.050090
DI	0.444786	−0.163342	−0.301665	0.766504	−0.298241
DRG	0.453560	−0.120541	−0.149968	−0.193061	0.582941
DX	0.455278	0.031439	−0.164947	−0.582325	−0.649234
DXF	0.159696	0.970363	−0.114419	0.106006	0.092055
特征值	4.755148	0.928872	0.301229	0.011561	0.003151
贡献率	0.7925	0.1548	0.0502	0.0019	0.0005
累计贡献率	0.7925	0.9473	0.9975	0.9995	1.0000

从表 13-2 可以看出，第 1 主成分的贡献率为 79.25%，已能较好地反映经济系统指标的总体变动情况，而且根据它们的特征值可以发现第 2 个特征值已经开始明显小于 1，为了讨论方便，这里提取第一个主成分系数作为相应变量的权重，以此所得的综合评价 F 反映经济系统变动。由图 13-1 可以看出：自进入新世纪以来，盐城市经济发展与南通差不多，综合评价走势是一路走高(除了 2006 年有所下降外)。

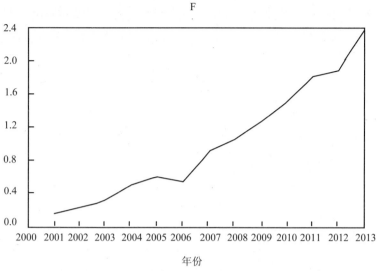

图 13-1　2001~2013 年盐城市经济发展综合评价图

　　水环境体系中 2012~2013 年的污水排放量数据不全，在此处的处理方法与南通市的情况一样，建立自回归模型，根据模型将缺失的这两年数据补齐。将工业污水排放变化率序列记为 IWF，经 ADF 检验，知其为平稳时间序列。研究发现工业污水排放量变化率与其滞后三期的变化率间存在着显著相关性，为了使模拟值与实际值更接近些，将预测模型设为如下形式：

$$IWF_t = c + \phi \times IWF_{t-3} + u_t$$

回归结果如下：

$$IWF_t = 0.228 + 0.803 IWF_{t-3} + u_t$$

其中：

$$t_c = 1.49 \qquad t_\phi = 2.309 \qquad R^2 = 0.47$$
$$p_c = 0.188 \qquad p_\phi = 0.06 \qquad D.W. = 1.27$$

　　据上述方程，我们可以逆推得 2012 年盐城市工业污水排放量，2013 年污水排放量以此公式计算所得结果太高，不太现实，在此我们对其进行了折中处理，取 2012 年与 2013 年模拟值的均值作为 2013 年的值。

　　将水环境系统的各项指标按上文所述方法进行去量纲化，然后对所得新数列进行主成分析。经初步研究发现，在第 1 主成分中水资源和人均水资源的变动对于水环境质量贡献较小，且添上这两个指标后，第 1 主成分对于水环境系统变动的贡献率不足 50%，究其原因，可能是因为着两个指标年度间变化率不大，因而其对于水环境系统变动的解释力不高，为了能够用第 1 主成分来对水环境系统进行描述，在此我们将其排除在外重新进行主成分析，结果如表 13-3 所示：第 1 主成分的贡献率达到了 59.21%，基本上可以反映 6 个指标的总体变化情况，因此我们用第 1 主成分来反映水环境系统的变化情况。

表 13-3 盐城段水环境系统主成分分析

变量	第 1 主成分	第 2 主成分	第 3 主成分	第 4 主成分	第 5 主成分
DAL	0.434531	0.429392	−0.063102	0.422475	−0.364693
DAG	0.449889	0.436850	−0.145258	0.214623	0.294615
DLW	0.320201	−0.498880	0.638496	0.378277	−0.219305
DPW	−0.383641	−0.254712	−0.397363	0.769422	0.194949
DIW	0.477720	−0.333872	−0.071435	−0.083826	0.699963
DRA	−0.361743	0.446715	0.635799	0.182539	0.451833
特征值	3.552823	1.182243	0.649091	0.497050	0.095870
贡献率	0.5921	0.1970	0.1082	0.0828	0.0160
累计贡献率	0.5921	0.7892	0.8974	0.9802	0.9962

将第 1 主成分各项系数作为各项指标满意度指数的权重，我们得出了水环境系统的综合评价图，如图 13-2 所示：通榆河盐城段的水环境体系在 2004~2008 年间曾经有所改善，但此后一路下滑，这也说明了盐城经济的飞速发展，对水环境造成了破坏，尤其是 2008 年以后的这几年更为严重。

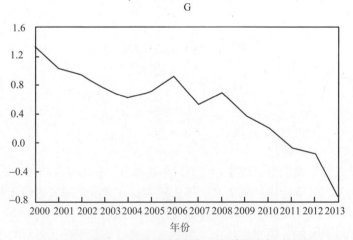

图 13-2 2001~2013 年盐城市水环境系统综合评价图

为了考察盐城市经济发展与水环境变化间的协调型，在此与下文处理南通市的情况一样，对上述两个综合评价指标进行满意度调整，将其转化到[0,1]区间内，以便于利用上述耦合模型进行考察。调整后的结果如图 13-3 所示：其中 DF 为盐城市经济体系综合评价指标满意度，DG 为盐城市水环境体系综合评价指标满意度，从图形上可以粗略地看出在 2009 年附近，两者曾出现比较好的协调。

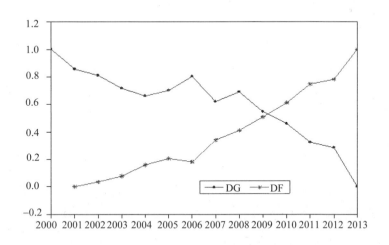

图 13-3　2001~2013 年盐城市经济体系及水环境体系满意度指数图

下面我们将上述结果代入耦合模型，所得结果如图 13-4 所示：其中 T 是盐城市经济发展与水环境演化的综合发展指数，反映了对经济发展和水环境的整体评价。从图上可以看出就经济和环境的综合评分是一路走高，成绩是值得肯定的。C 代表盐城市经济发展与水环境的耦合度指标，从图上可以看出在 2006~2012 年间经济发展与水环境的耦合度较高，经济发展和水环境处于高度耦合阶段，但到了 2013 年出现了急剧下降。发生这一现象的原因一方面可能是由设计的方法所致，另一方面从耦合度的趋势看，其最佳时期出现在 2009 年，此后开始下降，这也说明了即使不考虑 2013 年的这种极端情况，图形也说明了盐城的经济发展与水环境的耦合度出现了下行的趋势，对水环境的保护需引起我们高度重视。D 代表着盐城的经济发展与水环境的协调度，从图上可以看出 2006 年以来，两者的协调度是不断提高的，但是自 2011 年以后，开始表现出协调度下降的趋势。

由以上分析知：从总体上看，就经济发展与水环境的协调情况而言，盐城要好于南通，但就经济发展阶段而言，南通要强于盐城，南通已到了急需利用经济发展成果来治理前期的污染阶段，盐城尚处于以环境代价换经济发展的时期。但目前两者都面临着水环境的污染问题，需要引起当地政府的高度重视。

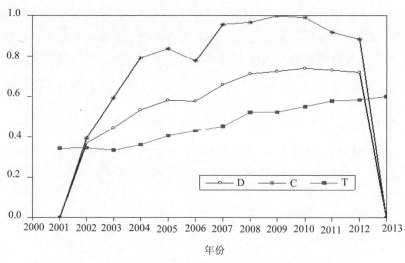

图 13-4　2001~2013 年盐城市经济体系与水环境体系耦合模型图

(2) 南通段情况

将经济系统的各项指标按上文所述方法，进行去量纲的指数化处理后，对所得新数据序列进行主成分析，结果如表 13-4 所示。

表 13-4　南通经济体系主成分析

变量	第 1 主成分	第 2 主成分	第 3 主成分	第 4 主成分	第 5 主成分
DG	0.446923	−0.028355	0.051482	0.140896	−0.002709
DGF	−0.032261	0.662104	−0.021858	0.070203	−0.645903
DGW	0.393132	0.209682	0.199256	−0.004824	−0.234756
DI	0.433443	−0.151479	0.012934	0.021813	0.131367
DIF	0.176227	0.456835	0.068246	−0.757643	0.407921
DRG	0.447024	−0.025065	0.051549	0.136894	−0.020597
DX	0.446498	−0.020444	−0.030744	0.149648	0.020863
DXF	0.050286	0.359519	−0.784031	0.318249	0.343487
DYF	−0.154978	0.393577	0.577959	0.508214	0.474544
特征值	4.894321	1.949911	1.025140	0.677082	0.279081
贡献率	0.5438	0.2167	0.1139	0.0752	0.0310
累计贡献率	0.5438	0.7605	0.8744	0.9496	0.9806

由表 13-4 易知：前两个主成分累计贡献率已达到了 76.05%，已能较好地反映指标体系的整体变动情况，但是通过两个主成分我们难以决定单个指标的贡献率到底是多少，尤其是当两者出现相反的时候，更是如此。通过对上述两主成分进行研究，我们发现：GDP 增长率指数与 GDP 指数在两主成分中表现出了相反

的变化特征，即一个变大，另一个变小，此时都能提高对整体方差变动的解释力，社会消费品零售总额与社会消费品零售总额增长率也表现除了相同的规律，因此，我们对代表经济系统的指标进行了微调，对上述两者仅保留其一，留下了代表经济规模的变量——GDP，社会消费品零售总额。同时注意到，代表经济活力的公路货运增长率指数与其他代表经济活力的指标走向出现了背离，即投资、消费比较活跃，经济发展比较快速时，货运总量的增长并没有表现出同步性，这可能与我国的经济结构的变化有关，这也说明了利用公路货运总量的变化说明经济活力已不适应，因此，我们在接下来的分析中也将其排除掉，经过整理后的主成分析结果如下表 13-5 所示。

表 13-5　南通经济体系修正后的主成分析

变量	第1主成分	第2主成分	第3主成分	第4主成分	第5主成分
DG	0.452216	−0.134816	0.062875	−0.186161	−0.452809
DGW	0.406954	0.230120	−0.826154	0.300128	0.093874
DI	0.433349	−0.199471	0.446054	0.725990	0.213829
DIF	0.187578	0.924083	0.328050	−0.054859	−0.015896
DRG	0.452345	−0.130686	0.054004	−0.211708	−0.515161
DX	0.449772	−0.134433	0.063394	−0.548066	0.689047
特征值	4.789135	0.945225	0.225171	0.034046	0.006249
贡献率	0.7982	0.1575	0.0375	0.0057	0.0010
累计贡献率	0.7982	0.9557	0.9933	0.9989	1.0000

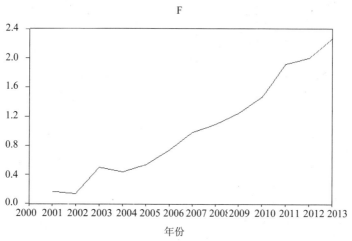

图 13-5　2001~2013 年南通市经济发展综合评价

由表 13-5 可以看出，第 1 主成分的贡献率为 79.82%，已经可以较好地反映 6个经济指标的总体变动情况，而且根据它们的特征值可以看出第 2 个特征值开始明显变小(小于1),碎石图出现明显拐弯,因此,我们以第1主成分的系数作为相应变量的权重系数,反映经济系统的变动,将不会出现大的偏差。由第1主成分表示的经济系统综合评价 F,如下图 13-5 所示:进入新世纪以来,南通市经济发展非常迅速,一路走高。

水环境体系中 2011~2013 年污水排放量数据不全,在此我们用自回归模型的方程计算出的模拟数据进行代替。具体而言:首先对已有的 2000~2010 年污水排放量序列进行平稳性检验,知其为一阶单整时间序列。取其变化率,将其变为平稳时间序列。将工业污水排放变化率序列记为 IWF,建立如下模型:

$$IWF_t = c + \phi \times IWF_{t-1} + u_t$$

回归结果如下:

$$IWF_t = 5.46 - 0.33 IWF_{t-1} + u_t$$

$$t = 1.18 \quad -0.83$$

$$R^2 = 0.10 \quad D.W. = 1.82$$

据以上回归方程,逆向反推得出 2011~2013 年的工业污水排放量。

将水环境系统的各项指标按上文所述方法,进行去量纲指数化处理后,对所得新数据序列进行主成分析,结果如表 13-6 所示。

表 13-6 南通水环境系统主成分析

变量	第 1 主成分	第 2 主成分	第 3 主成分	第 4 主成分	第 5 主成分
DLW	0.365180	0.123554	-0.253758	0.366253	-0.592488
DPW	0.320012	0.196649	0.002038	0.750636	0.492974
DSW	-0.386024	-0.170556	-0.324239	0.100812	0.276762
DIW	0.382956	-0.068446	-0.153128	-0.328943	0.526428
DRA	-0.130261	-0.495344	0.715597	0.295020	-0.023558
DRW	-0.274232	0.559520	0.211040	-0.000943	0.045685
DAG	0.396625	0.150022	0.243924	-0.200807	-0.162288
DAL	0.385512	0.085222	0.368615	-0.238060	0.139698
DW	-0.265451	0.569290	0.234586	-0.001945	0.060965
特征值	5.571687	1.719361	0.835628	0.527641	0.259026
贡献率	0.6191	0.1910	0.0928	0.0586	0.0288
累计贡献率	0.6191	0.8101	0.9030	0.9616	0.9904

由表 13-6 知:第 1 主成分的贡献率为 61.91%,基本上能反映 9 个指标的总体变动情况,因而,为了讨论的方便,提取第 1 主成分反映水环境系统的变化。

将第 1 主成分系数作为各项指标满意度指数的权重，我们得出了水环境系统的综合评价图。如图 13-6 所示：水环境质量持续下滑，且在 2011 年达到了最低点，由此可知：南通的经济发展是以环境牺牲为代价。

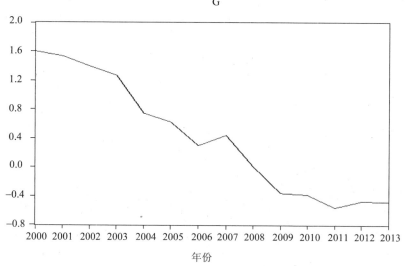

图 13-6　2001~2013 年南通市水环境系统综合评价

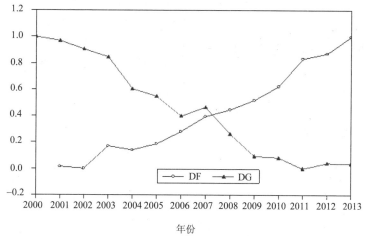

图 13-7　2001~2013 年南通市经济体系及水环境体系满意度指数图

为了考察经济发展与水环境变化间的协调性，在此我们对上述的两个综合评价指标进行了满意度调整，将其都转化到[0,1]区间内，以便于利用上述的耦合模型进行考察。结果如图 13-7 所示：其中 DF 为经济体系综合评价指标满意度，DG 为水环境体系综合评价指标满意度，从图形上可以粗略地看出在 2007 年附近，两者曾出现过比较好的协调。

下面我们将其结果代入上述耦合模型,所得结果如图 13-8 所示:其中 T 反映了进入新世纪以来南通市经济增长与水环境演化的综合发展指数,反映了经济增长和水环境的整体水平,由图形可以看出其整体趋势是向好发展。C 和 D 分别反映了南通市经济发展与水环境间的耦合度和协调度。

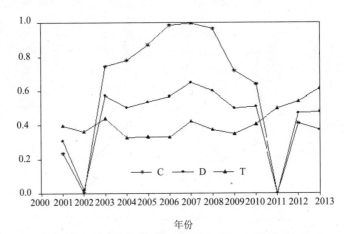

图 13-8　2001~2013 年南通市经济体系与水环境体系耦合模型图

从图形上可以看出:在 2005~2008 年间南通市的经济发展和水环境间曾经出现过高度耦合与协调的阶段,但遗憾的是,此后耦合度及协调度开始下降,究其原因在于人们在发展经济的同时,忽略了环境的保护,致使经济发展超越了水环境的承载力,经济指标虽然一路高歌,环境却遭到了严重的破坏。由此可见:南通发展走的依然是"先污染,后治理"的老路。目前南通的经济发展已经有了较大起色,按照目前的人民币汇率算,人均地区生产总值已超过 10000 美元,今后要实现人与自然的和谐发展,南通需要投入更多的资金来保护和改善水环境。

第十四章　淮河沿海支流通榆河流域经济与水环境协调发展的路径与策略研究

　　每条河流都是一条流动的生态系统，是流域生态系统存在的基础。健康的通榆河应是河道完整而稳定，流水不断，具有充足优质的水量供给，能够满足流域内社会经济发展需要；河道内水生物品种繁多，各种鱼类能够生存繁衍；河道具有足够的调蓄和泄洪能力；水资源得到合理开发利用，具有健全的供水、灌溉、航运、养殖、旅游等多种功能。

　　当今，随着社会经济的快速发展和人民生活水平的不断提高，人们对河流的认识也更加深刻，"亲水"、"近水"、"建设生态河道"、"人水和谐"的水环境意识日益增强，水环境理念日趋成熟。因此，维护健康河道，改善生态环境，是新时期治水的重要内容，是以人为本、树立和落实科学发展观、走可持续发展道路的重要实践活动，是构建和谐社会的重要组成部分。维护健康通榆河，就是要以河为友，把通榆河作为一个系统来看待，围绕新的治水理念，从河流生态系统的整体性出发，动员全社会积极参与环境保护和生态建设。各级人民政府及其有关部门要依法行政、严格执法，切实解决人民群众身边的环境问题，维护好老百姓的环境权益。各地政府和有关部门要增强流域意识和全局观念，建立起"同防共治、齐抓共管"的工作机制，形成合力，共同防治。各级人大要加强对通榆河条例实施情况的监督检查。经过综合整治，在加强和提高防洪和排水功能的同时，合理开发，全面修复和改善河道生态环境，恢复河道功能的多样性。以科学的发展观，可持续利用河流价值，构建人水和谐的社会环境。

　　但目前的水质距离国家规定的要求还有一定的差距。因此，治理通榆河应以全面、协调、可持续的科学发展观为指导，以人的发展为目标，以治污减排为核心，正确处理好经济发展和环境保护的关系，坚持发展与保护并重、经济与环境双赢的原则，坚持"既要金山银山又要绿水青山"、"绿水青山就是金山银山"的发展理念，将生态建设和发展作为各项工作的着眼点，以优化结构、改善民生、强化保护为重点，对通榆河流域水环境进行全面、系统、科学、有效的治理，把生态建设、环境保护与产业结构布局调整、经济结构优化、削减污染物排放总量等统筹考虑，做到社会、经济和环境协调发展。在控制流域水污染物排放总量的前提下，大量削减各种污染物排放量，实现以水环境保护优化流域经济发展，确保城乡居民的饮用水安全和跨省界断面水质达标。并杜绝人为的水污染事故发生，协调流域经济发展与环境保护，最终使得流域生态系统步入良性循环轨道，打造"宜人、宜居、宜业"的美好环境。

为加强通榆河水污染防治，建设通榆河"清水走廊"，江苏省把通榆河列为水污染防治工作的重点，出台了《关于加强通榆河水环境综合整治的意见》，提出通榆河水污染防治应以"优先保证饮用水安全、保障沿海开发"为指导思想，"以防为主、防治结合、统筹推进、改善水质"为基本思路，计划到 2015 年通榆河及其主要供水河道水质稳定达到国家地表水环境质量Ⅲ类标准。江苏省环保厅还编制了《通榆河水污染防治规划》，计划投资 48.4 亿元，实施饮用水源保护、点源污染治理、城镇污水处理设施建设、面源污染防治、河道综合整治等 7 大类 205 项工程进行通榆河水污染防治，力求从根本上解决通榆河地区水污染问题。同时，江苏省环保厅会同省发改委、财政厅等部门研究制定了《通榆河水环境质量区域补偿试点方案》，以"污染者付费、破坏者补偿"为原则，分清了上下游治污责任，探索建立通榆河及其主要供水河流行政交界污染赔付机制。针对盐城市、连云港市等化工园区多、污染突出的问题，江苏省还建成了升级环境应急指挥平台，完善了通榆河沿线地区环境应急值守制度。组织开展了环境安全大检查，并多次开展化工专项执法检查和飞行检查，对兴化等地区不锈钢加工、酸洗行业组织开展集中整治，切实防止重金属污染。目前，盐城市新洋港等 5 个水质自动监测站，盐城、建湖、滨海 3 个集中式饮用水源地水质自动监测站也正在建设中这些举措对于改善通榆河流域的水质污染有着重要的指导意义。根据实际情况，我们认为，做好沿海支流经济与水环境协调发展、改善通榆河流域水体污染应采取以下路径和措施。

14.1 强化环境安全体系建设，做好前期规划，优化区域经济发展

对于通榆河流域而言，处理好生态建设与经济建设的关系尤为重要，而做好环境综合治理的前期规划工作，强化环境安全体系建设则是重中之重。各级政府可通过产业政策的制定对经济活动加以干预，保护未来长期持续发展所需的水资源环境基础。为此，应把环保产业的发展作为新的经济增长点，以促进地区发展符合总体利益的产业和发挥各自的比较优势为主要目标，制定扶持环保产业发展的经济政策，在投资、信贷、税收等方面给予优惠；鼓励企业实现规模经营，以最有效的方式利用资源，实现低投入、高产出；根据产业发展的目标、经济和科学技术的发展水平，制定有利于可持续发展的技术政策；鼓励一部分产品过剩的

企业转向环保产品生产和服务；组建环保产业集团，尽快形成产业规模；抓紧培育环保市场，把原来政府管理的环保服务事业推向市场。

首先要明确通榆河功能定位。通榆河是一条具有综合功能的河流，既是江苏省江水北调的骨干河道和沿线地区城乡居民的主要饮用水源，也是沿海地区的一条水运交通大动脉和重要战略性资源，同时具有灌溉、行洪等功能。因此，应将饮用水功能放在优先保障的位置。通榆河以及主要供水河道的水质应当不低于国家地表水环境质量Ⅲ类标准，优先保障沿线地区居民饮用水，同时兼顾其他用水。

其次要明确通榆河保护区域。《江苏省通榆河水污染防治条例》将通榆河及其两侧各一公里、主要供水河道及其两侧各一公里区域划定为一级保护区；斗龙港、新洋港、黄沙港和射阳河等与通榆河平交的主要河道上溯五公里以及沿岸两侧各一公里为二级保护区。将主要供水河道确定为引江河、新通扬运河、泰东河、如泰运河、如海运河、卤汀河、三阳河、蔷薇河，将主要平交河道确定为斗龙港、新洋港、黄沙港、射阳河、新沂河南偏泓、盐河、蔷薇河和车路河、沂南小河、沭新河，其他平交河道划定为通榆河三级保护区，这是符合现实的决策。

再次，各级政府要做好组织领导工作，保障沿线群众的饮用水安全。各级政府及有关部门要做到认识到位、责任到位、投入到位，自觉履行法定职责，自觉做好环境综合整治前期规划。为此，加大控源截污力度，科学调配和管理水资源，推进通榆河"清水走廊"的建设，确保饮用水源安全，保障沿海发展大局。还应组织开展河道、堤防现状调查、水资源开发利用现状调查、水资源开发利用现状调查工作。根据调查结果，在水法律、法规许可的范围内，根据水利规划要求，结合河道行洪排涝、引水抗旱、交通航运的设计要求和水土保持、绿化美化以及水功能区对水质的要求，制定科学合理的河道整治规划和河道水土资源综合利用规划，以明确河道整治的标准、任务、实施计划、阻水建筑拆迁计划、河道内集镇村庄搬迁计划，明确防护林种植范围和模式以及滩地、水面开发利用规划等。在根据通榆河流域主体功能区规划的基础上，落实流域内优化开发、重点开发、限制开发、禁止开发的空间功能布局，确定不同地区的发展方向和功能定位，从区域布局上统筹协调流域经济发展和水环境保护工作。区域经济的发展要充分考虑水资源保护。限制缺水地区发展耗水型产业，调整缺水地区的产业结构，严格控制高耗水、高耗能和重污染的建设项目。近期应重点调整北方缺水地区的产业结构，防止水资源短缺问题进一步加剧。生态环境脆弱地区的经济发展应考虑为生态用水留有余地，防止因过度开发导致下游地区河湖萎缩、土地沙化、生态退化。在水源地区，引导和组织水源地生态经济体系建设，避免水源地区经济发展导致下游城市水源污染。

具体而言，一是要强化环境安全隐患大排查。建立"企业自查、县局核查、市局督查"的三元监管模式，对全县市控以上重点污染源做到月月有监察。对重点区域、重点流域进行巡回检查、不定期抽查。强化对化工、造纸、酿造、制药、重金属等企业的环境监管，坚持依法行政、依法监管，积极开展重点企业大排查，对检查中发现的环境问题，依法从快从严查处。二是要严格饮用水源地环境执法检查。切实做好小塔山水库水源地保护工作，申报国家湖泊生态环境保护试点项目，确保饮用水安全。对检查中发现存在问题的企业督促整改，跟踪落实。加大环境违法行为处罚力度。对检查中发现的环境安全隐患问题，责令企业立即整改；不能立即整改的，下达限期整改通知书，明确整改期限和责任人，确保整治不留后患，监管不留空隙。如：通榆河流域的沭阳县就先后关闭新河酒业、洁晶海洋生化、三新化工等 7 家企业，淘汰小化工、小冶炼企业 14 家。对于符合产业政策、环保要求以及对拉动经济总量增长有很大促进作用的重大项目，落实"绿色通道"，实行专人负责、压缩审批流程和期限，对已开展规划环评的开发区中的重大建设项目环评适当予以简化。三是要强化对水源地的环境保护。加强辖区所有的城镇集中式饮用水源地安全风险隐患排查，确保饮用水源地的安全。加大水源保护区内污染控制、水源地生态修复项目建设，实施上游生态截污，畜禽粪便及生活污水处理，促进生态修复。

最后，水环境保护工作的重心必须由事后治理向过程治理和循环利用转变。加强对水污染源的控制，并鼓励企业实行清洁生产和工业用水循环利用，建立节水型工业。鼓励低耗水、低污染产业的发展，争取以更小的水资源、水环境代价取得更快的经济发展速度。此外，切实做好水源地安全保障工作，编制通榆河盐城段集中式饮用水源地达标建设方案，开展了应急备用水源地建设，强化对多个水功能区水质的监测，加强地下水动态监测，切实有效的保护水环境。

14.2　加快调整产业结构，进一步加强对严重污染行业及企业的治理

首先要严格执行国家产业政策，重点加强对污染严重企业的治理力度，积极引导企业淘汰落后的技术、工艺和设备，关闭严重污染的"十五小"企业，鼓励企业采用新技术和新工艺，鼓励企业之间、企业内部的资源循环利用，减少资源浪费和废物外排，实现减污增效。加强产品单位能耗定额和限额标准监测，达不到标准的限期整改；对整改不到位的高耗能、高污染、高排放企业依法关闭。完善园区管网和工业集中区生活污水管网建设，确保污水处理厂稳定运行。严格污染物排放总量控制，削减存量，控制增量，确保全年减排化学需氧量和氨氮，二氧化硫和氮氧化物排放量不增加。对所有新建、改建、扩建项目，实行"三同时"，按照技术起点高、资源消耗低、环境污染少的原则严格把关，不增加新污染源，

不得新上、转移、生产和采用国家明令禁止的工艺和产品，严格控制限制类工业和产品，严禁新上化工、造纸、制革、火电等高耗水、高污染项目，禁止转移或引进重污染项目。并在实施工业源达标排放的基础上实施节水和清洁生产，减少污染物排放量。工业污水走集中处理为主的道路，提高污水处理标准；鼓励发展低污染、无污染、节水和资源综合利用的项目。对淘汰企业用地复垦增加的耕地，实行与新增建设用地指标挂钩政策。对不能按时完成淘汰落后产能的地区，实行新建项目"区域限批"。同时积极推进规划环评和区域环评工作。

其次要严把环保审批关口，夯实产业发展基础。严格实行环境影响评价，实行环保一票否决，严把环境准入、项目建设、项目验收、治污设施运行和环境信访等五关，真正从源头上控制污染。招商引资与环境保护并不矛盾，引来一个有污染的大项目，或许会带来较大的经济效益，但从长远来看，生态的破坏反过来又会影响招商引资工作的开展。因为引来一个污染项目，或许会使更多的无污染外来企业擦身而过，这个损失无法估量。

再次要加快产业结构调整。根据国家产业政策，坚持堵疏并举，在流域内进行科学规划、合理布局，大力发展高新技术产业，重点发展能耗小、污染小的工业项目，促进经济结构调整和产业优化升级。可对流域内重点污染企业，坚决关停并转一批、改造一批；严格控制造纸、化工、酿造、食品等污染严重的产业准入。调整农业结构，大力推广测土配方施肥，做到化肥、农药施用减量化；控制并整顿畜牧水产养殖，提高畜禽粪便集中处理率。制定有关鼓励和优惠政策，带动环保产业的发展和环保新技术的开发和应用；从根本上扭转水环境污染和生态恶化的加剧趋势。通过产业结构调整，生产工艺改造等措施，实现节能、降耗、减污、增效，有效减少污染物的产生，减轻流域内水环境压力。按照循环经济理念调整经济发展模式和产业结构，鼓励企业实行清洁生产和工业用水循环利用，建立节水型工业。

最后要发展循环经济和清洁生产。以清洁生产为重点，对重点行业、重点企业实施强制清洁生产审核，实现经济发展与环境保护的良性互动。以流域内主体功能区划分为依据，调整产业布局，引导各级各类开发区开展生态园区和循环经济建设。对流域内所有污染物排放不能稳定达标或污染物排放总量超过核定指标的企业以及使用有毒有害原材料、排放有毒有害物质的企业实行强制性清洁生产审核，并向社会公布企业名单和审核结果。鼓励工业企业开展循环经济建设和清洁生产审核工作，重点扶持建设一批污染物"零排放"的示范企业和园区。比如，可延伸金茂源、东成集团等上下游循环经济产业链，提高产品科技含量，向价值链高端攀升；依托海洋经济开发区，不断完善基础设施，着力引进电子电器、精密机械制造、新一代信息技术、节能环保等一批战略定位高的项目，推动高新技术产业快速突破。

14.3　治理工业和生活污水，有效削减排污总量

随着城市的扩大和人口的增长，通榆河流域工业污水和生活污水及垃圾排放量也相应增加，城镇生活污染的比重日趋加重。因此，必须抓好饮用水源地环境整治，督促各地进一步排查集中式饮用水源地环境风险，坚决取缔饮用水源一级保护区内的排污口，做好保护区的确界、立标等各项基础工作，完成通榆河沿线地区集中式饮用水源地专项整治。组织开展农村饮用水源地调查评估试点工作，为科学保护农村饮用水源地奠定基础。同时，用严禁在通榆河一、二级保护区内新建、改建、扩建化学制浆等污染水环境的项目，严禁在饮用水源地一、二级保护区和准保护区内新建、改建、扩建有环境风险的项目。对重点污染企业定期实施强制性清洁生产审核，尤其是不锈钢加工、酸洗行业的集中整治。继续开展化工生产企业专项整治，突出抓好小型化工生产企业和危险化学品生产企业的污染防治，加快推进企业入园进区，提高废水的集中处理率。

自 2009 年起，淮河流域所有重点排污企业已经实行了持证排污。流域内企业水污染治理以 COD 和氨氮为总量控制指标。但由于重污染行业的废水排放标准相对较低，难以满足排污总量控制的要求，需在强化论证的基础上科学制定更为严格的地方污染物排放标准，这也就说明了加快工业水污染治理及技术改造势在必行。相关企业立即进行整改，切实加强污染防治设施的运行管理，全面清理内部排水管网，确实提高环境守法意识，规范排污行为，确保稳定达标排放。因此，要实行强制淘汰制度，加大工业结构调整力度，促进流域内工业企业在稳定达标排放的基础上进行污染深度治理。工业企业要在稳定达标排放的基础上进行深度治理，鼓励企业集中建设污水深度处理设施(流域内省级以上的工业园区必须建设污水处理设施)。按流域总量控制要求发放排污许可证，对达标排放的废水(指提高标准后的废水)进行深度处理集中达标排放。把总量控制指标分解落实到污染源，实行持证排污。通榆河流域水环境污染中氨氮是主要超标因子，因此流域内新建在建的污水处理厂均要配套脱氮工艺，已建成污水处理厂应尽快完成脱氮改造。

此外，还应加快垃圾、污水处理设施建设进度，加大节水工作力度，推进节水型社会、节水型家庭的创建，可以控制的污水全部进污水处理厂处理，加快城镇污水建设速度。但通榆河流域城市和建制镇排水、污水收集基础设施十分薄弱，大部分是简单的雨污合流制管网，不能适应需求。必须按照污水处理系统建设"管网优先"的原则，大力推行雨污分流，加强对现有雨污合流管网系统改造，提高城镇污水收集的能力和效率。还要加快建设城镇生活污水、垃圾及固体废弃物的处置设施，以及污水处理厂的配套管网。所有的污水处理厂要配套脱氮工艺，确

保达到一级排放标准(GB18918——2002)。污水处理设施建设要与供水、用水、节水与再生水利用统筹考虑。

同时，要改革现行的城市污水处理体制，实现污水处理厂建设和运营的社会化、市场化、企业化。污水处理厂的建设要引入竞争机制，按照"谁投资谁所有，谁管理谁受益"的原则，建立多元化投资建设、企业化运营管理、社会共同负担费用、政府给予必要的政策扶持的模式。积极探索城镇给排水建设和运营一体化的管理体制。逐步使政府从直接管理污水处理设施的建设和运行中解脱出来，让污水处理真正走向市场。

14.4　加强农村环境综合治理，切实防治面源污染

近年来，通榆河流域已经逐步落实相应的措施，对污染防治设施、排水管网进行全面整治，加大治污投入，加强对特征污染因子的处理，严格执行达标排放的要求，努力削减对外环境的影响。截至 2014 年 7 月，通榆河大市区沿线 125 处整治项目，已整治完成 39 处，其中砂石建材厂 7 处、畜禽养殖场 7 处、违章建筑 25 处，整治工作初显成效。下阶段，将集中开展运砂船只禁停、浮吊整治、运砂车辆整治、税务执法、用电整治等 5 项专项行动。但对于农村的面源污染问题还有很多工作要做。

1) 要以建设生态市、生态县、生态示范区、环境优美乡镇和生态村为抓手，以转变农民生产和生活方式为核心，以"农村和农业废弃物资源化、农业生产清洁化、城乡环保一体化、村庄建设生态化"为原则，全面推进通榆河流域农村生态建设。合理开发利用与保护农业资源，有效控制农业面源污染，形成植物生产、动物转化和微生物还原的良性循环机制，从根本上改善农业生态环境和农村环境。建设和完善垃圾场、污水处理厂等治污基础设施，广泛开展农村生态文化建设，着力提高农村环境质量，构建生态优美、和谐稳定的新农村。一是加快园区规模运作。成立现代农业园区管委会，以市场经济的理念发展农业经济，积极探索现代农业发展之路。坚持高水平建设现代农业园区，大力发展生态农业，推广绿色农业、节水农业、清洁农业。依托农业园区等基地，积极探索公司化运作模式，加快园区规模化发展。二是明晰产业发展方向。东部地区应依托肥沃土地，重点开发适应市场消费需求的稻谷、小麦等绿色无公害农产品，中西部丘陵地区应不断扩大特色产业规模，逐步形成优质稻米、高效草莓、时令葡萄、鲜切花卉、食用菌、设施蔬菜、优质西甜瓜、网箱养殖、畜禽养殖等特色优势产业。按照减量化、资源化、再利用的理念，做大做强四季田园、海州湾、青口蓝湾、夹谷山四大现代农业园区，实施农业化肥减施工程、秸秆气化等工程，着力生产无公害、绿色、有机农产品。三是扶持农民创业致富。在资金扶持方面，可推广东海县的

模式，采取"县乡政府+龙头企业+担保公司+金融机构+农户"联合运作的新型金融支农模式，组建全国首家县级农村产权交易所，成立全省首家农民专业合作社资金互助社，有效破解了农民贷款无抵押物、增收致富资金短缺的难题。在技术培训方面，要重点加强乡土实用人才的培养和使用，组织农业、林牧业、水产养殖业等部门具有中高级专业技术职称的优秀技术人员组成讲师团，分赴全县乡村，使每位受训农民能够掌握 1~2 项农业实用技术，成为推动通榆河生态农业建设的生力军。

2) 要把保障饮水安全、维护城乡人民群众生命健康作为水利工作台的第一任务，统筹考虑城乡饮水，水质水量等问题。因此，可以建设农业污染控制区，控制化肥、农药、规模养殖的污染，控制分散农户的生活污染。农村要推行以改善农业生态环境，加快农村经济发展为主要内容的生态农业生产体系。全面推广种植业、养殖业、加工业合理配置的"大农业"生产模式，注重农、林、牧、副、渔各业全面发展，农、工、商综合经营。把现代化科学技术和传统农业精华有机结合起来，逐步增加有机肥料的使用，减少化肥、农药的使用。开发生物农药技术，推广以菌治虫、以虫治虫的生物技术替代农药。还应当在做好水土保持的同时，实施以控制农药、化肥等化学品使用量为主要内容的生态农业工程，把它作为农村经济发展中的一场革命在广大农村普遍展开。例如利用畜禽养殖废物的沼气化技术推广农村能源替代工程，同时以沼气生产为纽带，将农村改水改厕、生态养殖和有机肥生产联系起来，发展农业循环经济。逐步把农村富余劳动力从污染型乡镇工业转移到生态农业建设上来。县、乡两级政府要制定生态农业建设规划，有关部门要加强技术推广，有计划地在通榆河流域乡、村培养一批技术骨干，指导农民发展生态农业。

3) 提高化肥、农药、农膜、畜禽粪便、秸秆等农业资源的利用效率，培肥土壤，转变农业生产方式，减轻农业生产对农业化学品的过度依赖，降低其施用量，减少化肥、农药的流失量；逐步扭转农村生活垃圾、污水、秸秆不合理处置导致环境卫生状况日益恶化的现象，为农村生活提供清洁能源，让居民告别"烟熏火燎"的传统生活方式，步入过上"两人烧火(秸秆气化站一般两个人操作)，全村做饭，只闻饭菜香，不见炊烟起"的节能环保、健康文明的现代生活新轨道。节省柴草同时有效提高植被覆盖率，从根本上解决农村生活垃圾和生活污水无序排放所带来的环境污染，改善农民居住生活环境，实现生产、生活、生态良性循环，引导农民逐步走上社会主义新农村发展道路。秸秆气化站是利用农作物秸秆、芦苇、葡萄秆、草糠、花生壳等可燃物质，通过气化机组使秸秆在缺氧状态下进行加热反应，使其变成一氧化碳、甲烷、氢气等混合可燃气体，通过贮气柜及输送管网，送达农户家中，用于炊事、取暖等。每个秸秆气化站建有一个可储存 1600 立方米燃气的储气罐和一个能够储存和粉碎柴草并燃烧的生产车间及办公用房。

每座气站每年可消耗农作物秸秆及生物质废弃 500 多吨，产气 100 多万立方米，可替代 400 吨煤炭或 80 吨石油液化气。综合测算每斤秸秆可产 1 立方米秸秆气，供气成本约为 0.2 元/立方米。用这种燃气做饭、取暖十分方便，节能技术的应用，使居民减少了日常支出，改善了农村的生产生活条件，还很大程度上将农村妇女从繁重家务劳动中解放出来。而且气化后的秸秆余料，是很好的有机钾肥，具有节约人力、方便管理和节能环保的特点，使用秸秆燃气每户农民家庭可节省费用 70%。何况，秸秆气的价格仅为每立方米 4 角钱。一家日用气量 4 立方米左右，每月仅需 40 多元，比燃煤节省 25%，比用石油液化气节省 40%，一年节约下来的钱，也是一笔不小的数目。

4) 认真做好农村畜禽养殖污染防治，积极营造农村良好生态环境。一是加强宣传教育，引导养殖户发展生态养殖。充分利用电视、广播、报纸、网络等媒体，分层次、多渠道开展畜禽养殖污染防治知识和政策法规宣传，倡导施用农家肥，提高养殖业主的环保意识，推广先进的治理技术和养殖模式。二是严格市场准入，控制新污染的产生。划定畜禽养殖区，将现有养殖场逐步向定点区域转移。严格落实环保审批制度，新建畜禽养殖场要办理环境影响评价手续。畜禽养殖场污染防治设施要与主体工程同时设计、同时施工、同时投产使用。畜禽养殖场竣工验收时，农业、环保、工商、当地镇政府及周边群众代表应共同参与。三是严格整改、削减现有污染源。合并散养户，将目前的一家一户松散型养殖模式改为区域化集约型养殖，也可建立集中养殖小区，建设共同的污染治理中心。改造老养殖场，实行生产区、生活区、管理区的隔离。禁止水冲粪式的工艺，实行干湿分离、雨污分离、料水分离。配套建设集粪池，建设沼气工程，对畜禽粪便进行综合利用。四是加大扶持力度。在治理技术、工程资金、贷款利率等上面给予优惠政策。对规模化畜禽养殖污染治理重点给予重点扶持。设立专项治理资金，用于对畜禽污染治理研究、设施工程补助、示范项目建设的指导检查、咨询培训、总结验收和奖励。

14.5　完善环境经济政策，加大对沿海支流通榆河水污染治理的投资力度

首先，要抓紧制定有利于环境保护的环境经济政策，进一步强化市场经济体制下的环境经济手段。尽快提高排污费标准，使之高于污染治理成本；制定水污染防治相关政策，建立资源更新的补偿机制；加强通榆河生态建设环境保护工作的资金投入，全面实现"污染者付费"原则，即"谁污染、谁付费，谁受益、谁负担，谁开发、谁保护"，不断拓宽投资渠道，保证稳定有效的环保资金投入。财

政政策逐步向农村环境保护如农村环保重点工程、农业面源污染防治等方面倾斜。在用水收费中，普遍增加污水处理费，作为城市污水处理厂运行费用；充分发挥市场机制在污水处理设施建设和运行中的作用，合理收取污水处理费，用于治污设施的建设和正常运行，并吸引社会资金投入污水处理厂和管网建设。环境保护作为"市场失效"的领域，特别是环境科技研究与开发、环境保护基础设施建设等，国家应加强产业政策支持。同时，鼓励和推动环境保护基础设施建设和管理的企业化。

其次，要推进科技投资，增强技术支撑能力。水资源的无节制开采和利用是导致水资源紧缺的重要原因。如：盐城市目前的用水量主要集中在第一、二产业，尤以农田灌溉、林牧渔畜为主。以 2012 年为例，2012 年全市总用水量 53.350 亿 m^3。其中居民生活用水量 3.025 亿 m^3，占全市总用水量 5.7%；生产用水量 50.103 亿 m^3，占全市总用水量 93.9%。生产用水按照产业结构划分，第一产业用水 44.291 亿 m^3，占生产用水的 88.4%，其中农田灌溉用水 39.731 亿 m^3，占第一产业用水的 89.7%，占生产用水总量的 79.3%；第二产业用水 5.359 亿 m^3，占生产用水的 10.7%，生产用水量组成见图 14-1。

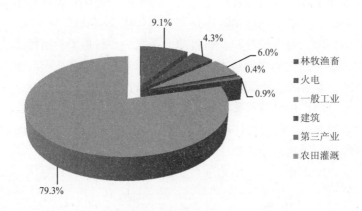

图 14-1　2012 年盐城市生产用水量组成

要改变目前水资源紧缺的现状，就必须倡导建立节水型社会，创建节水型企业、节水型社区、节水型学校、节水型建设示范县(市)等。积极开展工业和城市生活用水定额修订工作。在农业节水建设上，着力抓好灌溉区的基建配套与节水改造、节水灌溉技术的普及推广大，把节水由渠系引向田间，建立田间节水模式，建立节水管道新模式，成立农民用水合作组织参与灌溉管理等。同时应做好农业面源污染控制，减少化肥、农药的施用量，合理科学处理养殖场畜禽粪便及有效控制其他有机或无机污染物质；减少地表径流和地下水渗漏量。在工业中，水资源要可持续利用，企业必须要改变产品结构，采用节水新技术、新工艺来提高用水资源利用效率。推广清洁生产和探讨"零排放"，进一步完善以节水为核心的水价机制的形成，加强入河排污口监督管理，注重工业中水回用等非传统水源的利用。生活中要提高用水资源利用效率，必须减少水的无效损耗，在满足使用要求的前提下，通过依靠科技进步来实现。把雨水这种经济的水资源有效利用起来，通过建立和健全完善的雨水资源利用实用技术、行业标准和管理条例来实现。充分利用通榆河污染基础及应用性科技成果，为控源、治污、调水和生态恢复等综合治理提供技术支撑，同时进一步加大科研投入，深化相关技术和设备研究开发，建设示范性工程试点，加大应用性技术推广，进一步加快通榆河污染治理步伐。积极推广治污新技术、新工艺，建设一批水环境技术示范工程，如通榆河流域水质改善综合示范河段工程、典型行业减排和清洁生产示范工程、多闸坝重污染典型河段生态修复和水质改善示范工程等。鼓励围绕重大关键技术，展开联合攻关，如通榆河流域农业面源转移途径及其与河流水质关系研究、通榆河流域面源控制方案研究、通榆河流域排污政策标准与水质改善方案研究等。完善通榆河综合治理技术服务体系，建成一批重点研发实验室、工程技术中心和野外台站。计划实施典型高污染行业工业废水处理、多闸坝河流的水质－水量联合模拟与闸坝调控技术研究、矿区塌陷地综合利用水质异位修复技术研究、农业面源转移途径及其与河流水质关系研究、农业灌溉节水、农村生活污染治理等示范工程。

针对污水处理设施和技术严重不足的局面，应推动地方政府和污水处理厂加大投入，其中设施老化、处理效果较差的集中式污水处理厂，要逐步更新改造，确保处理效果；进水量严重不足的，要进一步完善配套污水管网的建设，不断提高污水的收集率和处理率，做到污水的应处尽处；处理量达到满负荷或超负荷运行的，要加快新建污水处理厂的步伐，缓解现有污水处理厂的压力。对一些地区的落后污水处理厂要在典型处理工艺的运行技术、污泥处置措施和在线监控装置维护等方面加强管理规范和技术政策的引导。要加强环境科学研究，组织开展高浓度有机废水处理等急需的重点水处理技术攻关；国家和省级层面上要积极完善、予以明确，其中重大课题，应列入"十二五"环保科研规划，加速污染防治和生态工程成套设备的国产化，改变我国环保产业落后的现状，以适应污染防治的需要。

而且，还要促进经验交流，提高工艺控制的精巧性。切实防止一些地方污水处理厂业主管理粗放、坐井观天的问题，充分借助请进来、走出去等多种形式，促进污水处理厂加强技术交流，着重在处理工艺控制、污泥处置措施和在线监控装置维护等薄弱环节，相互取长补短，提升污水处理厂工艺技术水平。

14.6　制定新型产业政策，有效利用水资源，保护水环境

政府部门可通过产业政策的制定对经济活动加以干预，保护未来长期持续发展所需的水资源环境基础。鼓励发展低污染、无污染、节水和资源综合利用的项目，并严格限制乃至禁止严重浪费水资源或损害环境的项目的发展。鼓励企业实现规模经营，以最有效的方式利用资源，实现低投入、高产出；根据产业发展的目标、经济和科学技术的发展水平，制定有利于可持续发展的技术政策；以促进地区发展符合总体利益的产业和发挥各自的比较优势为主要目标。调整农业结构，大力推广测土配方施肥，做到化肥、农药施用减量化；控制并整顿畜牧水产养殖，提高畜禽粪便集中处理率，从根本上扭转水环境污染和生态恶化的加剧趋势。

同时，水环境保护工作的重心必须由事后治理向过程治理和循环利用转变。加强对水污染源的控制，并鼓励企业实行清洁生产和工业用水循环利用，建立节水型工业。鼓励低耗水、低污染产业的发展，争取以更小的水资源、水环境代价取得更快的经济发展速度。此外，切实做好水源地安全保障工作，编制通榆河盐城段集中式饮用水源地达标建设方案，开展了应急备用水源地建设，强化对多个水功能区水质的监测，加强地下水动态监测，切实有效的保护水环境。

14.7　走水资源可持续利用道路，提高水资源利用效率

盐城市的经济发展方式以粗放型为主，生产、生活用水存在严重的浪费现象，尤其农业生产中大面积的漫灌不仅造成了水资源的巨大浪费，还会引起土地盐碱化和地下水资源的污染。提高水资源利用效率、走可持续的道路才是解决水资源问题的根本途径。

在农业节水建设上，着力抓好灌溉区的基建配套与节水改造、节水灌溉技术的普及推广大，把节水由渠系引向田间，建立田间节水模式，建立节水管道新模式，成立农民用水合作组织参与灌溉管理等。同时应做好农业面源污染控制，减少化肥、农药的施用量，合理科学处理养殖场畜禽粪便及有效控制其他有机或无机污染物质；减少地表径流和地下水渗漏量。在工业中，水资源要可持续利用，企业必须要改变产品结构，采用节水新技术、新工艺来提高用水资源利用效率。推广清洁生产和探讨"零排放"，进一步完善以节水为核心的水价机制的形成，加强入河排污口监督管理，注重工业中水回用等非传统水源的利用。生活中要提高用水资源利用效率，必须减少水的无效损耗，在满足使用要求的前提下，通过依靠科技进步来实现。把雨水这种经济的水资源有效利用起来，通过建立和健全完善的雨水资源利用实用技术、行业标准和管理条例来实现。

14.8　多方筹措资金,致力于沿海支流通榆河流域的污染治理

在资金筹措上,要坚持政府引导、市场为主、公众参与的原则,建立政府、企业、社会多元化投入机制,拓宽融资渠道,形成多元化投资格局,落实规划项目建设资金。多元化的投资格局是以中央预算内基本建设资金(国债)、地方政府资金以及企业自筹资本金等为基础,积极争取和吸收国家政策性银行贷款、国际金融组织和国外政府优惠贷款、商业银行贷款和社会资金,真正落实治理治理工程建设资金。具体而言,首先,应重点扶持全面推行促进民营资本参与环境基础设施建设运营的城市污水处理收费、垃圾处理收费、危险废物处理收费政策。提高排污费资金使用效率。制定生态保护保证金、资源开发补偿、资源有偿使用等政策,加大流域生态恢复和生态农业建设资金投入。今后相当长的时间,需要加大对"三河"污染综合治理、城镇污水处理和垃圾处理、饮用水水源地环境保护的扶持力度,并给予各类预算内资金的支持。其次,地方财政资金要加大投入。可设立政府性通榆河流域污染治理专项资金,用于治污项目的引导性投入。再次,要积极争取国内外金融机构以及各类投资基金、债券、国外政府和国际金融组织的支持,争取资金投入通榆河水环境污染治理。最后,利用专项资金努力增强企业治污能力。随着流域城市发展环境的改善,企业的活力也不断增强,企业就有了增强治污和可持续发展的能力。所以,可采取专项资金引导等多种措施,鼓励企业投资环境污染治理资金,开展污染治理。

在通榆河流域的污染治理上,必须发动全社会的力量进行集体治理。因此,积极筹措社会资金是一个很好的渠道。进一步健全环保基础设施建设的多元化投入机制,精心打造环保投融资平台,引导社会资本通过多种形式参与经营性环境基础设施建设;充分发挥经济杠杆的激励和导向作用,不断加大社会环保事业投入力度,提高环保补助资金拨付比例。加快乡镇基础设施建设,即生活污水处理厂、压缩式垃圾转运站、规范的集贸市场、医疗机构污水处理设施。镇区建成生活污水处理厂并投入运行,城镇污水集中处理率达80%以上。城头、墩尚、沙河、塔山、石桥、城西、黑林、班庄等8个镇建成污水处理厂及管网,赣马镇镇区生活污水接入县城污水处理厂。并坚决贯彻"谁污染、谁治理",按照分级负担的原则,投资的承载方式:一是有效益的项目,自筹和寻求金融机构贷款;二是公益性项目,请国家支持和地方财政为主;三是城镇生活污染项目,由市县财政和企业自筹及金融机构贷款为主,国家和省适当补助。

此外,还可充分利用外资。重点是在结合工业技术改造水污染集中控制与处理设施方面,争取做到一个项目解决一片,如同时解决区域性、流域性水环境问题和城市环境污染问题,从而加强水环境保护机构及其管理能力的建设。制定积

极的贸易政策，也可以减轻水环境的污染，如贸易的扩大有助于环境保护技术的扩散，使得生产企业不断改进保护环境的技术以提高自己的竞争力等。

14.9 加强经济监督管理，严格实行排污总量控制制度

作为东引北调的骨干通道和沿线地区的主要饮用水源，通榆河水源保护一直是各方关注的焦点。治污政策要得到有效的实施，就要去改变政策关联各方的利益格局，进而来影响各方的策略选择，为政策提供一个有利的执行环境。传统管理体制下的污水处理厂，政府扮演的角色就是他要建污水处理厂，他要管污水处理厂，同时污水处理厂不达标的问题，政府就不好管，因为是自己的儿子，就不好罚它，或者执法，对他进行处罚。实施排污许可证管理，对重点排污企业、城市污水处理厂进行在线监控。深入开展清理违法排污企业专项治理行动。

环境监督的完善程度，决定了环境政策效率状况。正是政府监管不到位，才造成了企业偷排污染的现象盛行。环境政策效率是环境监督程度的函数。环境监督一般有三种形式：自我监督、互助监督、第三方监督。自我监督是通过内在的约束来遵守环境政策规定的，这种监督成本最低，但没有很强的责任意识的话，效果很差。环境保护是一项涉及方方面面的系统工程，因此要完善体制，打破部门行业的条块分割，协调各相关部门，依法界定执法职责，将行政执法权力与执法责任有机结合，科学设定执法岗位，明确执法程序。为此，通榆河流域各级政府要加强对乡镇领导干部、乡镇企业负责人的环保培训，提高依法行政和守法经营意识，突出强化考核监督和责任追究，建立完善工作责任追究制与考核办法，增强基层政府和企业自我约束、自我管理的意识，特别是在污水的收集、处理和排放方面，要作为考核重点，对治污工作不及时、措施落实不到位、治理目标不能如期完成的地区和部门，要严格问责，实行环保"一票否决制"，防止因环境事件引发社会事件。互助监督和第三方监督是外在监督，其中互助监督是围绕环境权益所进行的博弈行为的结果，即在当地政府与污水处理厂，当地政府与企业之间应引入社会公众作为第三方的监督力量，形成一个全方位的监督体系来保证政策得到有效的执行。当地政府应该充分利用先进科技手段，利用群众的监督来及时有效的掌握企业偷排信息，加强化工园区环境监管，防止园区由集中治污向集中排污演变，同时应定期开展环境影响回顾性评价，防止化工园区对海洋和周边河道的环境影响。对违法建设项目、擅自停运治污设施以及偷排直排企业，特别是对群众反映强烈、环境污染较大、环境信访多的企业进行严肃查处，对企业的偷排现象进行有力的处罚，来遏制企业偷排污染的行为。

而且，水环境监测工程的建设尤为重要。因为要让污染负荷"说得清"是改善通榆河水环境质量的基础工程。为此，要做到：

1) 创新环境管理模式。建立完善的科学考核、形势分析、信息管理、现场工作；认真落实目标责任制，完善环境月度分析报告、绩效评估制度，统一建设污染源监控系统、固体废物管理系统等环境管理业务信息系统。充分发挥水库水质自动监测站的预警监测的作用，对取水口 500 米范围内水域实行封闭式管理和陆域环境隐患消除。盐城市自从实施了"河长制"管理后，13 条河流水质改善明显，朱稽河、龙王河等 10 个断面河流水质得到明显改善，通榆河、柘汪河、韩口河、石桥河、官庄河、兴庄河等设置的 30 断面河流水质保持稳定。

同时，要完善激励促进机制。水质保障无非是做好两方面的工作，一是水源区保护，二是沿线保护。这两方面工作的最大问题，是地方的积极性问题。对于地方来说，防污治污是一件大量耗费人力、物力和财力的工作，而且短期内还可能存在与地方经济发展之间的矛盾。如何协调好整体利益和地方利益的关系，建立公平、规范的管理体制、机制，严格执行力，是《条例》应当考虑的。《条例》设定了地方政府的保护义务，明确了管理要求和管理措施，推动地方政府依法履行保护和防治责任，很有必要。但应当适当增加激励措施，提高地方政府的主动性和积极性，例如对具有防治责任又不能从防治工作中取得实质利益的上游地区，建立相应的补偿机制，强化政策扶持；对生活垃圾和污水实施集中收集处理的船舶给予奖励措施；建立饮用水源保护区补偿制度，通过新农村建设、危旧房改造等途径，对饮用水源地保护区内村民实施有计划迁移，减轻保护区的生态压力。

2) 做好水环境监测信息汇总和发布平台。建立通榆河流域水环境监测综合决策及信息发布平台，汇总环保、水利、交通、住建，以及农业、海洋渔业部门的水环境(海洋环境)环境保护与监测监控信息，实现流域水环境管理信息的共享与发布。并且，还要创新水环境监测管理网络。打破地区限制，基于水污染控制与河道水量的时空分布研究，系统性优化设计流域水质监测网络，增设必要的监测断面和区域补偿断面，在长期存在水污染纠纷的上游地区设置加密点。从地区结构性水质污染类型入手，完善监测指标体系，划出特征污染物监测范围，细化特征污染物监测要求。

3) 加强环境监测能力建设。近年来，通过中央财政和省级财政的支持，该区域内 22 个环境监测站能力建设有了很大的提高，但总的来说，仍然落后于客观发展的需要。围绕建设通榆河"清水廊道"与保障饮用水源安全，建设水环境监测工程显得尤为迫切而必要。当地环保部门应加强对新通扬运河沿线排污单位特别是化工园区企业的环境监管，加大环境监察和监测频次，严肃查处企业环境违法违规行为，努力维护下游通榆河水质安全。对通榆河流域 3 个地级市、17 个县(市)环境监测站达标情况进行后评估，定期更新设备仪器，配置水质监测巡测艇和应急监测、巡测车辆。并加强水污染源减排监测能力建设，强化减排监测体系建设，完善污染源在线监控平台建设，加大对重点排污企业的监管力度，实现监控中心建设和验收率、监督性监测完成率、数据有效性审核率、人员培训率等达到 100%；实现自动监测数据使用率和监测站标准化建设完成率的大幅度提高。同时，还要加强考核断面水质达标基础性研究。基于通榆河流域水污染控制单元以及通榆河流域水污染控制单元的划分，计算通榆河流域的减排考核水污染物通量负荷，开展通榆河流域重金属水污染物的通量监测研究，识别通榆河水污染物主要来源及其分布。

4) 提高水环境质量监测与应急能力。加快 PM2.5 监测系统的前期调试，做好 24 小时污水监测系统的人员培训，进一步完善全县的环境监测体系、环境监察体系和环境应急体系，积极推进环境监管、应急能力标准化和现代化建设。加强对地表水有毒有害有机化合物、铁锰等常见超标重金属、污染事故中较难排查的酚类、硫醚类物质等的分析能力。建设水环境污染自动监测预警站网。在主要入海河流以及主要入通榆河河流上建设水质自动监测站，争取 70%的入海污染物实现在线监控、入通榆河主要的污染(氨氮、总磷、总有机氮)得到有效监控。在出现重金属污染的断面上，增配重金属自动监测仪。

5) 建立联合监管制度，严防跨界污染事件发生。

通过法律制度建设来规范跨区域水域污染问题，是理论界和实务界普遍支持的一个重要手段。2013 年，国务院法制办就会同水利部到江苏省进行南水北调供水管理立法调研，准备制定相应的行政法规，来明确供水水源地、流经地和使用地的责任和义务，通过法律的强制性，推动各地做好相关保护工作。2012 年 4 月，《江苏省通榆河水污染防治条例》颁布施行。《条例》正是基于跨区域河流水污染防治的复杂性和困难性，通过地方立法手段，建立保护机制，借助法律制度的强制力推动河流保护工作。

为此，江苏省应进一步加强对上游支流水质监测和环境信息共享，完善通榆河地区集中式饮用水源地水质自动监测、例行监测和巡查监测制度，在集中式饮用水源地建设水质自动监测站，在水环境质量区域补偿考核断面建设水质自动监测站，并实现与省环境监测中心联网，建设饮用水水质监控信息共享平台，密切监控水质变化情况，实现通榆河干流和重要支流水质自动监测的全覆盖。并按照跨界污染"四项工作机制"，积极与上游对接，采取联合执法、联合监测等措施，严防污染客水进入通榆河。2010 年 11 月通榆河流域推行了环境资源区域补偿试点方案。方案选取新通扬运河、泰东河等 4 条主要汇水河流作为考核河流，污染补偿区域涉及徐州、南通等 8 市，涉及 15 个监测断面，断面水质指标超过水质目标的，由上游地区补偿下游地区。这也不失为一个很好的联合监管的方法。

跨界水污染治理交织着政府上下级间、横向地方政府间、部门之间以及政府与非政府力量间的多重利益关系，实际工作中，应当加强流域各方的对话与协商，扩大民主协商的范围和程度，建立协商协调平台，合理划分事权，统筹流域水资源保护和水污染防治工作。要建立地区协调机制，统一协调流域管理中的规划、标准和政策制定中的重大问题。可以通过立法授权建立由主要利益相关方组成的流域管理机构，以规划、报告、协调和监督为主要职责，对通榆河水污染实施综合管理；理清政府部门在水污染防治方面的职责，包括水质管理与监测、水环境功能区划、水功能区划、流域水资源保护等方面的权力划分应当清晰，避免职能交叉和重叠。部门的权利和义务应当均衡，制衡机制必须建立起来，同时，要建立部门间的定期会商、重大事项、重大案情共同决策以及执法联动、信息共通共享制度。同时，在完善下游生态受益区对上游生态贡献区的经济补偿机制的同时，还要建立跨界水污染的赔偿机制。上游区域在经济发展过程中对下游区域造成污染，致使下游区域饮用水、农作物、土壤受污染时，应当由上游地区政府或排污企业承担经济赔偿的责任。

14.10　建立和完善资源有偿使用制度和价格体系

如前所述，水资源是有经济价值的，有关部门应抓紧组织开展资源定价研究，有计划地对关系国计民生的重要资源和国家稀缺资源制定分类指导的价格政策，尽快改变"资源无价"，资源产品低价的不合理状况，使水资源价格体现资源价值、资源利用和污染防治费用。各级政府要尽快出台或明确污水处理收费政策，并作为污水处理工程项目实施的必要条件。同时，积极推进水资源资产化管理进程，加强资源核算体系的研究，为逐步将水资源核算纳入国民经济核算体系创造条件。确立收费渠道，支撑污染治理工程的建设与运营。而且，还要积极建立环境税收制度。扩大资源税的征收范围，对地下水等稀缺资源征收资源税；对新建污染项目征收固定资产投资方向调节税，控制结构型污染；对现行排污费与费改税进行利弊分析，探索征收污染附加税；对从事城市污水处理的企业实行零税率；对生产再生资源和利用再生资源生产的产品，应给予税收减免的优惠。同时，建立保护者受益机制。如前所述，不仅水产品和服务具有商品特性，而且水环境质量作为水产业的产出也具有商品特性。因此，水资源的使用者和水环境的受益者应该为此付出一定的费用。水资源使用和水环境受益收费机制的建立，不仅可以促进水资源的节约使用和减少污水的排放，而且是水资源和水环境保护市场化机制的重要组成部分。"保护者受益机制"是关系到水经济和水资源、水环境和生态可持续发展的重要机制。这一机制是水环境保护产业长效发展的重要保障。政府可以通过立法，在收取的水资源费、排污费、房地产升值的环境附加费以及水权初次分配收入中提取较大比例，用于建立"水环境保护专项基金"，并可通过发行债券的方式吸纳社会资金进入。基金可通过选择回购湖区周边土地后进行房地产开发和旅游项目开发来实现增值。基金主要用于补偿湖泊水环境建设项目的投资。受益者的付费主要是：①水资源使用收费。水资源使用收费（简称水资源费）是水资源用户为了使用水资源向资源的所有者交纳的费用，其本质是水资源的价格。国家征收水资源费的主要目的有两个方面：一是维护国家所有权；二是促进和提高水资源的合理利用程度。②排污收费。排污收费制度目前也已经在国内得到普遍使用。实际使用中存在有法不依、执法不严、监督管理松懈、收费标准偏低等问题。目前应该加快在通榆河流域建立排污权交易市场，首先建立污水排放权交易市场，经过一定时间的探索以后，再建立排污权交易市场。③周边房地产升值的付费。按"受益者付费"原则，水环境改善会使周边地区的房地产所有者及开发者受益，因而应该付费。通榆河流域可以通过立法确定在房地产交易"增值额"中征收一定比例的环境附加费。

14.11 建立排污权交易市场，推动治污工程的顺利进行

排污权交易是对污染物排放进行管理和控制的一种经济手段，是一种以市场为基础的控制策略。是通过建立合法的污染物排放权利，并允许这种权利像商品那样买入卖出从而进行排放控制。其作法一般是，政府机构评估出使一定区域内满足环境要求的污染物最大排放量，并将最大允许排放量分成若干规定的排放量，每份允许排放量为一份排污权。政府可以用不同的方式分配这些权利，如可以有选择地卖给出价最高的购买者，并通过建立排污权交易市场使这种权利能合法地买卖。在排污权市场上，排污者从其利益出发，自主决定买入或卖出排污权。建立排污权交易市场需要做到：

一是建立水权交易登记制度。在实施水权交易时应明确规定哪些水权交易是应该登记在案的。水权登记能够防止水权交易对第三方造成的损失，使政府能够合理地引导水权交易，并适时进行监督。借鉴其他国家的经验，在水权交易中前后不改变水的用途、灌区之间或内部之间的交易可以免去登记；对于跨地区、跨部门或流域内部的水权交易应该进行规范登记和管理。

二是完善水权交易合同制度。水权转让合同条件决定着水权交易的成功与否，它与经济社会发展水平息息相关，所以上级政府应该积极完善和及时规范水权交易合同制度，认真研究订立水权转让合同的条件和借鉴学习国外发达国家的水权转让合同条件，尽可能地规范国内水权转让合同条件。在设计水权贸易合同时，应该明确水权人必须有利于环境和水资源公共利益的方式履行水资源贸易合同原则，将当事人应该遵守的法定义务尽可能细化为具体的"环境条款"，比如水权人在合理的范围内注意水资源和水环境中的特定危险的义务；告知处于可预见的致害范围内的人如何应对该环境危险并与之协商处理办法的义务，等等。并且明确规定水权人违反这些义务时应承担的民事责任。

　　三是建立水权交易市场调节基金、防止对环境造成负面影响。针对我国旱涝灾害多发、市场机制不健全、水市场容易波动等特点，国家应建立水权交易市场调节基金，国家以指定代理人的形式积极参与水权交易，在市场中低买高卖，以市场运作的方式来实现国家的宏观调控目的，起到市场"微调"的作用。受水资源年际、年内变化的影响，当水价达到价格下限，继续降低会造成水资源浪费时，水权交易市场调节基金即可入市购买，引导水价回升，可收到部分的盈利，以补偿其在灾年时低价抛售所带来的资金亏损，最终起到平衡水价的作用，避免了市场交易盲目性导致水价过低等水资源浪费现象，给环境造成的负面影响。

　　水生态环境与社会经济发展之间存在着复杂的相互作用，一方面，水生态环境是社会经济发展重要的支撑要素，既为生活、生产和生态用水提供资源，也承担了上述弃水的纳污功能；另一方面，社会经济的快速发展又对水生态环境产生胁迫，人口的增长以及人们对社会生产与生活质量过高的追求导致水资源过度消耗和排污加剧，使得水环境质量急剧下降。只有通过完善的环境监督，才能有效实施治污，促进水生态环境与当地经济协调发展。各级人大要加强对《江苏省通榆河水污染防治条例》实施情况的监督，定期听取同级政府关于开展通榆河水污染防治工作的汇报，支持和促进同级政府实行更严格的水源保护和污染治理措施。此外，在当地政府与企业之间应引入社会公众作为第三方的监督力量，利用群众的监督来及时有效的掌握企业偷排信息，并对企业的偷排现象进行有力的处罚，从而形成一个全方位的监督体系来保证政策得到有效的执行。

主要参考文献

安彦杰, 张彦辉, 杨劭. 2009. 沉水植物菹草的人工种子技术[J]. 水生生物学报, 33(4): 643–648.

白永刚, 吴浩汀. 2005. 太湖地区农村生活污水处理技术初探[J]. 电力环境保护, 21(6): 44–45.

白永刚, 周军, 涂勇, 等. 2011. 苏南地区农村分散型生活污水处理的适用技术分析[J]. 给水排水, 37(10): 51–53.

白云来. 2008. 矿井底板承压水突水特征与防治措施研究现状[J]. 矿业快报, (08).

白祖国, 杨小俊, 蔡亚君, 等. 2013. 臭氧-生物活性炭系统处理印染废水低温启动研究[J]. 环境工程, 33(1): 12–14.

伯拉斯. 1983. 水资源科学分配[M]. 北京: 水利电力出版社.

蔡美芬, 李开明, 陆俊卿, 等. 2012. 流域水污染源环境风险分类分级管理研究[J]. 环境污染与防治, 34(9): 78–81.

柴培宏, 金峰, 陈飞勇, 等. 2013. 膜生物反应器与人工湿地工艺处理生活污水[J]. 长江科学院院报, 30(10): 17–20.

陈峰滔. 2007. 试论农村水污染的治理[J]. 海峡科学, (5):75–77.

陈家琦. 1995. 可持续的水资源开发与利用[J]. 自然资源学报, 10(3): 252–258.

陈坚, 邹婷. 2009. 可用于流域污染控制的农村生活污水处理技术[J]. 宿州学院学报, 24(4):107–111.

陈军, 王杰. 2006. 辽宁省推进城市污水回用工作的措施[J]. 环境卫生工程, (03).

陈秋萍, 蒋岚岚, 刘晋, 等. 2012. 太湖流域农村生活污水处理工程应用实例[J]. 中国给水排水, 26(6): 30–32.

陈曦, 刘勇健. 2009. 催化臭氧化法深度处理印染污水的实验研究[J]. 应用化工, 38(4): 576–579.

陈小峰, 王庆亚, 陈开宁. 2008. 不同光照条件对菹草外部形态与内部结构的影响[J]. 武汉植物学研究, 26(2): 163–169.

陈晓楠, 段春青, 邱林, 黄强. 2008. 云推理模型在灌区中长期灌溉制度制定中的应用[J]. 系统工程理论与实践, (11).

陈亚萍, 康永祥. 2005. 城市污水回用及其途径[J]. 干旱区研究, (03).

陈益明, 刘坤, 郑涛, 徐竟成. 2003. 城市污水回用现状及发展趋势[J]. 净水技术, (05).

陈瑛, 宋存义, 张建祺. 2006. 协同催化臭氧化工艺对水中微量有机污染物的降解[J]. 化工进展, 25(9): 1069–1073.

成素英, 孟掌祥. 2007. 城市污水回用[J]. 内蒙古水利, (03).

成先雄, 严群. 2005. 农村生活污水土地处理技术[J].四川环境, 24(2):39–43.

丛学志, 陈洪斌, 戴晓虎, 等. 2013. 低温条件下倒置 A2/O－MBR 处理生活污水回用的中试研究[J]. 水处理技术, 39(3):73–76.

邓良伟. 2009. 规模化养猪场粪污处理模式[J]. 农业环境与发展, 13(12): 17–18.

丁伟军, 段福义, 段鹏. 2007. 基于组件式 GIS 的灌区水资源管理系统设计[J]. 河南水利与南水北调, (10).

董沛武, 张雪舟. 2013. 林业产业与森林生态系统耦合度测度研究[J], 中国软科学, 11: 178–184.

董增川, 卞戈亚, 王船海, 李大勇. 2009. 基于数值模拟的区域水量水质联合调度研究[J]. 水科学进展, (02).

董祖德, 王植尧. 1985. 浙江省河流水质评价和分析[J]. 浙江水利科技, (04).

董祖德, 王植尧. 1989. 浙江省河流水质污染特点及其发展趋势的展望[J]. 水资源保护, (02).

杜亚平, 梅亚东, 胡挺, 等. 2012. 水资源多目标配置决策模型及其应用[J]. 中国农村水利水电, 1: 43–45.

段忠丰, 刘小满, 邱燕燕, 王心义. 2006. 开封市水资源特征及增加水资源的措施[J]. 水资源与水工程学报, (06).

范新兵. 2007. 顶山灌区水资源利用与水市场管理模式[J]. 新疆农业科技, (01).

方炳南. 2012. 农村生活污水区域集中处理技术与管理[M]. 北京: 中国环境科学出版社.

冯皓, 佟建军. 2005. 大连市多水库联合调度供水探讨[J]. 东北水利水电, (11).

付融冰, 杨海真, 顾国维. 2006. 潜流人工湿地对农村生活污水氮去除的研究[J]. 水处理技术, 32(1):18–21.

傅钢, 何群彪. 2004. 我国城市污水回用的技术与经济和环境可行性分析[J]. 四川环境, (01).

高而坤. 2012. 建立符合国情的最严格水资源管理制度[J]. 中国水利, 7: 9–11, 18.

高鸿永, 伍靖伟, 段小亮, 徐胜利, 陈爱萍, 姜文英, 刘辉. 2008. 地下水位对河套灌区生态环境的影响[J]. 干旱区资源与环境, (04).

高立洪, 叶进, 柳剑. 2010. 养殖厂 UBF 反应器装置优化设计, 13(10): 52–55.

高廷耀, 顾国维, 周琪. 2006. 水污染控制工程[M]. 北京: 高等教育出版社.

葛玮, 朱世云. 2006. 不同 pH 条件下 $Fe^{2+}/Fe^{3+}/Ni^{2+}/O_3$ 体系对活性艳蓝 X-BR 的催化氧化[J]. 环境科学与技术, 29(6): 98–100.

顾小红, 黄种买, 虞启义. 2003. 我国城市污水回用作火电厂循环冷却水的研究[J]. 电力环境保护, (01)

关阿伟. 2003. 辽宁省河流水质的影响评价[J]. 东北水利水电, (09)

郭丽君, 左其亭. 2012. 基于和谐论的水资源管理模型及应用[J]. 水电能源科学, 6: 1–5.

郭娜, 陈前林, 郭好等. 2007. 畜禽养殖废水处理技术[J]. 广东化工, 37(10): 97–98.

郭永平, 徐海量, 李卫红, 何宇. 2003. 塔里木河干流排污口调查与水质污染分析[J]. 干旱区研究, (01).

哈尔滨建筑工程学院主编. 1987. 排水工程(下册)[M]. 北京: 中国建筑工业出版社.

韩瑞玲, 佟连军, 佟伟铭, 于建辉. 2011. 沈阳经济区经济与环境系统动态耦合协调演化[J]. 应用生态学报, 22(10): 2643–2680.

何士华等. 2005. 区域水资源可持续利用的多目标决策模型[J]. 昆明理工大学学报(理工版), 30(3): 55–60.

何兴祖. 2012. 浅析四坝灌区水资源量的影响因素[J]. 农业科技与信息, (04).

何星海, 马世豪. 2005. 再生水地下调蓄利用与准则研究[J]. 给水排水, (03).

胡建朝, 聂玉伦, 胡春, 等. 2012. β-FeOOH/蜂窝陶瓷催化臭氧化高效去除饮用水中有机污染物[J]. 环境工程学报, 6(10): 3378–3382.

黄慧, 朱世云, 寇青青, 等. 2011. 超声波-臭氧破解剩余污泥技术的初步研究[J]. 环境科学与技术, 34(6): 141–143.

黄丽丽, 周惠成, 何斌. 2012. 协调发展评价指标体系在水资源规划中应用[J]. 大连理工大学学报, 4: 567–574.

黄玫, 商良. 2011. 复杂河网水利工程水量水质联合调度研究[J]. 水电能源科学, (02).

黄梅, 李小兵. 2004. 我国生态塘污水处理工艺的研究与应用. 企业技术开发, 23 (12): 19–20

黄牧涛, 黄科烺. 2004. 缺水型灌区水资源优化调度模型研究[J]. 长江科学院院报, (02).

黄薇, 陈进. 2010. 长江流域控制性水库联合调度体制及机制探讨——以湘江抗旱调度为例[J]. 长江科学院院报, (12).

贾静, 傅大放, 马强, 等. 2007. 苏南农村地区分散式污水的处理与回用[J]. 中国给水排水, 23(6):31–34.

贾武生. 2013. 武威市凉州区杂木灌区水资源现状及对策[J]. 甘肃农业, (15).

江苏省建设厅. 2008. 农村生活污水处理适用技术指南(2008 年试行版)[S].

姜开鹏. 2004. 建设生态灌区的思考——用生态文明观, 拓展思路, 促进灌区可持续发展[J]. 中国农村水利水电, (02).

姜立晖, 刘广奇. 2006. 新农村建设污水处理模式的选择. 建设科技, 13:50–51.

姜文理, 刘钟阳, 许东卫. 2007. 液电效应催化臭氧氧化处理染料废水的研究[J]. 高电压技术, 33(2): 145–149.

姜忠峰, 范振林, 李畅游, 等. 2010. 臭氧光催化工艺处理制浆造纸中段废水[J]. 环境工程, 28(7): 139–142.

蒋岚岚, 刘晋, 钱朝阳. 2010. MBR/人工湿地工艺处理农村生活污水[J]. 中国给水排水, 26(4):29–31.

蒋绍阶, 刘宗源. 2002. UV_{254} 作为水处理中有机物控制指标的意义[J]. 重庆建筑大学学报, 24(2): 61–65.

金鹏康, 许建军, 姜德旺, 等. 2008. 臭氧生物活性炭有机物吸附与生物降解量化分析[J]. 安全与环境学报, 7(6): 22–25.

金相灿, 楚建周, 王圣瑞. 2007. 水体氮浓度, 形态对黑藻和狐尾藻光合特征的影响[J]. 应用与环境生物学报, 13(2): 200–204.

康乐. 2013. 农村生活污水处理实用技术浅析[J]. 科技论文与案例交流, 6:151–152.

雷晓辉, 王旭, 蒋云钟, 殷峻暹. 2012. 通用水资源调配模型 WROOM Ⅱ: 应用[J]. 水利学报, (03).

李传统, Herbell J D. 2008. 现代固体废物综合处理技术[M]. 南京: 东南大学出版社.

李春华, 叶春, 赵晓峰, 等. 2012. 太湖湖滨带生态系统健康评价[J]. 生态学报, 32(12): 3806–3815.

李芳柏, 钟继洪. 1999. 集约化养猪业的环境影响及其防治对策[J]. 土壤与环境, 8(4):245–250.

李飞雄, 谢润欣, 杨砺. 2012. 臭氧–生物活性炭工艺用于再生水循环利用系统的水质技术研究[J]. 工业用水与废水, 43(5): 41–45.

李昊, 周律, 李涛, 等. 2012. 臭氧氧化法深度处理印染废水生化处理出水[J]. 化工环保, 32(1): 30–34.

李继影, 吴昕贤, 徐恒省, 等. 2014. 太湖大型水生植物的现状与管理研究[J]. 环境科学与管理, 3: 033.

李剑超, 褚君达, 丰华丽. 2002. 河流底泥冲刷悬浮对水质影响途径的实验研究[J]. 长江流域资源与环境, (02).

李敏, 孙根行, 张甜. 2011. 生物活性炭处理低浓度废水最佳运行条件[J]. 纸和造纸, 30(1): 43–46.

李如忠, 钱家忠, 汪家权. 2005. 基于未确知模拟信息的河流水质风险评价[J]. 武汉理工大学学报, (01).

李文朝, 连光华. 1996. 几种沉水植物营养繁殖体萌发的光需求研究[J]. 湖泊科学, 8(1): 25–29.

李先宁, 吕锡武, 孔海南, 等. 2006. 农村生活污水处理技术与示范工程研究[J]. 中国水利, 17(4):19–22.

李雪梅. 2009. 自然生物处理和石灰混凝沉降工艺处理养殖场废水的试验研究[D].四川: 四川农业大学.

李银磊, 葛宏英, 王少坡, 等. 2011. O₃–BAC 组合工艺深度净化 MBR 出水的中试研究[J]. 环境工程学报, 5(6): 1237–1240.

李哲强, 何玛峰. 2003. 库群联合调度的轮库寻优程序[J]. 南水北调与水利科技, (04).

李中杰, 郑一新, 张大为, 倪金碧. 2012. 滇池流域近 20 年经济社会发展对水环境的影响[J]. 湖泊科学, 24(6): 875–882.

梁田庚, 张凤桐. 2004. 沼气生产工程[M]. 北京: 中国农业出版社.

梁祝, 倪晋仁. 2007. 农村生活污水处理技术与政策选择[J]. 中国地质大学学报, 7(3):18–22.

林聪. 2011. 标准化示范养猪场污粪水处理技术[J]. 猪业科学, 3.

林琳. 2007. 我国印染行业发展现状及转型发展趋势[J]. 上海纺织科技, 35(9): 1–4.

刘畅, 吴文娟, 李建宏, 等. 2014. 不同光强对阿特拉津和百草枯藻类毒性的影响[J]. 环境科学学报, 34(5): 1339–1343.

刘恒, 耿雷华, 陈晓燕. 2003. 区域水资源可持续利用评价指标体系的建立[J]. 水科学进展, (3):265–270.

刘佳骏, 董锁成, 李泽红. 2011. 中国水资源承载力综合评价研究[J]. 自然资源学报, 2: 258–269.

刘锐, 黄霞, 刘若鹏, 等. 2001. 膜–生物反应器和传统活性污泥工艺的比较[J]. 环境科学, 22(3):20–24.

刘栓祥, 任立鹏, 崔丽红, 等. 2011. 臭氧–生物活性炭工艺在废水处理中的研究与应用[J]. 油气田环境保护, 21(4): 17–20.

刘玉年, 施勇, 程绪水, 栾震宇. 2009. 淮河中游水量水质联合调度模型研究[J]. 水科学进展, (02).

刘子刚, 蔡飞. 2012. 区域水生态承载力评价指标体系研究[J]. 环境污染与防治, 34(9): 73–77.

刘子辉, 左其亭, 赵国军, 窦明, 卜亚东. 2011. 闸坝调度对污染河流水质影响的实验研究[J]. 水资源与水工程学报, (05).

娄谦, 靖庆生. 2009. 邢家渡灌区水资源供需平衡分析[J]. 科技致富向导, (14).

吕菊艳, 顾青林, 顾丽萍. 2009. 漳南灌区水资源减少的原因及措施[J]. 河南水利与南水北调, (01).

罗忆洪, 郑庆康. 2010. 活性染色废水的均相催化臭氧脱色[J]. 印染, 8(21): 8–12.

马丽, 金凤君, 刘毅. 2012. 中国经济与环境污染耦合度格局及工业结构解析[J]. 地理学报, 67(10).

马祥斌, 支余庆, 王育杰. 2000. 万家寨–天桥水库联合调度问题初探[J]. 内蒙古电力技术, (04).

马永福. 2010. 厌氧水解与人工湿地工艺在农村生活污水处理中的应用[J]. 广东科技, (239): 105– 106.

毛艳梅, 昊旦立, 杨晓波. 2005. 印染废水深度处理技术及回用的现状和发展[J]. 印染, 8(3): 46–48.

梅亚东等. 1995. 水资源生态经济复合系统及其持续发展[J]. 武汉水利电力大学学报, 28(6): 624–629.

潘国权, 王国祥, 李强, 等. 2007. 浊度对苦草(*Vallisneria natans*)幼苗生长的影响[J]. 生态环境, 16(3): 762–766.

潘琦, 宋祥甫, 邹国燕, 等. 2009. 不同温度对沉水植物保护酶活性的影响[J]. 生态环境学报, (5): 1881–1886.

彭胜华. 2001. 流域水环境管理理论与实践. 北京: 北京师范大学.

任建华, 李万寿, 张婕. 2002. 黑河干流中游地区耗水量变化的历史分析[J]. 干旱区研究, (01).

阮晓卿, 蒋岚岚, 陈豪, 等. 2012. 江苏不同地区典型农村生活污水处理适用技术[J]. 中国给水排水, 28(18): 44–47.

邵嘉慧, 何义亮, 顾国维. 2013. 膜生物反应器–在污水处理中的研究和应用[M]. 北京: 化学工业出版社.

石西琳. 2011. 河流水质状况的数理分析[J]. 水文, (06).

史惠祥, 赵伟荣, 汪大翚. 2004. 偶氮染料的臭氧氧化机理研究[J]. 浙江大学学报, 37(6): 734–738.

史萍. 2011. 基于可持续发展的城市污水回用研究[J]. 山西建筑, (29).

宋松柏, 蔡焕杰. 2005. 区域水资源可持续利用的综合评价方法[J]. 水科学进展, (2): 244–249.

宋雪峰, 刘耀彬. 2005. 城市化与生态环境的耦合度模型及其应用[J]. 科技导报, 23(5): 31–33.

宋玉芝, 杨美玖, 秦伯强. 2011. 苦草对富营养化水体中氮磷营养盐的生理响应[J]. 环境科学, 32(9): 2569–2575.

孙才志等. 2007. 基于 AHP-PP 模型的大连市水资源可持续利用水平评价[J]水资源与水工程学报, 18(5): 1–5.

孙美斋, 姚仁. 1997. 黄河上游水库(电站)群联合调度效益显著[J]. 水力发电, (09).

孙瑞鹤. 1989. 河流水质的数学模拟[J]. 上海水利, (02).

孙远斌, 高怡, 石亚东, 等. 2011. 太湖流域水资源承载能力模糊综合评价[J]. 水资源保护, 1: 20–23, 33.

陶俊杰, 王军亭, 陈振选, 等. 2005. 城市污水处理技术及工程实例[M]. 北京: 化学工业出版社.

陶希东, 石培基, 李鸣骥. 2001. 西北干旱区水资源利用与生态环境重建研究[J]. 干旱区研究, (01).

王洪波, 王宏伟. 2007. 查哈阳灌区水资源多目标优化配置模型及其应用研究[J]. 中国农村水利水电, (07).

王华, 逄勇, 刘申宝, 等. 2008. 沉水植物生长影响因子研究进展[J]. 生态学报, 28(8): 3958–3968.

王华, 苏春海. 2003. 水资源可持续利用指标体系研究[J]. 排灌机械, (1): 33–36.

王佳莹. 2011. 城市污水回用技术发展探讨[J]. 绿色科技, (06).

王坚. 2006. 影响河流水质因素分析[J]. 山西水利, (03).

王凯军, 金冬霞等, 赵淑霞, 等. 2002. 畜禽养殖污染防治技术与政策[M]. 北京: 化学工业出版社.

王磊, 王旭东. 2006. 臭氧氧化对城市二级处理水中溶解性有机物特性的影响及反应动力学分析[J]. 水处理信息报导, (6): 66–66.

王立志. 2015. 两种沉水植物对间隙水磷浓度的影响[J]. 生态学报, 4.

王渺林, 蒲菽洪, 傅华. 从水质水量联合角度评价鉴江流域可用水资源量[J]. 重庆交通大学学报(自然科学版), (01).

王卫红, 季民. 9 种沉水植物的耐盐性比较[J]. 农业环境科学学报, 2007. 26(4): 1259–1263.

王西琴. 2007. 河流生态需水理论、方法与应用[M]. 北京: 中国水利水电出版社.

王欣明, 肖盛隆. 2013. 臭氧氧化处理印染废水的试验研究[J]. 中国给水排水, 29(1): 79–80.

王学华, 苏祥, 沈耀良. 2012. 人工湿地组合工艺处理太湖三山岛农村生活污水研究[J]. 环境科技, 25(1): 38–41.

王学明. 2011. 艾依河水利联合调度技术研究[J]. 中国水利, (14).

王玉华, 方颖, 焦隽. 2008. 江苏农村三格式化粪池污水处理效果评价[J]. 生态与农村环境学报, 24(2):80–83.

王昭亮, 高仕春, 艾泽. 2010. 闸坝对河流水质的调控作用初步分析[J]. 水利科技与经济, (12).

魏复盛. 2002. 水和废水监测分析方法[M]. 北京: 中国环境科学出版社.

魏开湄, 侯杰. 2011. 水生态保护与修复[J]. 中国水利, (23): 79–86.

吴佳鹏, 党志良, 周卫军. 2006. 多级提水灌区水资源管理决策支持系统建设[J]. 水资源保护, (01).

吴磊, 吕锡武, 吴浩汀, 等. 2007. 水解/脉冲滴滤池/人工湿地工艺处理农村生活污水[J]. 东南大学学报, 37(5):878–882.

吴明丽, 李叙勇. 2012. 光衰减及其相关环境因子对沉水植物生长影响研究进展[J]. 生态学报, 32(22): 7202–7212.

吴文勇, 刘洪禄, 郝仲勇, 许翠平, 师彦武. 2008. 再生水灌溉技术研究现状与展望[J]. 农业工程学报, (05).

吴娟, 施国新, 等. 2014. 外源钙对汞胁迫下菹草(*Potamogeton crispus* L.)叶片抗氧化系统及脯氨酸代谢的调节效应[J]. 生态学杂志, 33(2): 380–387.

吴泽宁, 樊安新, 翟渊军. 2007. 基于生态经济学的水质水量统一优化配置模型体系框架[J]. 技术经济.

武珍明, 党志良. 2003. 水务管理信息系统的研究与探讨——以陕西省铜川市王益区水务管理为例[J]. 国土资源科技管理, (05).

习华元, 赵林明. 2006. 淳北灌区水资源可持续发展对策研究[J]. 水利发展研究, (08).

辛朋磊. 2012. 江苏如皋市水资源保障能力及合理配置研究[J]. 人民长江, (S1): 93–95.

辛朋磊, 肖玉兵, 汤嘉辉. 2012. 洋口港经济开发区规划水资源论证初探[J]. 水资源与水工程学报, (02).

邢思初, 隋铭皓. 2010. 臭氧氧化水中有机物的作用规律及动力学研究方法[J]. 四川环境, 29(6): 112–117.

熊春茂, 陈敏, 朱白丹. 2012. 湖北水生态保护与修复的实践与思考[J]. 中国水利, (11): 31–33.

徐冬英, 何浙波. 2012. 城市污水回用及其可持续发展[J]. 中国城市经济, (02).

徐洁泉. 2000. 规模畜禽养殖场沼气工程发展和效益探讨[J]. 中国沼气, 18(4): 27–30.

徐良芳等. 2002. 区域水资源可持续利用及其评价指标体系研究[J]. 西北农林科技大学学报(自然科学版), (2): 119–122.

徐绮坤, 汪晓军. 2010. 曝气生物滤池在印染废水处理中的应用[J]. 环境科学与技术, 33(6): 177–180.

徐祥, 冯旭, 邓利忠. 2012. 臭氧在印染废水再生利用中的应用试验研究[J]. 工业用水与废水, 43(3): 16–19.

许朗, 黄莺, 刘爱军. 2011. 基于主成分分析的江苏省水资源承载力研究[J]. 长江流域资源与环境, 12: 1468–1474.

许亚萍, 吴昊, 梅凯. 2009. 太湖流域农村生活污水处理工程建设探讨[J]. 西南给排水, 31(5):16–22.

许振英. 1999.纯农业地区新农业的发展模式//许振英教授论著选集 [A]. 东北农学院, 123~125.

薛惠锋, 岳亮. 1995. 可持续发展与水资源的定义和内涵[J]. 经济地理, (2): 39–43.

杨聪辉, 游进军. 2008. 水库联合调度供水的探讨[J]. 南水北调与水利科技, (05).

杨景发, 杜明月, 温翠娇, 等. 2012. 大功率 LED 对水生动植物生长的影响[J]. 照明工程学报, 23(3): 47–51.

杨莉霞, 王琳, 姜朴, 等. 2011. 淮河流域某地区地下水污染健康风险评价[J]. 环境化学, 30(9): 1599–1603.

杨丽花, 佟连军. 2013. 吉林省松花江流域经济发展与水环境质量的动态耦合及空间格局[J]. 应用生态学报, 2013 年, 第 24 卷 第 2 期.

杨世光, 李学勇. 2003. LED 有色光源在水生物生长中的作用和影响[J]. 照明工程学报, 14(3): 35–38.

杨树滩, 张文新, 贾锁宝. 2011. 江苏沿海地区水资源配置探讨[J]. 人民长江, 18: 54–57.

杨文海, 路志强, 刘涛. 2008. 城市污水回用的可行性分析[J]. 水资源与水工程学报, (01).

杨文婷, 王德建, 纪荣平. 2010. 厌氧池–潜流人工湿地处理低浓度农村生活污水的研究[J]. 土壤, 42(3): 485–491.

姚京云, 万蕾. 2010. MBR 工艺在水处理领域的应用现状[J]. 中国西部科技, 9(17): 32–34.

姚玉婷, 李占臣. 2012. 臭氧-过氧化氢氧化预处理 H 酸废水[J]. 工业用水与废水, 43(1): 24–27.

应俊辉. 2007. 利用人工湿地处理农村生活污水的研究[J].安徽农业科学, 35(4):1104–1105.

由文辉, 宋永昌. 1995. 淀山湖 3 种沉水植物的种子萌发生态[J]. 应用生态学报, 6(2): 196–200.

于金莲. 2009. 畜牧养殖废水处理方案探讨[J]. 农业环境科学学报, 11(12): 57–58.

余明勇. 2011. 四湖流域水生态环境保护与修复探讨[J]. 中国水利, (13): 18–20.

曾维华, 程声通, 杨志峰. 2001. 流域水资源集成管理[J]. 中国环境科学, (02)[18].

詹金星, 支崇远, 夏品华. 2010. 农村生活污水新型处理技术的研究现状与对策[J]. 安徽农业科学, 38 (22): 11941–11942.

张兵, 袁寿其, 成立, 袁建平, 从小青. 2004. 基于 L-M 优化算法的 BP 神经网络的作物需水量预测模型[J]. 农业工程学报. (06).

张洪芬, 黄武, 刘媛. 2009. 浅析集约化畜禽养殖废水处理模式[J]. 中国环保产业, (12):

张建龙, 解建仓, 罗军刚. 2012. 水资源动态配置及严格管理新模式研究[J]. 中国水利, 17: 15-18.

张克强, 高怀有. 2004. 畜禽养殖业污染处理与处置[M]. 北京: 化学工业出版社.

张瑞西, 王希玲, 王涛, 等. 2007. 促进植物生长的人工光源及发光材料的研究进展[J]. 材料导报, 21(10): 17-19.

张绍梅, 周北海, 刘苗, 等. 2007. 臭氧/生物活性炭深度处理密云水库水中试研究[J]. 中国给水排水, 23(21): 81-84.

张统, 王守中, 刘弦, 等. 2007. 我国农村供水排水现状分析[J]. 中国给水排水, 23(16):9-11.

张祥伟. 1994. 河流水质时间序列跳跃性成分分析[J]. 水资源保护, (03).

张永强, 张海涛, 王志斌, 韩根会. 2012. 河北省水资源情势演变分析[J]. 中国水运(下半月), (04).

张震宇, 吴义峰, 黎发明, 等. 2012. 一种农村分散式生活污水节能高效工艺[J]. 绿色科技, 11(11): 147-148.

章祖良. 2011. MBR 膜生物反应器在污水处理中的发展及应用[J]. 科技资讯, (4): 148-148.

赵丹, 邵东国, 刘丙军. 2004. 灌区水资源优化配置方法及应用[J]. 农业工程学报, (04).

赵振华, 王宁. 2010. 农村生活污水处理工艺选择探讨[J]. 中国给水排水, 36: 28-31.

郑君其. 2012. 人工湿地法处理农村生活污水浅析[J]. 广东化工, 39(8): 178-179.

周宏杰. 2013. 联合调度水库旱限水位的确定及应用探讨[J]. 浙江水利科技, (04).

周杰清. 2007. 多库联合调度供水的优越性分析[J]. 水电站设计, (01).

周亮, 王栋, 张硕, 等. 2013. 活性炭与 pH 值对臭氧化过程动力学参数影响[J]. 环境科学与技术, 36(9): 7-10.

朱丹婷, 乔宁宁, 李铭红, 等. 2011. 光强、温度、总氮浓度对黑藻生长的影响[J]. 水生生物学报, 35(1): 88-97.

朱平, 王全金, 宋嘉骏. 2013. 沉水植物塘对生活污水的净化效果[J]. 工业水处理, 33(11): 33-37.

竹湘锋, 徐新华, 王天聪. 2004. Fe(III)/O₃ 体系对草酸的催化氧化[J]. 浙江大学学报(理学版), 31(3): 322-325.

宗萍. 2013. 两库联合调度工程经济效益研究[J]. 价值工程, (01).

邹丽莎, 聂泽宇, 姚笑颜, 等. 2013. 富营养化水体中光照对沉水植物的影响研究进展[J]. 应用生态学报, 24(007): 2073-2080.

左其亭, 高洋洋, 刘子辉. 2010. 闸坝对重污染河流水质水量作用规律的分析与讨论[J]. 资源科学, (02).

左其亭, 刘子辉, 窦明, 高军省. 2011. 闸坝对河流水质水量影响评估及调控能力识别研究框架[J]. 南水北调与水利科技, (02).

左其亭, 马军霞, 陶洁. 2011. 现代水资源管理新思想及和谐论理念[J]. 资源科学, 11: 2214-2220.

R. S. V. 提加瓦拉普, 陶洁, 毛红梅, 邹瑜. 2012. 水资源管理模型中的气候变化不确定性模拟[J]. 水利水电快报, (02).

Abegglen C, Ospelt M, Siegrist H. 2008. Biological nutrient removal in a small-scale MBR treating household wastewater [J]. Water Research, 42: 338-346.

Alfieri Pollice, Giuseppe Laera, Daniela Saturno, et al. 2008. Effects of sludge retention time on the performance of a membrane bioreactor treating municipal sewage [J]. Journal of Membrane Science, 317(1-2):65-70.

Ali M, Hassan S, Shaheen A S. 2011. Impact of riparian trees shade on aquatic plant abundance in conservation islands[J]. 70(5): 245-258.

Basiri Parsa J, Hagh Negahdar S. 2012. Treatment of wastewater containing Acid Blue 92 dye by advanced ozone-based oxidation methods [J]. Separation and Purification Technology, 98: 315-320.

Bernal-Martínez L A, Barrera-Díaz C, Natividad R, et al. 2013. Effect of the continuous and pulse in situ iron addition onto the performance of an integrated electrochemical-ozone reactor for wastewater treatment [J]. Fuel, 110: 133-140.

Bernhardi L, Beroggi G E G, Moens M R. 2000. Sustainable Water Management through Flexible Method Management[J]. Water Resources Management, 14 (6):473–495.

Biswas A K. 1988. Sustainable Water Development for Developing Countries[J]. Water Resources Development, 4(4): 232–250.

Biswas M R, Biswas A K. 1982. Environment and sustained development in the third world: A review of the past decade [J]. Third World Quarterly, 4(2): 479–491.

Chu W, Gao N, Yin D, et al. 2012. Ozone–biological activated carbon integrated treatment for removal of precursors of halogenated nitrogenous disinfection by–products [J]. Chemosphere, 86(11): 1087–1091.

Cuiping B, Wenqi G, Dexin F, et al. 2012. Natural graphite tailings as heterogeneous Fenton catalyst for the decolorization of rhodamine B[J]. Chemical Engineering Journal, 197: 306–313.

Daniel H, Ulf J, Erik K. 2000. A framework for systems analysis of sustainable urban water management[J]. Environmental Impact Assessment Review, 20 (3):311–321.

Drizo A, Frost C A. 1999. Physico–chemical screening of phosphate remaining substrate for use in constructed wetland system[J]. Wat Res, 33(17):3595– 3602.

Ganesh K S, Baskaran L, Rajasekaran S, et al. 2008. Chromium stress induced alterations in biochemical and enzyme metabolism in aquatic and terrestrial plants[J]. Colloids and Surfaces B: Biointerfaces, 63(2): 159–163.

Gracia R, Aragües J L, Ovelleiro J L. 1998. Mn (II)–catalysed ozonation of raw Ebro river water and its ozonation by–products [J]. Water Research, 32(1): 57–62.

Gracia–LorE. 2013. Removal of emerging contaminants in sewage water subjected to advanced oxidation with ozone [J]. Journal of Hazardous Materials, 260: 389–398.

Harguintcguy C A, Cirelli A F, Pignata M L. 2014. Heavy metal accumulation in leaves of aquatic plant Stuckenia filiformis and its relationship with sediment and water in the Suquía river (Argentina)[J]. Microchemical Journal, 114: 111–118.

Hernández R, Kubota C. 2014. Growth and morphological response of cucumber seedlings to supplemental red and blue photon flux ratios under varied solar daily light integrals[J]. Scientia Horticulturae, (6), 173: 92–99.

Hussner A, Hoelken H P, Jahns P. 2010. Low light acclimated submerged freshwater plants show a pronounced sensitivity to increasing irradiances[J]. Aquatic Botany, 93(1): 17–24.

Irfanullah H M, Moss B. 2004. Factors influencing the return of submerged plants to a clear water, shallow temerate lake[J]. Aquatic Botany, 80: 177–191.

Joanne C B, Scott W N. 2001. Responses of eelgrass Zostera marina seedlings to reduced light[J]. Marine Ecology Progress Series, 223(1): 133–141.

Kadlec R H. 1999. Chemical physical and biological cycles in treatment wetlands[J].Wat SciTech, 40(3): 37– 44.

Kasprzyk–Hordern B, Ziółek M, Nawrocki J. 2003. Catalytic ozonation and methods of enhancing molecular ozone reactions in water treatment [J]. Applied Catalysis B: Environmental, 46(4): 639–669.

Ke X, Li W. 2006. Germination requirement of Vallisneria natans seeds: implications for restoration in Chinese lakes[J]. Hydrobiologia, 559(1): 357–362.

Kivaisi A K. 2001. The potential for constructed wetlands for wastewater treatment and reuse in developing countries: a review [J]. Ecological Engineering, 16: 545–560.

Klimenko N, Smolin S, Grechanyk S, et al. 2003. Bioregeneration of activated carbons by bacterial degraders after adsorption of surfactants from aqueous solutions[J]. Colloids and Surfaces A: Physicochemical and Engineering Aspects, 230(1): 141–158.

Kraemer G P, Chamberlain R H, Doering P H, et al. 1999. Physiological responses of transplants of the freshwater angiosperm Vallisneria americana along a salinity gradient in the Caloosahatchee Estuary (Southwestern Florida)[J]. Estuaries, 22(1): 138–148.

Kreetachat T, Damrongsri M, Punsuwon V, et al. 2007. Effects of ozonation process on lignin–derived compounds in pulp and paper mill effluents [J]. Journal of Hazardous Materials, 142(1): 250–257.

Li G B, ZhouH D, Yin C Q. 2003. Prospect of application ofwetlandsplant and root–zone in non–point pollution treatment[J]. ChinaWater Resources, 4(A): 51– 52.

Loukas A, Mylopoulos N, Vasiliades L. 2007. A Modeling System for the Evaluation of Water Resources Management Strategies in Thessaly, Greece[J]. Water Resources Management, 21(10): 1673–1702.

Lucie Guo. 2007.Doing Battle With the Green Monster of Taihu Lake[J]. Science, 317 (5842): 1166.

Mao H, Smith D W. 1995.Influence of ozone application methods on efficacy of ozone decolorization of pulp mill effluents [J]. Ozone, 17: 205–236.

Metcalfe C D, Miao X S,Koenig B G, et al. 2003. Distribution of acidic and neutral drugs in surface waters near sewage treatment plants in the lower Great Lakes,Canada [J]. Environmental Toxicology And Chemistry, 22(12).

Nhut D T, Don N T, Tanaka M. 2007. Light–emitting diodes as an effective lighting source for in vitro banana culture[M]//Protocols for Micropropagation of Woody Trees and Fruits. Netherlands: Springer, 527–541.

Ni C, Chen J, Yang P. 2003. Catalytic ozonation of 2–dichlorophenol by metallic ions [J]. Water Science & Technology, 47(1): 77–82.

Plate E J. 1993. Sustainable Developments of Water Resources: A Challenge to Science and Engineering [J]. Water International, 18(2): 84–93.

Robert L K, Victor W E, Payne Jr B, et a1. 2000. Constructed wetlands for livestock wastewater management[J]. Ecological Engineering, 15: 41–55.

Rogers K H, Breen C M. 1980. Growth and reproduction of Potamogeton crispus in a South African lake[J]. The Journal of Ecology, 561–571.

Rout N P, Shaw B P. 2001. Salt tolerance in aquatic macrophytes: possible involvement of the antioxidative enzymes[J]. Plant Science, 160(3): 415 423.

Sandip Sharma, Jimit Buddhdev, Manish Patel. 2013. Studies on degradation of reactive red 135 dye in wastewater using ozone[J]. Procedia Engineering, 51: 451–455.

Singh S, Fan M, Brown R C. 2008. Ozone treatment of process water from a dry–mill ethanol plant[J]. Bioresource Technology, 99(6): 1801–1805.

Sobrino A S, Miranda M G, Alvarez C, et al. 2010. Bio–accumulation and toxicity of lead (Pb) in Lemna gibba L (duckweed)[J]. Journal of Environmental Science and Health, Part A, 45(1): 107–110.

Soranno P A, Hubler S L, Carpenter S R. 1996. Phosphorus loads to surface waters: a simple model to account for spatial pattern of land use[J]. Ecological Applications, 6(3):865– 878.

Srivastava S, Bhainsa K C, D'Souza S F. 2010. Investigation of uranium accumulation potential and biochemical responses of an aquatic weed Hydrilla verticillata (Lf) Royle[J]. Bioresource Technology, 101(8): 2573–2579.

Su R L, Li W. 2005.Advances in research on photosynthesis of submerged macrophytes[J]. Chinese Bulletin of Botany, 22(S1): 128–138.

Sultana M, Asaeda T, Azim M E, et al. 2010. Photosynthetic and growth responses of Japanese sasabamo (Potamogeton wrightii Morong) under different photoperiods and nutrient conditions[J]. Chemistry and Ecology, 26(6): 467–477.

Tanner C C. 2001.Plants as ecosystem engineers in subsurface–flow treatment wetlands [J]. Water Science and Technology, 44(11): 9–17.

Toha J C, Soto M A, Contreras S. 1998. A new ecological waste water treatment combining a dynamic biofilter plus UV irradiation. Environm Health Perspectives, 133.

Trouwborst G, Oosterkamp J, Hogewoning S W, et al. 2010. The responses of light interception, photosynthesis and fruit yield of cucumber to LED–lighting within the canopy[J]. Physiologia Plantarum, 138(3): 289–300.

Vymazal J. 2002.The use of subsurface constructedwet lands forwastewater treatment in the czech republic 10 years experence [J].Ecological Engineering, 8: 633– 640.

White A, Reiskind J B, Bowes G. 1996. Dissolved inorganic carbon influences the photosynthetic responses of Hydrilla to photoinhibitory conditions[J]. Aquatic Botany, 53(1): 3–13.

Wu C H, Kuo C Y, Chang C L. 2008. Homogeneous catalytic ozonation of CI Reactive Red 2 by metallic ions in a bubble column reactor[J]. Journal of hazardous Materials, 154(1): 748–755.

Zhou X J, Guo W Q, Yang S S, et al. 2013. Ultrasonic–assisted ozone oxidation process of triphenylmethane dye degradation: Evidence for the promotion effects of ultrasonic on malachite green decolorization and degradation mechanism [J]. Bioresource Technology, 128: 827–830.

Zhu S N, Hui K N, Hong X, et al. 2014.Catalytic ozonation of basic yellow 87 with a reusable catalyst chip [J]. Chemical Engineering Journal, 242: 180–186.